"十三五"江苏省高等学校重点教材

编号:2016-2-036

现代化工实训

主　编　陶建清　施卫忠

副主编　李万鑫　邢　蓉　韦平和

编　委（按姓氏笔画为序）

　　　　王　俊　李振兴　许重华

　　　　张增良　费正皓

U0250109

南京大学出版社

图书在版编目(CIP)数据

现代化工实训 / 陶建清，施卫忠主编. -- 南京：
南京大学出版社，2016.12(2023.7 重印)
高等院校化学实验教学改革规划教材
ISBN 978 - 7 - 305 - 18097 - 2

Ⅰ. ①现… Ⅱ. ①陶… ②施… Ⅲ. ①化学工程—高
等学校—教材 Ⅳ. ①TQ02

中国版本图书馆 CIP 数据核字(2016)第 311275 号

出版发行　南京大学出版社
社　　　址　南京市汉口路 22 号　　　　邮编　210093
出 版 人　王文军

丛 书 名　高等院校化学实验教学改革规划教材
书　　　名　**现代化工实训**
主　　　编　陶建清　施卫忠
责任编辑　蔡文彬　　　　　　　　编辑热线 025 - 83686531

照　　　排　南京理工大学资产经营有限公司
印　　　刷　常州市武进第三印刷有限公司
开　　　本　787×1092　1/16　印张 15.25　字数 362 千
版　　　次　2023 年 7 月第 1 版第 3 次印刷
ISBN　978 - 7 - 305 - 18097 - 2
定　　　价　42.00 元

网　　　址:http://www.njupco.com
官方微博:http://weibo.com/njupco
官方微信号:njupress
销售咨询热线:(025)83594756

前　言

随着化工生产技术的飞速发展,化工生产已从落后的间歇手工操作转变为连续自动化的生产,由分散控制变为集中控制,由人工手动操作变为仪表自动操作,进而发展为计算机控制,使得现代化工生产实现了自动化和连续化。掌握现代化工的操作是将来从事化工事业应用型本科学生必备的基本技能,也是学生对理论知识的一个综合应用。

本书是根据普通本科高等学校向应用技术型转型发展的需要,为化工类及相关专业教学改革、强化工程实践能力而编写的。以实际的实训装置为依托,以典型的化工生产过程为载体,以工程实践能力培养为目标,把虚拟仿真技术、化工技术、自动化技术、网络通讯技术、数据处理等最新的成果揉合在一起,实现了工厂情景化、故障模拟化、操作实际化和控制网络化的目标,可完成单元操作、网络控制、故障模拟、故障报警、网络采集等实训任务,形成"教、学、做、训、考"一体化的教学模式,满足了应用型本科职业教育中实践教学的需求。归纳起来本书有以下特点:

1. 以典型的化工单元操作为主线,精选了"江苏省大学生化学化工实验竞赛化工组"必选项目:流体力学综合实训、离心泵性能综合实训、过滤及洗涤综合实训、吸收综合实训、精馏综合实训、干燥及传热综合实训等。

2. 以"乙酸乙酯实物微工厂+在线虚拟仿真实训"为依托,仿真工厂充分利用仿真装置,实现了教学多元化,满足本科实习实训,并且满足 HSE 安全应急预案培训的要求。

3. 以"工艺生产仿真实训"为契机,通过对甲醇工艺 3D 虚拟仿真、氯碱生产工艺仿真、常减压蒸馏仿真的操作介绍,使学生对其生产原理、设备结构、操作规程、控制方法和安全环保等相关知识有了充分理解,为进入实际操作做好理论准备。

4. 化工安全与管理充分反映了新标准、新规范、新法规的要求,做到深入浅出、理论联系实际、实用性强。主要介绍了危险化学品基本概念、防火、防爆技术、危险化工工艺操作安全、化工安全管理以及化工行业风险评价技术等方面的安全基本知识和案例。

5. 以典型的简单控制方案为主线,精选了常见的复杂控制方案,通过实训了解装置中的软件、控制平台和被控对象,熟悉工艺管道结构、测量元件及执行器的位置及其作用,掌握 PID 控制器参数对控制系统性能的影响以及 PID 参数的整定。

本书注重实训教材的实践性、单元操作的工程性以及工艺生产的连续性,在内容的编排取材上注重理论联系实际和运用实验方法解决工程问题,紧密结合计算机技术和软件的应用,如实物微工厂与虚拟仿真(3D)、单元操作实训以及实训数据的计算机处理等内容。对于一些综合性较强、涉及内容较多的实训,给出了实训记录、表格整理及实训数据处理和分析方法示例,供学生参考。

　　本书由盐城师范学院陶建清、施卫忠、李万鑫、邢蓉、李振兴、费正皓、王俊,泰州学院韦平和,北京东方仿真软件技术有限公司许重华,浙江中控科教仪器设备有限公司张增良等编者分章编写。

　　本书在编写过程中,参考了兄弟院校编写的各种教材、专著,并得到了学院领导和化工原理教研室、实训室各位老师的大力支持和帮助,还参考和引用了北京东方仿真软件技术有限公司和浙江中控科教仪器设备有限公司提供的相关内容、部分图片和素材,在此一并予以感谢。

　　书中如有不妥和不足之处,敬请批评指正。

编　者

2016 年 12 月 20 日

目　录

第1章 绪 论

1.1 实训的意义

一个化工产品的生产是通过若干个物理操作与化学反应实现的。尽管化工产品千差万别,生产工艺多种多样,但这些产品的生产过程所包含的物理过程并不多,很多物理过程是相似的,具有共性的本质、原理和规律。把这些包含在不同化工产品生产过程中,发生同样物理变化,遵循共同的物理学规律,使用相似设备,具有相同功能的基本物理操作,称为单元操作。比如,流体输送不论用来输送何种物料,其目的都是将流体从一个设备输送至另一个设备;加热与冷却的目的都是得到需要的操作温度;分离提纯的目的都是得到指定浓度的混合物等。

现代化工实训是一门实践性很强的课程,是化工类及相关专业的必修实践课。是结合化工单元操作的岗位要求,使学生受到化工生产基本操作技能训练,熟悉流体输送、干燥、传热、蒸馏、吸收等典型的化工单元操作规范,理论联系实际,提升工程实践能力。培养遵章守法、认真工作、严谨求实、团结协作的工作作风,建立安全、环保意识,初步具备工程技术人员的基本工作素养。

1.2 实训的基本要求

现代化工实训是一门实践性很强的课程,是化工类及相关专业的必修实践课。实训过程中必须保持严谨求实的工作态度,认真思考,手脑并用,理论联系实际,实事求是地整理实训数据,按时完成实训项目。

1.2.1 实训前的准备工作

化工生产操作实训工程性很强,涉及化工原理等课程的知识,有许多问题需要预先思考、分析,做好实训前的准备。充分准备是成功的关键,具体要求如下:

(1)认真阅读实训指导书,明确该训练项目的任务,具体内容及注意事项。

(2)根据训练项目的具体内容,熟悉工艺流程图、实训操作规程和理论依据,分析要测量数据,并估计数据的变化规律。

(3)熟悉设备的构造、仪表类型、安装位置。

(4)拟定实训方案,明确操作条件和操作顺序。

1.2.2　精心操作

实施实训项目前,一定要认真检查设备是否正常,做好开车准备。确认正常后,报告实训指导老师,经老师同意后方可按照实训操作规程来实施开车运行操作,记录数据和进行正常停车。实施过程中认真观察,勤于思考,精准操作。

1.2.3　如实记录

(1) 实训开始前拟好记录表格,在表格中应记下各次物理量的名称、表示符号及单位。每位实训者都应有一专用实训记录本,不应随便拿一张纸或在实训讲义空白处来记录,要保证数据完整,条理清楚,避免记录错误。

(2) 开车时一定要等现象稳定后才开始读取数据,条件改变,要稍等一会才读取数据,这是因为条件的改变破坏了原来的稳定状态,重新建立稳态需要一定时间(有的实训甚至花很长时间才能达到稳定),而仪表通常又有滞后现象的缘故。

(3) 每个数据记录后,应该立即复核,以免发生读错或记错数字等事故。

(4) 数据的记录必须反映仪表的精确度。一般要记录到仪表上最小分度以下位数。例如温度计的最小分度为 $1^{\circ}\!\text{C}$,如果当时的温度读数为 $20.5^{\circ}\!\text{C}$,则不能记为 $20^{\circ}\!\text{C}$;又如果刚好是 $20^{\circ}\!\text{C}$,那应该记录为 $20.0^{\circ}\!\text{C}$。

(5) 记录数据要以实训当时的读数为准。

(6) 实训中如果出现不正常情况,以及数据有明显误差时,应在备注栏中加以说明。

1.2.4　及时总结

完成实训操作后,应及时总结实训过程的得失,科学地处理原始数据,撰写实训报告。

1.3　实训的管理

实训教学必须在人才培养方案、教学大纲、教材、实训授课计划表等教学文件齐备的情况下进行,严格按照安排表执行,未经允许,任何部门、个人不得随意改动,禁止擅自缩短实训学时。

1.4　实训安全

(1) 在实习期间,实训教师对实训室(间)的安全(包括防毒、防火、防水、防盗、防辐射等)工作负责。

(2) 实训教师应对学生进行安全教育,并做好各种安全防范措施。

(3) 实训责任人有权拒绝不遵守安全规定的人员进入实训室(间)

(4) 树立"安全第一"的思想,实训教师要全面负责实训过程中的安全工作,不得违反安全操作规程。

(5) 实训前要进行全面的安全检查,实训完毕离开实训室(间)前要关好门窗,切断电源、水源、火源、气源等有安全隐患的设备设施。

（6）确保人身及设备的安全,实训操作要有足够的安全措施,严禁无监护操作。

（7）如遇火警,除应立即采取必要的消防措施组织灭火外,应马上报警(火警电话为外线 119),并及时向上级报告。火警解除后要注意保护现场。

（8）进入实训室(间)操作必须穿戴好防护用具,使用转动机械,不得戴手套作业。

（9）需要安装其他电器设备的,必须事先经实训管理人员同意,方可实施安装工作。

（10）实训室(间)管理员或其他工作人员不得将房间钥匙转借他人或复制。

（11）实训室(间)在开放状态必须有负责人监控该室,学生不得独自逗留实训室(间)。

第2章 化工安全与管理

2.1 危险化学品基本概念

2.1.1 化学危险品

化学危险品是指具有燃烧、爆炸、毒害、腐蚀等性质，以及在生产、储存、装卸、运输等过程中易造成人身伤亡和财产损失的任何化学品。

2.1.2 危险化学品分类

共分为八大类：爆炸品，压缩气体和液化气体，易燃液体，易燃固体、自燃物质和遇湿易燃物质，氧化剂和有机过氧化物，有毒品，放射性物质，腐蚀物质。

分类依据：国家标准《危险货物分类和品名编号》GB6944-86 和《常用危险化学品的分类及标志》GB13690-92。

1. 爆炸物质

指在外界作用下，能发生剧烈的化学反应，瞬时产生大量的气体和热量，使周围压力急剧上升，发生爆炸，对周围环境造成破坏的物质。

爆炸物质一般具有以下特性：

(1) 化学反应速度快。可在万分之一秒或更短的时间内反应爆炸。

(2) 能产生大量气体，在爆炸瞬间，固态爆炸物迅速转变为气态，使原来的体积成百倍的增加。

(3) 反应过程中能放出大量热。一般可以放出数百或数千兆焦耳的热量，温度可达数千度并产生高压。

许多物质在生产和使用过程中，会伴随有严重的爆炸危险，而这些物质在工业上的使用却十分广泛。当然，爆炸危险也存在于许多工业生产中。

2. 压缩气体和液化气体

指压缩、液化或加压溶解的气体，并符合下述情况之一者：

(1) 临界温度低于50℃，或在50℃时，蒸气压大于294 kPa 的压缩或液化气体。

(2) 温度在21.1℃时，气体的绝对压力大于294 kPa，或在37.8℃时，雷德蒸气压大于275 kPa 的液化气体和加压溶解的气体。

为了便于储运和使用,常将气体用降温加压法压缩或液化后储存于钢瓶内。由于各种气体的性质不同,有的气体在室温下,无论对它加多大的压力也不会变为液体,而必须在加压的同时使温度降低至一定数值才能使它液化(该温度叫临界温度)。有的气体较易液化,在室温下,单纯加压就能使它呈液态,例如氯气、氨气、二氧化碳。有的气体较难液化,如氦气、氢气、氮气、氧气。因此,有的气体容易加压成液态,有的仍为气态,在钢瓶中处于气体状态的称为压缩气体,处于液体状态的称为液化气体。此外,本类还包括加压溶解的气体,例如乙炔。

3. 易燃液体

指易燃的液体、液体混合物或含有固体物质的液体,但不包括由于其危险特性已列入其他类别的液体。

按照闪点大小可分为三类:

(1) 低闪点液体　指闭杯试验闪点<—18℃的液体。

(2) 中闪点液体　指—18℃≤闭杯试验闪点<23℃的液体。

(3) 高闪点液体　指 23℃≤闭杯试验闪点≤61℃的液体。

4. 易燃固体、自燃物质和遇湿易燃物质

(1) 易燃固体

指燃点低,对热、撞击、摩擦敏感,易被外部火源点燃,燃烧迅速,并可能散发出有毒烟雾或有毒气体的固体,但不包括已列入爆炸物质范围的物质。

易燃固体的主要特性:

① 易燃固体的主要特性是容易被氧化,受热易分解或升华,遇明火常会引起强烈、连续的燃烧;

② 与氧化剂、酸类等接触,反应剧烈而发生燃烧爆炸;

③ 对摩擦、撞击、震动也很敏感;

④ 许多易燃固体有毒,或燃烧产物有毒或有腐蚀性。

(2) 自燃物质

指自燃点低,在空气中易发生氧化反应,放出热量,可自行燃烧的物质。根据自燃的难易程度及危险性大小,对于易燃固体应特别注意粉尘爆炸。

自燃物质可分两类:

① 一级自燃物质。此类物质与空气接触极易氧化、反应速度快,同时,它们的自燃点低,易于自燃,其火灾危险性大,例如黄磷、铝铁熔剂等;

② 二级自燃物质。此类物质与空气接触的氧化速度缓慢,自燃点较低,如果通风不良,积热不散也能引起自燃,例如油污、油布等含有油脂的物品。

自燃物质的主要特征:

① 化学性质活泼,自燃点低,易氧化而引起自燃着火(例:黄磷);

② 化学性质不稳定,容易发生分解而导致自燃(例:硝化纤维);

③ 有些自燃性物质的分子具有高的键能,容易在空气中与氧化合发生氧化作用(例:桐油酸甘油酯)。

（3）遇湿易燃物质

指遇水或受潮时，发生剧烈化学反应，放出大量易燃气体和热量的物质；有的不需明火，即能燃烧或爆炸。例：金属锂、金属钠、镁粉、铝粉、氢化钠、碳化钙等。

遇湿易燃物品可分为两个危险级别：一级遇湿易燃物品、二级遇湿易燃物品。

5. 氧化剂和有机过氧化物

（1）氧化剂

指处于高氧化态，具有强氧化性，易分解并放出氧和热量的物质。包括含有过氧基的无机物，其本身不一定可燃，但能导致可燃物的燃烧，与松软的粉末可燃物能组成爆炸性混合物，对热、震动或摩擦敏感。如：碱金属（锂、钠、钾、铷、铯）和碱土金属（铍、镁、钙、锶、钡、镭）。

氧化剂的主要特性：① 强烈的氧化性；② 受热撞击分解性；③ 可燃性；④ 与可燃物质作用的自燃性；⑤ 与酸作用的分解性；⑥ 与水作用的分解性；⑦ 强氧化剂与弱氧化剂作用的分解性；⑧ 腐蚀毒害性。

（2）有机过氧化物

指分子组成中含有—O—O—的有机物，其本身易燃易爆，极易分解，对热、震动或摩擦较敏感。

有机过氧化物的主要特性：① 分解爆炸性；② 易燃性；③ 伤害性。

6. 有毒物质

指进入机体后，累积达一定的量时，能与体液和器官组织发生生物化学作用或生物物理作用，扰乱或破坏机体的正常生理功能，引起某些器官和系统暂时性或永久性的病理改变，甚至危及生命的物质。

有毒物质包括毒气（如光气、氰化氢等）、毒物（如硝酸、苯胺等）、剧毒物（如氰化钠、三氧化二砷、氯化高汞、汞等）和其他有害物质。

有毒化学物质的毒性大小与该物质的化学组成和结构有关，如含有氰基、砷、汞、硒的化合物毒性较大。毒物的挥发性越大，易被呼吸道吸收，毒性越强。毒物的溶解度越大，毒性也越强。

7. 放射性物质

放射性物品，它属于危险化学品，但不属于《危险化学品安全管理条例》的管理范围，国家还另外有专门的"条例"来管理。

8. 腐蚀物质

指能灼伤人体组织并对金属等物品造成损坏的固体或液体。与皮肤接触在 4h 内出现可见坏死现象，或温度在 55℃时，对 20 号钢的表面均匀年腐蚀率超过 6.25 mm/年的固体或液体。腐蚀物质可分为酸性腐蚀品、碱性腐蚀品及其他腐蚀品三类。常见的有硝酸、硫酸、盐酸、五氯化磷、二氯化硫、磷酸、甲酸、氯乙酰氯、冰醋酸、氯磺酸、氢氧化钠、硫化钾、甲醇钠、二乙醇胺、甲醛、苯酚等。

腐蚀品的特点：

（1）强烈的腐蚀性

① 对人体有腐蚀作用，造成化学灼伤。腐蚀品使人体细胞受到破坏所形成的化学灼伤，与火烧伤、烫伤不同。化学灼伤在开始时往往不太痛，待发觉时，部分组织已经灼伤坏死，所以较难治愈。

② 对金属有腐蚀作用。腐蚀品中的酸和碱甚至盐类都能引起金属不同程度的腐蚀。

③ 对有机物质有腐蚀作用。能和布匹、木材、纸张、皮革等发生化学反应，使其遭受腐蚀损坏。

④ 对建筑物有腐蚀作用。如酸性腐蚀品能腐蚀库房的水泥地面，而氢氟酸能腐蚀玻璃。

（2）毒性

多数腐蚀品有不同程度的毒性，有的还是剧毒品，如氢氟酸、溴素、五溴化磷等。

（3）易燃性

部分有机腐蚀品遇明火易燃烧，如冰醋酸、醋酸酐、苯酚等。

（4）氧化性

部分无机酸性腐蚀品，如浓硝酸、浓硫酸、高氯酸等具有氧化性能，遇有机化合物如食糖、稻草、木屑、松节油等易因氧化发热而引起燃烧。高氯酸浓度超过 72％时遇热极易爆炸，属爆炸品；高氯酸浓度低于 72％时属无机酸性腐蚀品，但遇还原剂、受热等也会发生爆炸。

2.1.3　化学危险物质造成化学事故的主要特性

1. 易燃易爆性

易燃易爆的化学品在常温常压下，经撞击、摩擦、热源、火花等火源的作用，能发生燃烧和爆炸。燃烧爆炸的能力大小取决于这类物质的化学组成。一般来说，气体比液体、固体易燃易爆。分子越小，相对分子质量越低其物质化学性质越活泼，越容易引起爆炸燃烧。

任何易燃的粉尘、蒸气或气体与空气或其他助燃剂混合，在适当条件下点火都会产生爆炸。能引起爆炸的可燃物质有：可燃固体，包括一些金属粉尘、易燃液体的蒸气、易燃气体。可燃物质爆炸的三个要素是：可燃物质、空气或任何其他助燃剂、火源或高于着火点的温度。

2. 扩散性

化学事故中化学物质溢出，可以向周围扩散，比空气轻的可燃气体可在空气中迅速扩散，与空气形成混合物，随风飘荡，致使燃烧、爆炸与毒害蔓延扩大。比空气重的物质多漂流于地表、沟、角落等处，可长时间积聚不散，造成迟发性燃烧、爆炸和引起人员中毒。

这些气体的扩散性受气体本身密度的影响，相对分子质量越小的物质扩散越快。气体的扩散速度与其相对分子质量的平方根成反比。

3. 突发性

化学物质引发的事故，多是突然爆发，在很短的时间内或瞬间即产生危害。化学危险物品一旦起火,往往是轰然而起,迅速蔓延,燃烧、爆炸交替发生,加之有毒物质的弥散,迅速产生危害。许多化学事故是高压气体从容器、管道、塔、槽等设备泄漏,由于高压气体的性质,短时间内喷出大量气体,使大片地区迅速变成污染区。

4. 毒害性

有毒的化学物质,无论是脂溶性的还是水溶性的,都有进入机体与损坏机体正常功能的能力。这些化学物质通过一种或多种途径进入机体达一定量时,便会引起机体结构的损伤,破坏正常的生理功能,引起中毒。

毒性危险可造成急性或慢性中毒甚至致死,应用试验动物的半致死剂量表征。毒性反应的大小很大程度上取决于物质与生物系统接受部位反应生成的化学键类型。

2.1.4 影响化学危险物质危险性的主要因素

1. 物理性质与危险性的关系

(1) 沸点

在 101.3 kPa(760 mmHg)大气压下,物质由液态转变为气态的温度。沸点越低的物质,汽化越快,易迅速造成事故现场空气的高浓度污染。

(2) 熔点

物质在标准大气压(101.3 kPa)下的溶解温度或温度范围,熔点反映物质的纯度,可以推断出该物质在各种环境介质(水、土壤、空气)中的分布。熔点的高低与污染现场的洗消、污染物处理有关。

(3) 相对密度(水为 1)

环境温度(20℃)下,物质的密度与 4℃时水的密度的比值,它是表示该物质是漂浮在水面上还是沉下去的重要参数。当相对密度小于 1 的液体发生火灾时,用水去扑灭将是无效的,因为水将沉至燃烧着的液面下,且水甚至可以由于其流动性使火灾蔓延至远处。

(4) 蒸气压

饱和蒸气压的简称。指物质在一定温度下与其液体或固体相互平衡时的饱和压力。蒸气压仅是温度的函数,在一定温度下,每种物质的饱和蒸气压是一个常数。发生事故时的气温越高,化学物质的蒸气压越高,其在空气中的浓度相应增高。

(5) 蒸气相对密度(空气为 1)

指在给定条件下化学物质的蒸气密度与参比物质(空气)密度的比值。当蒸气相对密度值小于 1 时,表示该蒸气比空气轻,能在相对稳定的大气中趋于上升。在密闭的房间里,轻的气体趋向天花板移动或自敞开的窗户逸出房间。其值大于 1 时,表示重于空气,泄漏后趋向于集中至接近地面,能在较低处扩散到相当远的距离。若气体可燃,遇明火可能引起远处着火回燃。如果释放出来的蒸气是相对密度≤0.9 的可燃气体,可能积在建筑物的上层空间,引起爆炸。

(6) 蒸气/空气混合物的相对密度(20℃,空气为 1)

指在与敞口空气相接触的液体和固体上方存在的蒸气与空气混合物相对于周围纯空气的密度。当相对密度值≥1.1 时,该混合物可能沿地面流动,并可能在低洼处积累。当其数值为 0.9~1.1 时，能与周围空气快速混合。

（7）闪点

闪点表示在大气压力（101.3 kPa）下，一种液体表面上方释放出的可燃蒸气与空气完全混合后，可以被火焰或火花点燃的最低温度。闪点<21℃则该物质是高度易燃物质，21℃≤闪点≤55℃的物质是易燃物质。闪点是判断可燃性液体蒸气由于外界明火而发生闪燃的依据。闪点有开杯和闭杯两种值。闪点低于 21℃的化学物质泄出后，极易在空气中形成爆炸混合物，引起燃烧与爆炸。

（8）自燃温度

一种物质与空气接触发生起火或引起自燃的最低温度，且在此温度下无火源（火焰或火花）时，物质可继续燃烧。自燃温度不仅取决于物质的化学性质，而且还与物料的大小、形状和性质等因素有关。自燃温度对在可能存在爆炸性蒸气/空气混合物的空间中使用的电器设备的选择是重要的。

（9）爆炸极限

指一种可燃气体或蒸气与空气的混合物能着火或引燃爆炸的浓度范围。空气中含有可燃气体（如氢、一氧化碳、甲烷等）或蒸气（如乙醇蒸气、苯蒸气）时，在一定浓度范围内，遇到火花就会使火焰蔓延而发生爆炸。其最低浓度称为下限，最高浓度称为上限。浓度低于或高于这一范围，都不会发生爆炸。一般用可燃气体或蒸气在混合物中的体积百分数表示。

（10）临界温度与临界压力

一些气体在加温加压下可变为液体，压入高压钢瓶或储罐中。能够使气体液化的最高温度叫临界温度，液化所需的最低压力叫临界压力。

2. 化学危险性

（1）有些化学可燃物质呈粉末或微细颗粒物状时，与空气充分混合，经引燃可能发生燃爆，在封闭空间中，爆炸可能很猛烈。

（2）有些化学物质在贮存时生成过氧化物，蒸发或加热后的残渣可能自燃爆炸，如醚类化合物。

（3）聚合是一种物质的分子结合成大分子的化学反应。聚合反应通常放出较大的热量，使温度急剧升高，反应速度加快，有着火或爆炸的危险。

（4）有些化学物加热可能引起猛烈燃烧或爆炸，如自身受热或局部受热时发生反应会导致燃烧，在封闭空间内可能导致猛烈爆炸。

（5）有些化学物质在与其他物质混合或燃烧时产生有毒气体释放到空间。几乎所有有机物的燃烧都会产生 CO 有毒气体；还有一些气体本身无毒，但大量充满在封闭空间，造成空气中氧含量减少而导致人员窒息。

（6）强酸、强碱在与其他物质接触时常发生剧烈反应，产生侵蚀作用。

3. 中毒危险性

在突发的化学事故中，有毒化学物质能引起人员中毒，其危险性大大增加。中毒如果按化学物质的毒性作用可分为：

（1）刺激性毒物中毒，如：氨、氯、光气、二氧化硫、硫酸二甲酯、氟化氢、甲醛、氯丁二烯等。

（2）窒息性毒物中毒，如：一氧化碳、硫化氢、氰化物、丙烯腈等。

（3）麻醉性毒作用，主要指一些脂溶性物质，如：醇类、酯类、氯烃、芳香烃等，对神经细胞产生麻醉作用。

（4）高铁血红蛋白症，引起高铁血红蛋白增多，使细胞缺氧，如：苯胺、硝基化合物等。

（5）神经毒性，能作用于神经系统引起中毒，如有机磷、氨基甲酸酯类等农药，溴甲烷、三氯氧磷、磷化氢等。

2.1.5　危险化学品基本概念化学危险物质的贮存安全

1. 化学危险物质贮存的安全要求

化学危险品仓库是贮存易燃、易爆等化学危险品的场所，仓库选址必须适当，建筑物必须符合规范要求，做到科学管理，确保其贮存、保管安全。贮存保管的安全要求如下：

① 化学物质的贮存限量，由当地主管部门与公安部门规定。

② 交通运输部门应在车站、码头等地修建专用贮存化学危险物质的仓库。

③ 贮存化学危险物质的地点及建筑结构，应根据国家有关规定设置，并充分考虑对周围居民区的影响。

④ 化学危险物品露天存放时应符合防火、防爆的安全要求。

⑤ 安全消防卫生设施，应根据物品危险性质设置相应的防火防爆、泄压、通风、湿度调节、防潮防雨等安全措施。

⑥ 必须加强出入库验收，避免出现差错。特别是对爆炸物质、剧毒物质和放射性物质，应采取双人收发、双人记账、双人双锁、双人运输和双人使用的"五双制"方法加以管理。

⑦ 经常检查，发现问题及时处理，根据危险品库房物性及灭火办法的不同，应严格按规定分类贮存。

2. 化学危险物质分类贮存的安全要求

（1）爆炸性物质贮存的安全要求

爆炸性物质的贮存按原公安、铁道、商业、化工、卫生和农业等部门关于"爆炸物品管理规则"的规定办理。具体规定如下：

① 爆炸性物质必须存放在专用仓库内。贮存爆炸性物质的仓库禁止设在城镇、市区和居民聚居的地方，并且应当与周围建筑、交通要道、输电线路等保持一定的安全距离。

② 存放爆炸性物质的仓库，不得同时存放相抵触的爆炸物质，并不得超过规定的贮存数量。

③ 一切爆炸性物质不得与酸、碱、盐类以及某些金属、氧化剂等同库贮存。

④ 为了通风、装卸和便于出入检查，爆炸性物质堆放时，堆垛不应过高过密。

⑤ 爆炸性物质仓库的温度、湿度应加强控制和调节。

（2）压缩气体和液化气体贮存的安全要求

① 压缩气体和液化气体不得与其他物质共同贮存；易燃气体不得与助燃气体、剧毒

气体共同贮存;易燃气体和剧毒气体不得与腐蚀性物质混合贮存;氧气不得与油脂混合贮存。

② 液化石油气贮罐区的安全要求。液化石油气贮罐区应布置在通风良好且远离明火或散发火花的露天地带。不宜与易燃、可燃液体贮罐同组布置,更不应设在一个土堤内。压力卧式液化气罐的纵轴,不宜以对着重要建筑物、重要设备、交通要道及人员集中的场所。

③ 对气瓶贮存的安全要求。贮存气瓶的仓库应为单层建筑,设置易揭开的轻质屋顶,地坪可用沥青砂浆混凝土铺设,门窗都向外开启,玻璃涂以白色。库温不宜超过35℃,有通风降温措施。瓶库应用防火墙分隔为若干单独分间,每一分间有安全出入口。气瓶仓库的最大贮存量应按有关规定执行。

（3）易燃液体贮存的安全要求

① 易燃液体应贮存于通风阴凉处,并与明火保持一定的距离,在一定区域内严禁烟火。

② 沸点低于或接近夏季气温的易燃液体,应贮存于有降温设施的库房或贮罐内,盛装易燃液体的容器应保留不少于5%容积的空隙,夏季不可曝晒。

③ 闪点较低的易燃液体,应注意控制库温。气温较低时容易凝结成块的易燃液体受冻后易使容器胀裂,故应注意防冻。

④ 易燃、可燃液体贮罐分地上、半地上和地下三种类型。地上贮罐不应与地下或半地下贮罐布置在同一贮罐组内,且不宜与液化石油气贮罐布置在同一贮罐组内。贮罐组内贮罐的布置不应超过两排。在地上和半地下的易燃、可燃液体贮罐的四周应设置防火堤。

⑤ 贮罐高度超过 17 m 时,应设置固定的冷却和灭火设备;低于 17 m 时,可采用移动式灭火设备。

⑥ 闪点低、沸点低的易燃液体贮罐应设置安全阀并有冷却降温设施。

⑦ 贮罐的进料管应从罐体下部接入,以防止液体冲击飞溅产生静电火花引起爆炸,贮罐及其有关设施必须设有防雷击、防静电设施,并采用防爆电气设备。

⑧ 易燃、可燃液体桶装库应设计为单层仓库,可采用钢筋混凝土排架结构,设防火墙分隔数间,每间应有安全出口。桶装的易燃液体不宜于露天堆放。

（4）易燃固体贮存的安全要求

① 贮存易燃固体的仓库要求阴凉、干燥,要有隔热措施,忌阳光照射,易挥发、易燃固体应密封堆放,仓库要求严格防潮。

② 易燃固体多属于还原剂,应与氧和氧化剂分开贮存。有很多易燃固体有毒,故贮存中应注意防毒。

（5）自燃物质贮存的安全要求

① 自燃物质不能与易燃液体、易燃固体、遇水燃烧物质混放贮存,也不能与腐蚀性物质混放贮存。

② 自燃物质在贮存中,对温度、湿度的要求比较严格,必须贮存于阴凉、通风干燥的仓库中,并注意做好防火、防毒工作。

（6）遇水燃烧物质贮存的安全要求

① 遇水燃烧物质的贮存应选用地势较高的地方，在夏令暴雨季节保证不进水，堆垛时要用干燥的枕木或垫板。

② 贮存遇水燃烧物质的库房要求干燥，要严防雨雪的侵袭。库房的门窗可以密封。库房的相对湿度一般保持在 75% 以下，最高不超过 80%。

③ 钾、钠等应贮存于不含水分的矿物油或石蜡油中。

（7）氧化剂贮存的安全要求

① 一级无机氧化剂与有机氧化剂不能混放贮存；不能与其他弱氧化剂混放贮存；不能与压缩气体、液化气体混放贮存；氧化剂与有毒物质不得混放贮存。有机氧化剂不能与溴、过氧化氢、硝酸等酸性物质混放贮存。硝酸盐与硫酸、发烟硫酸、氯磺酸接触时都会发生化学反应，不能混放贮存。

② 贮存氧化剂应严格控制温度、湿度。可以采取整库密封、分垛密封与自然通风相结合的方法。在不能通风的情况下，可以采用吸潮和人工降温的方法。

（8）有毒物质贮存的安全要求

① 有毒物质应贮存在阴凉通风的干燥场所，要避免露天存放，不能与酸类物质接触。

② 严禁与食品同存一库。

③ 包装封口必须严密，无论是瓶装、盒装、箱装或其他包装，外面均应贴（印）有明显名称和标志。

④ 工作人员应按规定穿戴防毒用具，禁止用手直接接触有毒物质。贮存有毒物质的仓库应有中毒急救、清洗、中和、消毒用的药物等备用。

（9）腐蚀性物质贮存的安全要求

① 腐蚀性物质均须贮存在冬暖夏凉的库房中，保持通风、干燥，防潮、防热。

② 腐蚀性物质不能与易燃物质混合贮存，可用墙分隔同库贮存不同的腐蚀性物质。

③ 采用相应的耐腐蚀容器盛装腐蚀性物质，且包装封口要严密。

④ 贮存中应注意控制腐蚀性物质的贮存温度，防止受热或受凉造成容器胀裂。

2.1.6 化学危险物质的运输安全

化学物质从生产环节到储存、使用环节都需要通过运输这个手段才能完成。运输危险化学物质可通过船舶、火车和汽车等交通工具进行。危险化学物质运输是一种动态危险源，发生事故涉及面广，危害严重，对人民生命财产、社会公共安全构成威胁。因而危险化学物质的安全运输越来越受到人们的关注。

1. 化学危险物质运输的装配原则

化学危险物质的危险性各不相同，性质相抵触的物品相遇后往往会发生燃烧爆炸事故，发生火灾时，使用的灭火剂和扑救方法也不完全一样，因此为保证装运中的安全.应遵守有关装配原则。

包装要符合要求，运输应佩戴相应的劳动保护用品和配备必要的紧急处理工具，搬运时必须轻装轻卸，严禁撞击、震动和倒置。

2. 化学危险物质运输安全事项

（1）公路运输

汽车装运化学危险物品时，应悬挂运送危险货物的标志。在行驶、停车时要与其他车辆、高压线、人口稠密区、高大建筑物和重点文物保护区保持一定的安全距离，按当地公安机关指定的路线和规定时间行驶。严禁超车、超速、超重，防止摩擦、冲击，车上应设置相应的安全防护设施。

（2）铁路运输

铁路是运输化工原料和产品的主要工具。通常对易燃、可燃液体采用槽车运输，装运其他危险货物使用专用危险品货车。危险化学品的铁路运输，必须严格执行《危险货物运输规则》、《铁路危险货物运输规则》的有关规定。

（3）水陆运输

船舶在装运易燃易爆物品时应悬挂危险货物标志，严禁在船上动用明火，燃煤拖轮应装设火星熄灭器，且拖船尾至驳船首的安全距离不应小于 50 m。对闪点较低的易燃液体，在装卸时也有相关要求。

2.1.7　化学危险的包装及标志

1. 包装

化学危险物品的包装应遵照《危险货物运输规则》、《气瓶安全检查规则》和原化学工业部《液化气体铁路槽车安全管理规定》等有关要求办理。

2. 包装标志

凡是出厂的易燃、易爆、有毒等产品，应在包装好的物品上牢固清晰印贴专用包装标志。包装标志的名称、适用范围、图形、颜色和尺寸等基本要求，应符合我国 GB 190 - 85《危险货物包装标志》的规定。

根据常用危险化学品的危险特性和类别，它们的标志设主标志 16 种、副标志 11 种。当一种危险化学品具有一种以上的危险性时，应用主标志表示主要危险性类别，并用副标志来表示重要的其他的危险性类别。在危险化学品包装上粘贴化学品安全标签，是国家对危险化学品进行安全管理的一种重要方法。危险化学品的包装标志和安全标签，由生产单位在出厂前完成。凡是没有包装标志和安全标签的危险品不准出厂、储存或运输。

2.2　防火、防爆技术

2.2.1　点火源的控制

点火源是指能够使可燃物与助燃物（包括某些爆炸性物质）发生燃烧或爆炸的能量来源。这种能量来源常见的是热能，还有电能、机械能、化学能、光能等。根据产生能量的方式的不同，点火源可分成八类：明火（有焰燃烧的热能）、高温物体（无焰燃烧或载热体的热能）、电火花及电弧（电能转变为热能）、静电火花、撞击与摩擦（机械能变为热能）、绝热压缩(机械能变为热能)、光线照射与聚焦(光能变为热能或光引发连锁反应)、化学反应放热(化学能变为热能)。

上述八类点火源点燃可燃物的过程各有特点,每一类点火源又包含许多种具体的点火源或点燃方式。因此针对各种点火源的控制对策也千差万别。

1. 明火的点燃及其控制对策

常见的明火焰有加热用火、维修用火和其他火源。经实训证明:绝大多数明火焰的温度超过700℃,而绝大多数可燃物的自燃点低于700℃。所以,在一般条件下,只要明火焰与可燃物接触(有助燃物存在),可燃物经过一定延迟时间便会被点燃。当明火焰与爆炸性混合气体接触时,气体分子会因火焰中的自由基和离子的碰撞及火焰的高温而引发连锁反应,瞬间导致燃烧或爆炸。

当明火焰与可燃物之间有一定距离时,火焰散发的热量通过导热、对流、辐射三种方式向可燃物传递热量,促使可燃物升温,当温度超过可燃物自燃点时,可燃物将被点燃。在明火焰与可燃物之间的传热介质为空气时,通常只考虑它们之间的辐射换热;在传热介质为固体不燃材料时,通常只考虑它们之间的导热传热。

在实际中曾有过液化石油气灶具火焰经2小时左右点燃13 cm远木板墙壁而造成火灾的事例。在火场上也有油罐火灾时的冲天火焰点燃周围50 m以内地面上杂草的事例。

(1) 加热用火的控制

加热易燃液体时,应尽量避免采用明火,而采用蒸汽、过热水、中间载热体或电热等;如果必须采用明火,则设备应严格密闭,并定期检查,防止泄漏。工艺装置中明火设备的布置,应远离可能泄漏的可燃气体或蒸汽(气)的工艺设备及贮罐区;在积存有可燃气体、蒸汽的地沟、深坑、下水道内及其附近,没有消除危险之前,不能进行明火作业。在确定的禁火区内,要加强管理,杜绝明火的存在。

(2) 维修用火的控制

维修用火主要是指焊割、喷灯、熬炼用火等。在有火灾爆炸危险的厂房内,应尽量避免焊割作业,必须进行切割或焊接作业时,应严格执行动火安全规定;在有火灾爆炸危险场所使用喷灯进行维修作业时,应按动火制度进行并将可燃物清理干净;对熬炼设备要经常检查、防止烟道串火和熬锅破漏,同时要防止物料过满而溢出。在生产区熬炼时,应注意熬炼地点的选择。烟囱飞火,机动车的排气管喷火,都可以引起可燃气体、蒸气的燃烧爆炸。要加强对上述火源的监控与管理。

2. 高温物体及其控制对策

所谓高温物体一般是指在一定环境中向可燃物传递热量,能够导致可燃物着火的具有较高温度的物体。高温物体按其本身是否燃烧可分为无焰燃烧放热(如木炭火星)和载热体放热(如电焊金属熔渣)两类;按其体积大小可分为较大体积的和微小体积的两类。

常见较大体积的高温物体有:铁皮烟囱表面、火炕及火墙表面、电炉子、电熨斗、电烙铁、白炽灯泡及碘钨灯泡表面、铁水、加热的金属零件、蒸汽锅炉表面、热蒸汽管及暖气片、高温反应器及容器表面、高温干燥装置表面、汽车排气管等。

常见微小体积的高温物体有:烟头、烟囱火星、蒸汽机车和船舶的烟囱火星、发动机排气管排出的火星、焊割作业的金属熔渣等。另外还有撞击或摩擦产生的微小体积的高温物体,如砂轮磨铁器产生的火星、铁制工具撞击坚硬物体产生的火星、带铁钉鞋摩擦坚硬地面产生的火星等。

对以下高温物体的常见控制对策是:

(1)铁皮烟囱

一般烧煤的炉灶烟囱表面温度在靠近炉灶处可超过 500℃,在烟囱垂直伸到平房屋顶天棚处,烟囱表面温度往往也能达到 200℃ 左右。因此,应避免烟囱靠近可燃物,烟囱通过可燃材料时应用耐火材料隔离。

(2)发动机排气管

汽车、拖拉机、柴油发电机等运输或动力工具的发动机是一个温度很高的热源。发动机燃烧室内的温度一般可达 2 000℃,排气管的温度随管的延长逐渐降低,在排气口处,温度一般还可能高达 150～200℃。因此,在汽车进入棉、麻、纸张、粉尘等易燃物品储存场所时,应保证路面清洁,防止排气管高温表面点燃易燃物品。

(3)无焰燃烧的火星

煤炉烟囱、蒸汽机车烟囱、船舶烟囱及汽车和拖拉机排气管飞出的火星是各种燃料在燃烧过程中产生的微小碳粒及其他复杂的碳化物等。这些火星一般处于无焰燃烧状态,温度可达 350℃ 以上,若与易燃的棉、麻、纸张及可燃气体、蒸气、粉尘等接触便有点燃危险。因此,规定汽车进入火灾爆炸危险场所时,排气管上应安装火星熄灭器(俗称防火帽);蒸汽机车进入火灾爆炸危险场所时烟囱上应安设双层钢丝网、蒸汽喷管等火星熄灭装置。在码头及车站货场上装卸易燃物品时,应注意严防来往船舶和机车烟囱飞出的火星点燃易燃物品。蒸汽机车进入货场时应停止清灰、防止炉渣飞散到易燃物品附近而造成火灾。

(4)烟头

无焰燃烧的烟头是一种常见的引火源。烟头中心部温度在 700℃ 左右,表面温度约 200～300℃。烟头一般能点燃沉积状态的可燃粉尘、纸张、可燃纤维、二硫化碳蒸气及乙醚蒸气等。因此,在储运或加工易燃物品的场所,应采取有效的管理措施,设置"禁止吸烟"安全标志,严防有人吸烟,乱扔烟头。

(5)焊割作业金属熔渣

气焊气割作业时产生的熔渣,温度可达 15 00℃;电焊作业时产生的熔渣,温度要超过 2 000℃。熔渣粒径大小一般在 0.2～3 mm。在地面作业时熔渣水平飞散距离可达 0.5～1 m,在高处作业时熔渣飞散距离较远。熔渣在飞散或静止状态下,温度随时间的延长而逐渐下降。一般来说,熔渣粒径越大,飞散距离越近,环境温度越高,则熔渣越不容易冷却,也就越容易点燃周围的可燃物。在动火焊接检修设备时,应办理动火证。动火前应撤除或遮盖焊接点下方和周围的可燃物品和设备,以防焊接飞散出的熔渣点燃可燃物。

(6)照明灯

白炽灯泡表面温度与功率有关,60 W 灯泡可达 137～180℃,100 W 灯泡可达 170～216℃,200 W 灯泡可达 154～296℃。1 000 W 碘钨灯的石英玻璃管表面温度可高达

500~800℃。400 W 的高压汞灯玻璃壳表面温度可达 180~250℃。易燃物品与照明灯接触便有被点燃的危险,因此,在有易燃物品的场所,照明灯下方不应堆放易燃物品;在散发可燃气体和可燃蒸气的场所,应选用防爆照明灯具。

（7）其他高温物体

电炉的电阻丝在通电时呈炽热状态,能点燃任何可燃物。火炉、火炕及火墙等表面,在长时间加热温度较高时,能点燃与之接触的织物、纸张等可燃物。工业锅炉、干燥装置、高温容器的表面若堆放或散落有易燃物,如浸油脂废布、衣物、包装袋、废纸等,在长时间蓄热条件下都有被点燃的危险。化学危险物品仓库内存放的二硫化碳、黄磷等自燃点较低的物品,若一旦泄漏接触到暖气片(温度 100℃左右)也会被立即点燃。因此,在储运或生产加工过程中,应针对高温物体采取相应的控制对策,如使高温物体与可燃物保持一定安全距离、用隔热材料遮挡等。

3. 电火花、电弧及其控制对策

电火花是一种电能转变成热能的常见引火源。常见的电火花有:电气开关开启或关闭时发出的火花、短路火花、漏电火花、接触不良火花、继电器接点开闭时发出的火花、电动机整流子或滑环等器件上接点开闭时发出的火花、过负荷或短路时保险丝熔断产生的火花、电焊时的电弧、雷击电弧、静电放电火花等。通常的电火花,因其放电能量均大于可燃气体、可燃蒸气、可燃粉尘与空气混合物的最小点火能量,所以,都有可能点燃这些爆炸性混合物。雷击电弧、电焊电弧因能量很高,能点燃任何一种可燃物。

对电火花的主要控制对策包括以下几个方面:

（1）防雷电主要对策

① 对直击雷采用避雷针、避雷线、避雷带、避雷网等,引导雷电进入大地,使建筑物、设备、物资及人员免遭雷击,预防火灾爆炸事故的发生。

② 对雷电感应,应采取将建筑物内的金属设备与管道以及结构钢筋等予以接地的措施,以防放电火花引起火灾爆炸事故。

③ 对雷电侵入波应采用阀型避雷器、管型避雷器、保护间隙避雷器、进户线接地等保护装置,预防电气设备因雷电侵入波影响造成过电压,避免击毁设备,防止火灾爆炸事故,保证电气设备的正常运行。

（2）防静电火花的主要对策

① 采用导电体接地消除静电。接地电阻不应大于 1 000 Ω。防静电接地可与防雷、防漏电接地相连并用。

② 在爆炸危险场所,可向地面洒水或喷水蒸气等,通过增湿法防止电介质物料带静电。该场所相对湿度一般应大于 65%。

③ 绝缘体(如塑料、橡胶)中加入抗静电剂,使其增加吸湿性或离子性而变成导电体,再通过接地消除静电。

④ 利用静电中和器产生与带电体静电荷极性相反的离子,中和消除带电体上的静电。

⑤ 爆炸危险场所中的设备和工具,应尽量选用导电材料制成。如将传动机械上的橡胶带用金属齿轮和链条代替等。

⑥ 控制气体、液体、粉尘物料在管道中的流速，防止高速摩擦产生静电。管道应尽量减少摩擦阻力。

⑦ 爆炸危险场所中，作业人员应穿导电纤维制成的防静电工作服及导电橡胶制成的导电工作鞋，不准穿易产生静电的化纤衣服及不易导除静电的普通鞋。

（3）防爆电气设备类型及标志

为了满足化工生产的防爆要求，必须了解并正确选择防爆电气的类型。完整的防爆标志依次标明防爆形式、类别、级别和组别。

（4）防爆电气设备的选型

在了解八种防爆型电气设备特点的基础上进行选型。

① 隔爆型电气设备有一个隔爆外壳，是应用缝隙隔爆原理，使设备外壳内部产生的爆炸火焰不能传播到外壳的外部，从而点燃周围环境中爆炸性介质的电气设备。

② 增安型电气设备是在正常运行情况下不产生电弧、火花或危险温度的电气设备。它可用于 1 区和 2 区危险场所，价格适中，可广泛使用。

③ 正压型电气设备具有保护外壳，壳内充有保护性气体，其压力高于周围爆炸性气体的压力，能阻止外部爆炸性气体进入设备内部引起爆炸。可用于 1 区和 2 区危险场所。

④ 本质安全型电气设备是由本质安全电路构成的电气设备。在正常情况下及事故时产生的火花、危险温度不会引起爆炸性混合物爆炸。ia 级可用于 0 区危险场所，ib 级可用于除 0 区之外的危险场所。

⑤ 充油型电气设备是应用隔爆原理将电气设备全部或一部分浸没在绝缘油面以下，使得产生的电火花和电弧不会点燃油面以上及容器外壳外部的燃爆型介质。运行中经常产生电火花以及有活动部件的电气设备可以采用这种防爆形式。可用于除 0 区之外的危险场所。

⑥ 充砂型电气设备是应用隔爆原理将可能产生火花的电气部位用砂粒充填覆盖，利用覆盖层砂粒间隙的熄火作用，使电气设备的火花或过热温度不致引燃周围环境中的爆炸性物质。可用于除 0 区之外的危险场所。

⑦ 无火花型电气设备是在正常运行时不会产生火花、电弧及高温表面的电气设备。它只能用于 2 区危险场所，但由于在爆炸性危险场所中 2 区危险场所占绝大部分，所以该类型设备使用面很广。

⑧ 防爆特殊型电气设备采用《爆炸性环境用防爆电气设备》中未包括的防爆形式，属于防爆特殊型电气设备。该类设备必须经指定的鉴定单位检验。

4. 静电及其控制对策

静电是宏观范围内相对静止的，暂时失去平衡的正电荷或负电荷。在炼油、化工等生产部门，静电是火灾和爆炸的主要原因之一。

静电火灾和爆炸的直接原因是静电放电火花。对于生产工艺过程中产生的静电，如果没有较高的电压，是不会造成危险火花的。一般情况下，电压越高，火花放电的危险性越大。

静电引发火灾和爆炸的条件有四个：① 空间有爆炸混合物存在；② 有产生静电的工艺条件或操作过程；③ 静电得以积累并达到相当程度，以使介质间的局部电场被击穿；

④ 静电放电火花能量达到爆炸混合物的最小点燃能量。这四个条件中的任何一个条件不具备时,都不会引起火灾和爆炸。

控制第一个条件,即是消除周围环境的爆炸危险性,通常采用的防爆措施,用不可燃介质取代易燃介质,并改善加强通风条件,以降低爆炸性混合物的浓度,或者充填不活泼气体,以降低含氧量等措施,这是防止静电引燃的间接措施。控制后三个条件的出现,乃是抑制静电的产生。为此可以适当选择材料,改革制造工艺设备和降低生产工具摩擦速度或相对运动的速度,消除杂质以消除附加静电等,以上这些都属于防止静电引燃的直接措施。控制第三和第四条件主要是通过泄露或中和的方法限制静电的积累。例如,接地、增湿、应用抗静电剂、采用各种静电消除器等。实践证明,各种直接措施对于防止静电电击和因静电妨碍生产都是有效的。

为了防止静电成灾,做到万无一失,除采取上述相应的技术措施外,还必须同步采用静电测量和监控技术,真正对生产环境和生活场所静电致灾的危险性做到心中有数,达到防患于未然。

5. 撞击和摩擦的点燃及其控制对策

撞击和摩擦属于物体间的机械作用。一般来说,在撞击和摩擦过程中机械能转变成热能。当两个表面粗糙的坚硬物体互相猛烈撞击或摩擦时,往往会产生火花或火星,这种火花实质上是撞击和摩擦物体产生的高温发光的固体微粒。

撞击和摩擦发出的火花通常能点燃沉积的可燃粉尘、棉花等松散的易燃物质,以及易燃的气体、蒸气、粉尘与空气的爆炸性混合物。实际中的火镰引火、打火机(火石型)点火都是撞击和摩擦火花具体应用的实例。实际中也有许多撞击和摩擦火花引起火灾的案例,如铁器互相撞击点燃棉花、乙炔气体等。因此在易燃易爆场所,不能使用铁制工具,而应使用铜制或木制工具;不准穿带钉鞋,地面应为不发火花地面等。

硬度较低的两个物体,或一个较硬与另一个较软的物体之间互相撞击和摩擦时,由于硬度较低的物体,通常熔点、软化点较低,则使物体表面变软或变形,因而不能产生高温发光的微粒,即不能产生火花。但撞击和摩擦的机械能转变成的热能却会点燃许多易燃易爆的物质。实际中也有许多撞击和摩擦发热引起火灾的案例。如爆炸性物质、氧化剂及有机过氧化物等受振动、撞击和摩擦而引起的火灾爆炸事故;车床切削下来的废铁屑(温度很高)点燃周围可燃物而造成的火灾事故等。在装卸搬运爆炸性物品、氧化剂及有机过氧化物等对撞击和摩擦敏感度较高的物品时,应轻拿轻放,严禁撞击、拖拉、翻滚等,以防引起火灾和爆炸。对于车床切削应有冷却措施。对机械传动轴与轴套,应定期加润滑油,以防摩擦发热引燃轴套附近散落的可燃粉尘等。

6. 绝热压缩的点燃及其控制对策

绝热压缩点燃是指气体在急剧快速压缩时,气体温度会骤然升高,当温度超过可燃物自燃点时,发生的点燃现象。气体绝热压缩时的温度升高值可通过理论计算和实训求得。

在生产加工和储运过程中应注意这种点火危险。设想在一条高压气体管路上安设两个阀门,阀门预先是关闭的,二阀门之间的管路较短,管内存留有低压空气。当快速开启靠近高压气源一端的阀门时,二阀门间的空气会受到高压气体的压缩,由于时间很短,这一压缩过程可近似地看成绝热的。如果高压气体的压力足够高,则会使二阀门之间管路内的空气急剧升高温度,达到很高的温度。如果阀门或管路连接中的密封件是可燃的或易熔、易分解的,这时则会发生泄漏,导致火灾爆炸事故。另外,如果阀门之间的管路中的气体或高压气体是可燃的,或者高压气体是氧气,则会因这种绝热压缩作用,有可能引起混合气体爆炸或引起铁管在高压氧气流中的燃烧等事故。因此,在开启高压气体管路上的阀门时,应缓慢开启,以避免这种点火现象。

在化学纤维工业生产中也有这种绝热压缩点火的实例。如大量粘胶纤维胶液注入反应容器时,由于粘胶纤维胶液中包含有空气气泡,胶液由高处向下投料便使空气气泡受到绝热压缩而升高温度,因而使容器底部残留的二硫化碳蒸气发生爆炸或燃烧。在生产和使用液态爆炸性物质(如硝化甘油、硝化乙二醇、硝酸甲酯、硝酸乙酯、硝基甲烷等)和熔融态炸药(如梯恩梯、苦味酸、特屈儿等)以及某些氧化剂与可燃物的混合物(如过氧化氢与甲醇的混合物)时,物料中若混有气泡,便会因撞击或高处坠落而发生这种绝热压缩点火现象。

7. 光线照射和聚焦的点燃及其控制对策

光线照射和聚焦点燃主要是指太阳热辐射线对可燃物的照射(暴晒)点火和凸透镜、凹面镜等类似物体使太阳热辐射线聚焦点火。另外,太阳光线和其他一些光源的光线还会引发某些自由基连锁反应,如氢气与氯气、乙炔与氯气等爆炸性混合气体在日光或其他强光(如镁条燃烧发出的光)的照射会发生爆炸。

日光照射引起露天堆放的硝化棉发热而造成的火灾在国内已发生多起。因此,易燃易爆物品应严禁露天堆放,避免日光暴晒。还应对某些易燃易爆容器采取洒水降温和加设防晒棚措施,以防容器受热膨胀破裂,导致火灾爆炸。

日光聚焦点火也会引起火灾。引起聚焦的物体大多为类似凸透镜和凹面镜的物体。如盛水的球形玻璃鱼缸及植物栽培瓶、四氯化碳灭火弹(球状玻璃瓶)、塑料大棚积雨水形成的类似凸透镜、不锈钢圆底(球面一部分)锅及道路反射镜的不锈钢球面镶板等。因此,对可燃物品仓库和堆场,应注意日光聚焦点火现象。易燃易爆化学物品仓库的玻璃应涂白色或用毛玻璃。

8. 化学反应放热的点燃及其控制对策

化学反应放热能够使参加反应的可燃物质和反应后的可燃产物升高温度,当超过可燃物自燃点时,则使其发生自燃。能够发生自燃的物质在常温常压条件下发生自燃都属于这种化学反应放热点火现象。这类点火现象举例如下:

(1) 黄磷在空气中与氧气反应生成五氧化二磷,并放出热量,导致自燃。

(2) 金属钠与水反应生成氢氧化钠与氢气,并放出热量,导致氢气和钠自燃。

(3) 过氧化钠与甲醇反应生成氧化钠、二氧化碳及水,反应放出热量,而导致自燃。

能发生化学反应放热点火现象的物质有自燃物品、遇湿易燃物品、氧化剂与可燃物的混合物等。对这些能自燃的物质,生产加工与储运过程中应避免造成化学反应的条件,如自燃物品隔绝空气储存;遇湿易燃物品隔绝水储存及防雨雪、防潮等;氧化剂隔绝可燃物储存;混合接触有自燃危险的两类物品分类分库和隔离储存等。

还有一类放热反应,反应过程中的反应物和产物都不是可燃物,反应放出的热量不能造成反应体系自身发生自燃,但可以点燃与反应体系接触的其他可燃物,造成火灾爆炸事故。如生石灰与水反应放热点燃与之接触的木板、草袋等可燃物。能发生此类化学反应放热点火现象的物质还有许多。如漂白精、五氧化二磷、过氧化钠、五氯化磷、氯磺酸、三氯化铝、三氧化二铝、二氯化锌、三溴化磷、浓硫酸、浓硝酸、氢氟酸、氢氧化钠、氢氧化钾等遇水都会发生放热反应导致周围可燃物着火。因此,对易发热的物质应避免使用可燃包装材料,储运中应加强通风散热,以防化学反应放热点火引起火灾爆炸事故。

以上简要介绍的是能够引起火灾爆炸的八大类点火能量,尚未包括原子能、微波(一种电磁波)能、冲击波能等能量来源,但这些能量都可归入八大类点火能量中。例如原子能可看作是化学能转变成热能,可归入化学反应放热点火源;微波可看作是电能转变为热能,可归入电火花点火源;冲击波可以看作是绝热压缩作用由机械能转变成热能,可归入绝热压缩点火源。系统中的点火能量因素是系统发生火灾爆炸事故的最重要因素,因此控制和消除点火源也就成为防止一个系统发生火灾爆炸事故的最重要手段。在实际防火工作中,应针对产生点火源的条件和点火源释放能量的特点,采取控制和消除点火源的技术措施及管理措施,以防止火灾爆炸事故的发生。

2.2.2 火灾及爆炸蔓延的控制

在化工生产中,火灾爆炸事故一旦发生,就必须采取局限化措施,限制事故的蔓延和扩散,把损失降低到最低限度。多数火灾爆炸事故,伤害和损失的很大一部分不是在事故的初阶段,而是在事故的蔓延和扩散中造成。目前许多大的化工企业把防灾的重点,普遍放在火灾爆炸发生并转而使事故扩大的危险性上。

火灾爆炸的局限化措施,在建厂初期设计阶段就应该考虑到。对于工艺装置的布局、建筑结构以及防火区域的划分,不仅要有利于工艺要求和运行管理,而且要有利于预防火灾和爆炸,把事故局限在有限的范围内。

1. 隔离、露天布置、远距离操纵

(1) 分区隔离

在总体设计时,应慎重考虑危险车间的布置位置。危险车间与其他车间或装置应保持一定的间距,充分估计相邻车间建(构)筑物可能引起的相互影响。对个别危险性大的设备,可采用隔离操作和防护屏的方法使操作人员与生产设备隔离。

在同一车间的各个工段,应视其生产性质和危险程度而予以隔离,各种原料成品、半成品的贮藏,也应按其性质、贮量不同而进行隔离。

(2) 露天布置

为了便于有害气体的散发,减少因设备泄漏而造成易燃气体在厂房内积聚的危险性,宜将此类设备和装置布置在露天或半露天场所。

如石化企业的大多数设备都是露天安装的。对于露天安装的设备,应考虑气象条件对设备、工艺参数、操作人员健康的影响,并应有合理的夜间照明。

(3) 远距离操纵

在化工生产中,大多数的连续生产过程,主要是根据反应进行情况和程度来调节各种阀门,而某些阀门操作人员难以接近,开闭又较费力,或要求迅速启闭,这些情况都应进行远距离操纵。对热辐射高的设备及危险性大的反应装置,也应采取远距离操纵。远距离操纵主要有机械传动、气压传动、液压传动和电动操纵。

2. 阻火装置

阻火设备包括阻火器、安全液封和单向阀等,其作用是防止外部火焰窜入有燃烧爆炸危险的设备、容器和管道,或阻止火焰在设备和管道间蔓延和扩散。

(1) 阻火器

阻火器的作用是防止外部火焰窜入存有易燃易爆气体的设备、管道内或阻止火焰在设备、管道间蔓延。阻火器是应用火焰通过热导体的狭小孔隙时,由于热量损失而熄灭的原理设计制造。

在易燃易爆物料生产设备与输送管道之间,或易燃液体、可燃气体容器、管道的排气管上,多采用阻火器阻火。阻火器有金属网、砾石、波纹金属片等形式。

① 金属网阻火器:阻火层用金属网叠加组成的阻火器。

② 砾石阻火器:用砂粒、卵石、玻璃球等作为填料。

③ 波纹金属片阻火器:壳体由铝合金铸造而成,阻火层由 0.1~0.2 mm 不锈钢压制而成波纹型。

(2) 安全液封

安全液封的阻火原理是液体封在进出口之间,一旦液封的一侧着火,火焰都将在液封处被熄灭,从而阻止火焰蔓延。一般安装在气体管道与生产设备或气柜之间,一般用水作为阻火介质。常用的安全液封有敞开式和封闭式两种。

(3) 水封井

水封井是安全液封的一种,使用在散发可燃气体和易燃液体蒸气等油污的污水管网上,可防止燃烧、爆炸沿污水管网蔓延扩展,水封井的水封液柱高度,不宜小于 250 mm。

注意:

① 当生产污水能产生引起爆炸或火灾的气体时,其管道系统中必须设置水封井,水封井位置应设在产生上述污水的排出口处及其干管上每隔适当距离处。水封深度应为 0.25 m,井上宜设通风设施,井底应设沉泥槽。

② 水封井以及同一管道系统中的其他检查井,均不应设在车行道和行人众多的地段,并应适当远离产生明火的场地。

(4) 单向阀

亦称止逆阀、止回阀。生产中常用于只允许流体在一定的方向流动,阻止在流体压力下降时返回生产流程。如向易燃易爆物质生产的设备内通入氮气置换,置换作业中氮气管网故障压力下降,在氮气管道通入设备前设一单向阀,即可防止物料倒入氮气管网。单向阀的用途很广,液化石油气钢瓶上的减压阀就是起着单向阀作用的。生产中常用的单向阀有升降式、摇板式、球式等。

装置中的辅助管线(水、蒸汽、空气、氮气等)与可燃气体、液体设备、管道连接的生产系统,均可采用单向阀来防止发生窜料危险。

（5）阻火闸门

阻火闸门是为了阻止火焰沿通风管道蔓延而设置的阻火装置。在正常情况下,阻火闸门受制于成环状或条状的易熔元件的控制,处于开启状态,一旦着火,温度升高,易熔元件熔化,阻火闸门失去控制,闸门自动关闭,阻断火的蔓延。易熔元件通常用低熔点合金或有机材料(铅、锡、铬、汞等金属)制成。也有的阻火闸门是手动的,即在遇火警时由人迅速关闭。

（6）火星熄灭器

也叫防火帽,一般安装在产生火花(星)设备的排空系统上,以防飞出的火星引燃周围的易燃物料。火星熄灭器的种类很多,结构各不相同,大致可分为以下几种形式:

① 降压减速:使带有火星的烟气由小容积进入大容积,造成压力降低,气流减慢。

② 改变方向:设置障碍改变气流方向,使火星沉降,如旋风分离器。

③ 网孔过滤:设置网格、叶轮等,将较大的火星挡住或将火星分散开,以加速火星的熄灭。

④ 冷却:用喷水或蒸汽熄灭火星,如锅炉烟囱。

3. 防爆泄压装置

防爆泄压设施包括采用安全阀、爆破片、防爆门和放空管等。安全阀主要用于防止物理性爆炸,爆破片主要用于防止化学性爆炸;防爆门和防爆球阀主要用于加热炉上;放空管用来紧急排泄有超温、超压、爆聚和分解爆炸的物料。有的化学反应设备除设置紧急放空管(包括火炬)外,还宜设置安全阀、爆破片或事故贮槽,有时只设置其中一种。

（1）安全阀

安全阀的功用:一是泄压,即受压设备内部压力超过正常压力时,安全阀自动升启,把容器内的介质迅速排放出去,以降低压力,防止设备超压爆炸,当压力降低至正常值时,自行关闭;二是报警,即当设备超压,安全阀开启向外排放介质时,产生气体动力声响,起到报警作用。

按安全阀阀瓣开启高度可分为微启式安全阀和全启式安全阀。微启式安全阀的开启行程高度为$\leqslant 0.05d_0$(最小排放喉部口径);全启式安全阀开启高度为$\leqslant 0.25d_0$(最小排放喉部口径)。

安全阀按结构形式来分,可分为垂锤式、杠杆式、弹簧式和先导式(脉冲式);按阀体构造来分,可分为封闭式和不封闭式两种。封闭式安全阀即排除的介质不外泄,全部沿着出口排泄到指定地点,一般用在有毒和腐蚀性介质中。对于空气和蒸汽用安全阀,多采用不封闭式安全阀。对于安全阀产品的选用,应按实际密封压力来确定。对于弹簧式安全阀,在一种公称压力(PN)范围内,具有几种工作压力级的弹簧,选择时除注意安全阀型号、名称、介质和温度外,尚应注意阀体密封压力。

（2）爆破片

也称防爆片、防爆膜。爆破片通常设置在密闭的压力容器或管道系统上,当设备内物料发生异常,反应超过规定压力时,爆破片便自动破裂,从而防止设备爆炸。其特点是放出物料多,泄压快,构造简单。可在设备耐压试验压力下破裂,适用于物料黏度高或腐蚀性强的设备以及不允许有任何泄漏的场所。爆破片可与安全阀组合安装。在弹簧安全阀入口处设置爆破片,可以防止弹簧安全阀受腐蚀、异物侵入及泄漏。

爆破片的安全可靠性取决于爆破片的材料、厚度和泄压面积。

（3）防爆门

为了防止炉膛和烟道风压过高,引起爆炸和再次燃烧,并引起炉墙和烟道开裂、倒塌、尾部变热而烧坏,目前常用的方法就是在锅炉墙上装设防爆门。防爆门主要利用自身的重量或强度,当它大于或炉膛在正常压力作用在其上的总压力相平衡时,防爆门处于关闭状态。当炉膛压力发生变化,作用在防爆门上的总压力超过防爆门本身的重量或强度时,防爆门就会被冲开或冲破,炉膛内就会有一部分烟气泄出,而达到泄压目的。

防爆门一般设置在燃油、燃气和燃烧煤粉的燃烧室外壁上,以防燃烧室发生爆燃或爆炸时设备遭到破坏。防爆门应设置在人们不常到的地方,高度最好不低于 2 m。

（4）放空管

在某些极其危险的化工生产设备上,为防止可能出现的超温、超压、爆炸等恶性事故的发生,宜设置自动或就地手控紧急放空管誉。由于紧急放空管和安全阀的放空口高出建筑物顶,有较高的气柱,容易遭受雷击,因此放空口应在防雷保护范围内。为防静电,放空管应有良好的接地设施。

4. 消防设施

（1）消防站

石油、化工企业内有大量易燃爆、有毒、有腐蚀性物质,生产过程中有高温、高压,生产工业操作连续化,化学反应复杂,电源、火源容易发生火灾爆炸事故,而且容易蔓延扩大造成严重的后果。消防站是消防力量的固定驻地,大中型化工企业应设置消防站。

消防站在化工企业中的布置,应根据企业生产的火灾危险性,消防给水设施、防火设施情况,全面考虑,合理布置。为发挥火场供水力量和灭火力量的战斗力,减少灭火损失,宜采用"多布点,布小点"的原则,将消防力量分设于各个保卫重点区域,以便及时地扑灭初期火灾。大中型化工厂消防站的布置,应满足消防队接到火警后 5 分钟内消防车到达厂区（或消防管辖区）最远点的甲、乙、丙类生产装置或库房,且消防站的服务半径不大于2.5 km（行车的距离计算）;对丁、戊类生产火灾危险性的场所,消防站的服务范围可以适当地增大,但对超过消防站服务范围的场所应设立消防分站。

消防站应尽量靠近责任区内火灾危险性大、火灾损失大的重点部位,并应靠近主要的交通线,便于通往重点保卫部位。消防站远离噪音场所,且距幼儿园、托儿所、医院、学校、商店等公共场所,不宜小于 100 m。消防车库大门面向道路,距路边一般不小于 15～20 m,并设有小于 2%的坡度坡向路面。

化工企业中的消防力量,应根据石油化工企业的消防用水量及泡沫干粉等灭火剂用量、灭火设施的类型、消防协作的力量等情况决定。

（2）消防给水设施

消防给水设施是化工企业的一项重要消防技术设施,其设置的合理与否,完善与否直接影响化工企业的安全。专门为消防灭火而设置的给水设施,主要有消防给水管道和消火栓两种。

① 消防给水管道

消防给水管道简称消防管道，是一种能保证消防所需用水量的给水管道，一般可与生产用水的上水道合并。消防管道有高压和低压两种：高压消防管道，灭火时所需的水压是由固定的消防泵产生的；低压消防管道，灭火所需的水压是从室外消火栓用消防车或人力移动的水泵产生。室外消防管道应采用环形，而不用单向管道。地下水管为闭合的系统，水可以在管内朝向各方环流，如管网的任何一段损坏，不致断水。室内消防管道应有通向屋外的支管，其上带有消防速合螺母，以备万一发生故障时，可与移动式消防水泵的水龙带连接。

② 消火栓

消火栓可供消防车吸水，也可直接连接水带放水灭火，是消防供水的基本设备。消火栓按其装置地点可分为室外和室内两类。室外消火栓又可分为地上式与地下式两种。室外消火栓应沿道路设置，距路边不宜小于 0.5 m，不得大于 2 m。设置的位置应便于消防车吸水。室外消火栓的数量应按消火栓的保护半径和室外消防用水量确定。室内消火栓的配置，应保证两个相邻消火栓的充实水柱能够在建筑物最高、最远处相遇。室内消火栓一般设置于明显、易于取用的地点，离地面的高度应为 1.2 m。

③ 化工生产装置区消防给水设施

消防供水竖管用于框架式结构的露天生产装置区内，竖管沿梯子一侧安设。每层平台上均设有接口，并就近设有消防水带箱，便于冷却和灭火使用。

冷却喷淋设备高度超过 30 m 的炼制塔、蒸馏塔或容器，宜设置固定喷淋冷却设备，可用喷水头也可用喷淋管，冷却水的供给强度可采用 5 L/(min·m²)。

消防水幕设置于化工露天生产装置区的消防水幕，可对设备或建筑物进行分隔保护，以阻止火势蔓延。

带架水枪在火灾危险性较大且高度较高的设备四周，应设置固定式带架水枪，并备置移动式带架水枪，保护重点部位金属设备免受火灾辐射热的威胁。

5. 灭火器材

灭火器是由筒体、器头、喷嘴等部件组成，借助驱动压力可将所充装的灭火剂喷出，达到灭火的目的。灭火器由于结构简单、操作方便、轻便灵活、使用广泛，是扑救各类初期火灾的重要消防器材。

灭火器的种类很多，按其移动方式可分为：手提式和推车式；按驱动灭火剂的动力来源可分为：储气瓶式、储压式、化学反应式；按所充装的灭火剂划分为：泡沫灭火器、干粉灭火器、卤代烷灭火器、二氧化碳灭火器、酸碱灭火器、清水灭火器等。

(1) 泡沫灭火器

化学泡沫灭火器内充装有酸性(硫酸铝)和碱性(碳酸氢钠)两种化学药剂的水溶液。使用时，将两种溶液混合引起化学反应生成灭火泡沫，并在压力的作用下喷射灭火。类型有手提式、舟车式和推车式三种。

化学泡沫灭火器适用于扑救一般 B(液体)类火灾，如石油制品、油脂类火灾，也可适用 A 类(固体)火灾，但不能扑救 B 类火灾中的水溶性可燃、易燃液体火灾，如醇、酮、醚、酯等物质火灾；也不适用扑救带电设备及 C 类(气体)和 D 类(金属)火灾。

泡沫灭火器应存放在干燥、阴凉、通风并取用方便之处,不可靠近高温或可能受到曝晒的地方,以避免碳酸氢钠分解而失效;冬季要采取防冻措施,以防止药剂冻结;应经常疏通喷嘴,使之保持畅通。

(2) 二氧化碳灭火器

二氧化碳灭火器利用其内部的液态二氧化碳的蒸气压将二氧化碳喷出灭火。二氧化碳灭火器按充装量分有 2 kg、3 kg、5 kg、7 kg 等四种手提式的规格和 20 kg、25 kg 等两种推车式规格。由于二氧化碳灭火剂具有灭火不留痕迹,并有一定的电绝缘性等特点,它适宜扑救 600 V 以下的带电电器、贵重设备、图书资料、仪器仪表等场所的初起火灾,以及一般可燃液体的火灾。

使用二氧化碳灭火器不能直接用手抓住喇叭口外壁或金属连接管,防止手被冻伤。在室外使用时,应选择上风方向喷射;室内窄小空间使用时,使用者在灭火后应迅速离开,防止窒息。

(3) 干粉灭火器

干粉灭火器以液态二氧化碳或氮气作为动力,将灭火器内干粉灭火药剂喷出而进行灭火。干粉灭火器适用扑救石油、可燃液体、可燃气体、可燃固体物质的初期火灾。这种灭火器由于灭火速度快、灭火效力高,广泛应用于石油化工企业。

干粉灭火器按充入的干粉药剂分类,有碳酸氢钠干粉灭火器,也称 BC 干粉灭火器;磷酸铵盐干粉灭火器,也称 ABC 干粉灭火器;按加压方式分类有储气瓶式和储压式;按移动方式分类有手提式和推车式。

磷酸铵盐干粉灭火器除用于扑救易燃、可燃液体、气体及带电设备火灾扑救外,还可扑救固体类物质的初起火灾,但不能扑救轻金属燃烧的火灾。

2.2.3　消防安全

1. 灭火的基本方法

根据物质燃烧原理,燃烧必须同时具备可燃物、助燃物和着火源三个条件,缺一不可。而一切灭火措施都是为了破坏已经产生的燃烧条件而终止燃烧。

灭火的基本方法有四种:即降低燃烧物的温度——冷却灭火法;隔离与火源相近的可燃物——隔离灭火法;减少空气中的含氧量——窒息灭火法;消除燃烧中的游离基——抑制灭火法。

(1) 冷却灭火法

冷却灭火法,就是将灭火剂直接喷洒在燃烧着的物体上,将可燃物的温度降低到燃点以下,从而使燃烧终止。这是扑救火灾最常用的方法。冷却的方法主要是采取喷水或喷射二氧化碳等其他灭火剂,将燃烧物的温度降到燃点以下。灭火剂在灭火过程中不参与燃烧过程中的化学反应,属于物理灭火法。

在火场上,除用冷却法直接扑灭火灾外,在必要的情况下,可用水冷却尚未燃烧的物质,防止达到燃点而起火。还可用水冷却建筑构件、生产装置或容器设备等,以防止它们受热结构变形,扩大灾害损失。

（2）隔离灭火法

隔离灭火法，就是将燃烧物体与附近的可燃物质隔离或疏散开，使燃烧停止。这种方法适用扑救各种固体、液体和气体火灾。

采取隔离灭火法的具体措施有：将火源附近的可燃、易燃、易爆和助燃物质，从燃烧区内转移到安全地点；关闭阀门，阻止气体、液体流入燃烧区；排除生产装置、设备容器内的可燃气体或液体；设法阻拦流散的易燃、可燃液体或扩散的可燃气体；拆除与火源相毗连的易燃建筑结构，造成防止火势蔓延的空间地带，以及用水流封闭或用爆炸等方法扑救油气井喷火灾；采用泥土、黄沙筑堤等方法，阻止流淌的可燃液体流向燃烧点。

（3）窒息灭火法

窒息灭火法，就是阻止空气流入燃烧区，或用不燃物质冲淡空气，使燃烧物质断绝氧气的助燃而熄灭。这种灭火方法适用扑救一些封闭式的空间和生产设备装置的火灾。

在火场上运用窒息的方法扑灭火灾时，可采用石棉布、浸湿的棉被、湿帆布等不燃或难燃材料，覆盖燃烧物或封闭孔洞；用水蒸气、惰性气体（如二氧化碳、氮气等）充入燃烧区域内；利用建筑物上原有的门、窗以及生产设备上的部件，封闭燃烧区，阻止新鲜空气进入。此外在无法采取其他扑救方法而条件又允许的情况下，可采用水或泡沫淹没（灌注）的方法进行扑救。

采取窒息灭火的方法扑救火灾，必须注意以下几个问题：

① 燃烧的部位较小，容易堵塞封闭，在燃烧区域内没有氧化剂时，才能采用这种方法。

② 采取用水淹没（灌注）方法灭火时，必须考虑到火场物质被水浸泡后能否产生不良后果。

③ 采取窒息方法灭火后，必须在确认火已熄灭时，方可打开孔洞进行检查。严防因过早地打开封闭的房间或生产装置的设备孔洞等，而使新鲜空气流入，造成复燃或爆炸。

④ 采取惰性气体灭火时，一定要将大量的惰性气体充入燃烧区，以迅速降低空气中氧的含量，窒息灭火。

（4）抑制灭火法

抑制灭火法，是将化学灭火剂喷入燃烧区使之参与燃烧的化学反应，从而使燃烧反应停止。采用这种方法可使用的灭火剂有干粉和囟代烷灭火剂及替代产品。灭火时，一定要将足够数量的灭火剂准确地喷在燃烧区内，使灭火剂参与和阻断燃烧反应，否则将起不到抑制燃烧反应的作用，达不到灭火的目的。同时还要采取必要的冷却降温措施，以防止复燃。

采用哪种灭火方法实施灭火，应根据燃烧物质的性质、燃烧特点和火场的具体情况，以及消防技术装备的性能进行选择。有些火灾，往往需要同时使用几种灭火方法。这就要注意掌握灭火时机，搞好协同配合，充分发挥各种灭火剂的效能，迅速有效地扑灭火灾。

2. 常见初起火灾的扑救过程和特点

火灾通常都有一个从小到大、逐步发展、直至熄灭的过程。一般可分为初起、发展、猛烈、下降和熄灭五个阶段。室内火灾的发展过程，是从可燃物被点燃开始，由燃烧温度的变化速度所测定的温度-时间曲线来划分火灾的初起、发展和熄灭三阶段的。室外火灾尤其是可燃液体和气体火灾,其阶段性则不明显。研究燃烧发展整个过程,以便分别不同情况,采取切实有效的措施,迅速扑灭火灾。

(1) 初起阶段

火灾初起时,随着火苗的发展,燃烧产物中有水蒸气、二氧化碳产生,还产生少量的一氧化碳和其他气体,并有热量散发;火焰温度可增至 500℃ 以上,室温略有增加,这一阶段火势发展的快慢由于引起火灾的火源、可燃物的特性不同而呈现不同的趋势。一般固体可燃物燃烧时,在 10～15 min 内,火源的面积不大,烟和气体对流的速度比较缓慢,火焰不高,燃烧放出的辐射热能较低,火势向周围发展蔓延的速度比较缓慢。可燃液体特别是可燃气体燃烧速度很快,火灾的阶段性不太明显。火灾处于初起阶段,是扑救的最好时机,只要发现及时,用很少的人力和灭火器材就能将火灾扑灭。

(2) 发展阶段

如果初起火灾不能及时发现和扑灭,则燃烧面积增大,温度升高,可燃材料被迅速加热。这时气体对流增强,辐射热急剧增加,辐射面积增大,燃烧面积迅速扩大,形成了燃烧的发展阶段。在燃烧的发展阶段内,为有效地控制火势发展和扑灭火灾,必须有一定数量的人力和消防器材设备,才能够及时有效地扑灭火灾。

(3) 猛烈阶段

随着燃烧时间的延长,燃烧温度急剧上升,燃烧速度不断加快,燃烧面积迅猛扩展,使燃烧发展到猛烈阶段。燃烧发展到高潮时,火焰包围了所有的可燃材料,燃烧速度最快,燃烧物质的放热量和燃烧产物达到最高数值,气体对流达到最快速度。扑救这种火灾需要组织大批的灭火力量,经过较长时间的奋战,才能控制火势,消灭火灾。

3. 灭火的基本原则

迅速有效地扑灭火灾,最大限度地减少人员伤亡和经济损失,是灭火的基本目的。因此,在灭火时,必须运用"先控制,后消灭","救人重于救火","先重点,后一般"等基本原则。

(1) 先控制,后消灭

先控制,后消灭是指对于不可能立即扑灭的火灾。要首先采取控制火势继续蔓延扩大的措施,在具备了扑灭火灾的条件时,展开全面进攻,一举消灭火灾。灭火时,应根据火灾情况和本身力量灵活运用这一原则,对于能扑灭的火灾,要抓住时机,迅速扑灭。如果火势较大,灭火力量相对薄弱,或因其他原因不能扑灭时,就应把主要力量放在控制火势发展或防止爆炸、泄漏等危险情况发生上,以防止事故扩大,为彻底消灭火灾创造条件。

(2) 救人重于救灾

救人重于救灾,是指火场如果有人受到火灾威胁,灭火的首要任务就是要把被火围困的人员抢救出来。运用这一原则,要根据火势情况和人员受火灾威胁的程度而决定。在灭火力量较强时,灭火和救人可同时进行,但决不能因灭火而贻误救人时机。人未救出前,灭火往往是为了打开救人通道或减弱火势对人的威胁程度,从而更好地救人脱险,为及时扑灭火灾创造条件。

(3) 先重点,后一般

先重点,后一般是针对整个火场情况而言的,要全面了解并认真分析火场情况,采取有效的措施。

① 人和物比,救人是重点;

② 贵重物资和一般物资相比,保护和抢救贵重物资是重点;

③ 火势蔓延猛烈的方面和其他方面相比,控制火势猛烈的方面是重点;

④ 有爆炸、毒害、倒塌危险的方面和没有这些危险的方面相比,处置有这些危险的方面是重点;

⑤ 火场的下风方向与上风、侧风方向相比,下风方向是重点;

⑥ 易燃、可燃物品集中区和这类物品较少的区域相比,这类物品集中区域是保护重点;

⑦ 要害部位和其他部位相比,要害部位是火场上的重点。

4. 生产装置初期火灾的扑救

化工企业生产用的原料,中间产品和成品,大部分是易燃易爆物品。在生产过程中往往经过许多工艺过程,在连续高温和压力变化及多次的化学反应的过程中,容易造成物料的跑、冒、滴、漏,极易起火或形成爆炸混合物。由于生产工艺的连续性,设备与管道连通,火势蔓延迅速,多层厂房、高大设备和纵横交错的管道,会因气体扩散、液体流淌或设备、管道爆炸而形成装置区的立体燃烧,有时会造成大面积火灾。因此,当生产装置发生火灾爆炸事故时,现场操作人员应立即选用适用的灭火器材,进行初起火灾的扑救,将火灾消灭在初起阶段,最大限度地减少灾害损失;如火势较大不能及时扑灭,应积极采取有效措施控制其发展,等待专职消防力量扑救火灾。

扑救生产装置初起火灾的基本措施有:

(1) 迅速查清着火部位,燃烧物质及物料的来源,在灭火的同时,及时关闭阀门,切断物料。这是扑救生产装置初起火灾的关键措施。

(2) 采取多种方法,消除爆炸危险。带压设备泄漏着火时,应根据具体情况,及时采取防爆措施。如关闭管道或设备上的阀门;疏散或冷却设备容器;打开反应器上的放空阀或驱散可燃蒸气或气体等。

(3) 准确使用灭火剂。根据不同的燃烧对象、燃烧状态选用相应的灭火剂,防止由于灭火剂使用不当,与燃烧物质发生化学反应,使火势扩大,甚至发生爆炸。对反应器、釜等设备的火灾除从外部喷射灭火剂外,还可以采取向设备、管道、容器内部输入蒸气、氮气等灭火措施。

(4) 生产装置发生火灾时,当班负责人除立即组织岗位人员积极扑救外,同时指派专人打火警电话报警,以便消防队及时赶赴火场扑救。报警时要讲清起火单位、部位和着火物质,以及报警人姓名和报警的电话号码。消防队到场后,生产装置负责人或岗位人员,应主动向消防指挥员介绍情况,讲明着火部位、燃烧介质、温度、压力等生产装置的危险状况和已经采取的灭火措施,供专职消防队迅速做出灭火战术决策。

(5) 消灭外围火焰,控制火势发展。扑救生产装置火灾时,一般是首先扑灭外围或附近建筑的燃烧,保护受火势威胁的设备、车间。对重点设备加强保护,防止火势扩大蔓延。然后逐步缩小燃烧范围,最后扑灭火灾。

(6) 利用生产装置设置的固定灭火装置冷却、灭火。石油化工生产装置在设计时考虑到火灾危险性的大小,在生产区域设置高架水枪、水炮、水幕、固定喷淋等灭火设备,应根据现场情况利用固定或半固定冷却或灭火装置冷却或灭火。

（7）根据生产装置的火灾危险性及火灾危害程度，及时采取必要的工艺灭火措施，在某些情况下对扑救石油化工火灾是非常重要的和有效的。对火势较大、关键设备破坏严重，一时难以扑灭的火灾，当班负责人应及时请示；同时组织在岗人员进行火灾扑救。可采取局部停止进料、开阀导罐、紧急放空、紧急停车等工艺紧急措施，为有效扑灭火灾，最大限度降低灾害创造条件。

5. 储罐初起火灾的扑救

石油化工企业生产所用的原料、中间产品、溶剂以及产品，其状态大部分是易燃可燃液体或气体。各类油晶、液态等物料一般贮存在常压或压力容器内。贮罐有中间体单罐，也有成组布局的分区罐组；有地上式贮罐和地下式贮罐；有拱顶式贮罐、卧式贮罐和浮顶式贮罐；有球形贮罐和气柜。贮存的物料大多数密度小、沸程低、爆炸范围大、闪点低、燃烧速度快、热值高、具有火灾危险性大、扑救困难的特点。

（1）易燃可燃液体或气体贮罐发生爆炸着火，应区别着火介质、影响范围、危险程度、扑救力量等情况，沉着冷静地处置。岗位人员发现贮罐着火，首要任务是向消防队报警，同时组织人员进行初起火灾的扑救或控制，等待专职消防队扑救。

（2）易燃可燃液体贮罐发生火灾，现场人员可利用岗位配备的干粉灭火器或泡沫灭火器进行灭火，同时组织人力利用消火栓、消防水炮进行贮罐罐壁冷却，降低物料可燃蒸气的挥发速度，保护贮罐强度，控制火势发展。冷却过程中一般不应将水直接打入罐内，防止液面过高造成冒罐或油品沸溢，扩大燃烧面积，造成扑救困难。设有固定泡沫灭火装置的，应迅速启动泡沫灭火设施，选择正确的泡沫灭火剂（普通、氟蛋白、抗溶）和供给强度及混合比例，打开着火罐控制阀，输送泡沫灭火。

（3）浮顶式易燃可燃液体油罐着火，在喷射泡沫和冷却罐壁的同时，应组织人员上罐灭火。可用8 kg干粉灭火器沿罐壁成半圆弧度同时推扫围堰内的残火。地下式、半地下式易燃可燃液体贮罐着火，可用干粉或泡沫推车进行灭火。灭火时应注意风向和热辐射，一般采用一定数量的灭火剂量大的推车，并交替边推进边灭火。

（4）卧式、球式易燃可燃气体贮罐着火，应迅速打开贮罐上设置的消防喷淋装置进行冷却，冷却时应集中保护着火罐，同时对周围贮罐进行冷却保护。防止罐内压力急剧上升，造成爆炸。操作人员应密切注意贮罐温度和压力变化，必要时应打开紧急放空阀，将物料排放火炬或安全地点进行泄压。

（5）扑救易燃可燃液体贮罐火灾，也可在贮罐没有破坏的情况下，充填氮气等惰性气体窒息灭火。贮罐火灾及时扑灭后，应冷却保护一段时间，降低物料温度，防止温度过高引起复燃。

6. 人身起火的扑救

在石油化工企业生产环境中，由于工作场所作业客观条件限制，人身着火事故往往因火灾爆炸事故或在火灾扑救过程中引起；也有的因违章操作或意外事故所造成。人身起火燃烧，轻者留有伤残，重者直至危及生命。因此，及时正确地扑救人身着火，可大大降低伤害程度。

（1）人身着火的自救。因外界因素发生人身着火时，一般应采取就地打滚的方法，用身体将着火部分压灭。此时，受害人应保持清醒头脑，切不可跑动，否则风助火势，会造成更严重的后果；衣服局部着火，可采取脱衣，局部裹压的方法灭火。明火扑灭后，应进一步采取措施清理棉毛织品的阴火，防止死灰复燃。

（2）纤织品比棉布织品有更大的火灾危险性，这类织品燃烧速度快，容易粘在皮肤上。扑救化纤织品人身火灾，应注意扑救中或扑灭后，不能轻易撕扯受害人的烧残衣物。否则容易造成皮肤大面积创伤，使裸露的创伤表面加重感染。

（3）易燃可燃液体大面积泄漏引起人身着火，这种情况一般发生突然，燃烧面积大，受害人不能进行自救。此时，在场人员应迅速采取措施灭火。如将受害人拖离现场，用湿衣服、毛毡等物品压盖灭火；或使用灭火器压制火势，转移受害人后，再采取人身灭火方法。使用灭火器灭人身火灾，应特别注意不能将干粉、CO_2 等灭火剂直接对受害人面部喷射，防止造成窒息。也不能用二氧化碳灭火器对人身进行灭火，以免造成冻伤。

（4）火灾扑灭后，应特别注意烧伤患者的保护，对烧伤部位应用绷带或干净的床单进行简单的包扎后，尽快送医院治疗。

2.3　化工过程操作安全

2009 年 6 月，国家安全监管总局公布了《首批重点监管的危险化工工艺目录》，具有危险性的化工工艺主要包括：光气及光气化、电解（氯碱）、氯化、硝化、合成氨、裂解（裂化）、氟化、加氢、重氮化、氧化、过氧化、胺基化、磺化、聚合、烷基化等。除此之外，部分异构化、中和、酯化、水解等工艺也可能涉及危险性。

这些化工反应按其热反应的危险程度增加的次序可分为四类：

（1）第一类化工过程包括：

① 加氢，将氢原子加到双键或三键的两侧；

② 水解，化合物和水反应，如从硫或磷的氧化物生产硫酸或磷酸；

③ 异构化，在一个有机物分子中原子的重新排列，如直链分子变为支链分子；

④ 磺化，通过与硫酸反应将 SO_3H^- 导入有机物分子；

⑤ 中和，酸与碱反应生成盐和水。

（2）第二类化工过程包括：

① 烷基化，将一个烷基原子团加到一个化合物上形成种种有机化合物；

② 酯化，酸与醇或不饱和烃反应，当酸是强活性物料时，危险性增加；

③ 氧化，某些物质与氧化合，反应控制在不生成 CO_2 及 H_2O 的阶段，采用强氧化剂如氯酸盐、酸、次氯酸及其盐时，危险性较大；

④ 聚合（缩聚），分子连接在一起形成链或其他连接方式；连接两种或更多的有机物分子，析出水、HCl 或其他化合物。

（3）第三类化工过程是卤化等，将卤族原子（氟、氯、溴或碘）引入有机分子。

（4）第四类化工过程是硝化等，用硝基取代有机化合物中的氢原子。

危险反应过程的识别，不仅应考虑主反应还需考虑可能发生的副反应、杂质或杂质积累所引起的反应,以及对构造材料腐蚀产生的腐蚀产物引起的反应等。

化工生产是以化学反应为主要特征的生产过程,具有易燃、易爆、有毒、有害、有腐蚀等特点,因此安全生产在化工中尤为重要。不同类型的化学反应,因其反应特点不同,潜在的危险性亦不同,生产中规定有相应的安全操作要求。一般情况下,中和反应、复分解反应、脂化反应较少危险性,操作较易控制;但不少化学反应如氧化、还原、硝化反应等就存在火灾和爆炸的危险,这些化学反应有不同的工艺条件,操作较难控制,必须特别注意安全。下面就几种典型的危险化工工艺危险特点及控制要求予以介绍。

2.3.1　氯化工艺

1. 工艺简介

氯化是化合物的分子中引入氯原子的反应,包含氯化反应的工艺过程为氯化工艺,主要包括取代氯化、加成氯化、氧氯化等。

2. 工艺危险特点

(1) 氯化反应是一个放热过程,尤其在较高温度下进行氯化,反应更为剧烈,速度快,放热量较大。

(2) 所用的原料大多具有燃爆危险性。

(3) 常用的氯化剂氯气本身为剧毒化学品,氧化性强,储存压力较高,多数氯化工艺采用液氯生产是先汽化再氯化,一旦泄漏危险性较大。

(4) 氯气中的杂质,如水、氢气、氧气、三氯化氮等,在使用中易发生危险,特别是三氯化氮积累后,容易引发爆炸危险。

(5) 生成的氯化氢气体遇水后腐蚀性强。

(6) 氯化反应尾气可能形成爆炸性混合物。

3. 典型工艺

(1) 取代氯化

氯取代烷烃的氢原子制备氯代烷烃;

氯取代苯的氢原子生产六氯化苯;

氯取代萘的氢原子生产多氯化萘;

甲醇与氯反应生产氯甲烷;

乙醇和氯反应生产氯乙烷(氯乙醛类);

醋酸与氯反应生产氯乙酸;

氯取代甲苯的氢原子生产苄基氯等。

(2) 加成氯化

乙烯与氯加成氯化生产 1,2 - 二氯乙烷;

乙炔与氯加成氯化生产 1,2 - 二氯乙烯;

乙炔和氯化氢加成生产氯乙烯等。

(3) 氧氯化

乙烯氧氯化生产二氯乙烷;

丙烯氧氯化生产 1,2-二氯丙烷；

甲烷氧氯化生产甲烷氯化物；

丙烷氧氯化生产丙烷氯化物等。

（4）其他工艺

硫与氯反应生成一氯化硫；

四氯化钛的制备；

次氯酸、次氯酸钠或 N-氯代丁二酰亚胺与胺反应制备 N-氯化物；

氯化亚砜作为氯化剂制备氯化物；

黄磷与氯气反应生产三氯化磷、五氯化磷等。

4. 重点监控工艺参数

氯化反应釜温度和压力；氯化反应釜搅拌速率；反应物料的配比；氯化剂进料流量；冷却系统中冷却介质的温度、压力、流量等；氯气杂质含量（水、氢气、氧气、三氯化氮等）；氯化反应尾气组成等。

5. 安全控制的基本要求

反应釜温度和压力的报警和联锁；反应物料的比例控制和联锁；搅拌的稳定控制；进料缓冲器；紧急进料切断系统；紧急冷却系统；安全泄放系统；事故状态下氯气吸收中和系统；可燃和有毒气体检测报警装置等。

6. 宜采用的控制方式

将氯化反应釜内温度、压力与釜内搅拌、氯化剂流量、氯化反应釜夹套冷却水进水阀形成联锁关系，设立紧急停车系统。安全设施，包括安全阀、高压阀、紧急放空阀、液位计、单向阀及紧急切断装置等。

2.3.2 硝化工艺

1. 工艺简介

硝化是有机化合物分子中引入硝基（$-NO_2$）的反应，最常见的是取代反应。硝化方法可分成直接硝化法、间接硝化法和亚硝化法，分别用于生产硝基化合物、硝胺、硝酸酯和亚硝基化合物等。涉及硝化反应的工艺过程为硝化工艺。

2. 工艺危险特点

（1）反应速度快，放热量大。大多数硝化反应是在非均相中进行的，反应组分的不均匀分布容易引起局部过热导致危险。尤其在硝化反应开始阶段，停止搅拌或由于搅拌叶片脱落等造成搅拌失效是非常危险的，一旦搅拌再次开动，就会突然引发局部激烈反应，瞬间释放大量的热量，引起爆炸事故。

（2）反应物料具有燃爆危险性。

（3）硝化剂具有强腐蚀性、强氧化性，与油脂、有机化合物（尤其是不饱和有机化合物）接触能引起燃烧或爆炸。

（4）硝化产物、副产物具有爆炸危险性。

3. 典型工艺

(1) 直接硝化法

丙三醇与混酸反应制备硝酸甘油;

氯苯硝化制备邻硝基氯苯、对硝基氯苯;

苯硝化制备硝基苯;

蒽醌硝化制备 1-硝基蒽醌;

甲苯硝化生产三硝基甲苯(俗称梯恩梯,TNT);

浓硝酸、亚硝酸钠和甲醇制备亚硝酸甲酯;

丙烷等烷烃与硝酸通过气相反应制备硝基烷烃等。

(2) 间接硝化法

硝酸胍、硝基胍的制备;

苯酚采用磺酰基的取代硝化制备苦味酸等。

(3) 亚硝化法

2-萘酚与亚硝酸盐反应制备 1-亚硝基-2-萘酚;

二苯胺与亚硝酸钠和硫酸水溶液反应制备对亚硝基二苯胺等。

4. 重点监控工艺参数

硝化反应釜内温度、搅拌速率;硝化剂流量;冷却水流量;pH;硝化产物中杂质含量;精馏分离系统温度;塔釜杂质含量等。

5. 安全控制的基本要求

反应釜温度的报警和联锁;自动进料控制和联锁;紧急冷却系统;搅拌的稳定控制和联锁系统;分离系统温度控制与联锁;塔釜杂质监控系统;安全泄放系统等。

6. 宜采用的控制方式

将硝化反应釜内温度与釜内搅拌、硝化剂流量、硝化反应釜夹套冷却水进水阀形成联锁关系,在硝化反应釜处设立紧急停车系统,当硝化反应釜内温度超标或搅拌系统发生故障,能自动报警并自动停止加料。分离系统温度与加热、冷却形成联锁,温度超标时,能停止加热并紧急冷却。硝化反应系统应设有泄爆管和紧急排放系统。

2.3.3　裂解(裂化)工艺

1. 工艺简介

裂解是指石油系的烃类原料在高温条件下,发生碳链断裂或脱氢反应,生成烯烃及其他产物的过程。产品以乙烯、丙烯为主,同时副产丁烯、丁二烯等烯烃和裂解汽油、柴油、燃料油等产品。烃类原料在裂解炉内进行高温裂解,产出组成为氢气、低/高碳烃类、芳烃类以及馏分为 288℃ 以上的裂解燃料油的裂解气混合物。经过急冷、压缩、分馏以及干燥和加氢等方法,分离出目标产品和副产品。在裂解过程中,同时伴随缩合、环化和脱氢等反应。由于所发生的反应很复杂,通常把反应分成两个阶段。第一阶段,原料变成的目的产物为乙烯、丙烯,这种反应称为一次反应。第二阶段,一次反应生成的乙烯、丙烯继续反应转化为炔烃、二烯烃、芳烃、环烷烃，甚至最终转化为氢气和焦炭，这种反应称为二次反应。裂解产物往往是多种组分混合物。影响裂解的基本因素主要为温度和反应的持续时间。化工生产中用热裂解的方法生产小分子烯烃、炔烃和芳香烃，如乙烯、丙烯、丁二烯、乙炔、苯和甲苯等。

2. 工艺危险特点

(1) 在高温(高压)下进行反应，装置内的物料温度一般超过其自燃点，若漏出会立即引起火灾。

(2) 炉管内壁结焦会使流体阻力增加，影响传热，当焦层达到一定厚度时，因炉管壁温度过高，而不能继续运行下去，必须进行清焦，否则会烧穿炉管，裂解气外泄，引起裂解炉爆炸。

(3) 如果由于断电或引风机机械故障而使引风机突然停转，则炉膛内很快变成正压，会从窥视孔或烧嘴等处向外喷火，严重时会引起炉膛爆炸。

(4) 如果燃料系统大幅度波动，燃料气压力过低，则可能造成裂解炉烧嘴回火，使烧嘴烧坏，甚至会引起爆炸。

(5) 有些裂解工艺产生的单体会自聚或爆炸，需要向生产的单体中加阻聚剂或稀释剂等。

3. 典型工艺

热裂解制烯烃工艺；

重油催化裂化制汽油、柴油、丙烯、丁烯；

乙苯裂解制苯乙烯；

二氟一氯甲烷(HCFC-22)热裂解制得四氟乙烯(TFE)；

二氟一氯乙烷(HCFC-142b)热裂解制得偏氟乙烯(VDF)；

四氟乙烯和八氟环丁烷热裂解制得六氟乙烯(HFP)等。

4. 重点监控工艺参数

裂解炉进料流量；裂解炉温度；引风机电流；燃料油进料流量；稀释蒸汽比及压力；燃料油压力；滑阀差压超驰控制、主风流量控制、外取热器控制、机组控制、锅炉控制等。

5. 安全控制的基本要求

裂解炉进料压力、流量控制报警与联锁；紧急裂解炉温度报警和联锁；紧急冷却系统；紧急切断系统；反应压力与压缩机转速及入口放火炬控制；再生压力的分程控制；滑阀差压与料位；温度的超驰控制；再生温度与外取热器负荷控制；外取热器汽包和锅炉汽包液位的三冲量控制；锅炉的熄火保护；机组相关控制；可燃与有毒气体检测报警装置等。

6. 宜采用的控制方式

将引风机电流与裂解炉进料阀、燃料油进料阀、稀释蒸汽阀之间形成联锁关系，一旦引风机故障停车，则裂解炉自动停止进料并切断燃料供应，但应继续供应稀释蒸汽，以带走炉膛内的余热。将燃料油压力与燃料油进料阀、裂解炉进料阀之间形成联锁关系，燃料油压力降低，则切断燃料油进料阀，同时切断裂解炉进料阀。分离塔应安装安全阀和放空管,低压系统与高压系统之间应有逆止阀并配备固定的氮气装置、蒸汽灭火装置。将裂解炉电流与锅炉给水流量、稀释蒸汽流量之间形成联锁关系;一旦水、电、蒸汽等公用工程出现故障,裂解炉能自动紧急停车。反应压力正常情况下由压缩机转速控制,开工及非正常工况下由压缩机入口放火炬控制。再生压力由烟机入口蝶阀和旁路滑阀(或蝶阀)分程控制。再生、待生滑阀正常情况下分别由反应温度信号和反应器料位信号控制,一旦滑阀差压出现低限,则转由滑阀差压控制。再生温度由外取热器催化剂循环量或流化介质流量控制。外取热汽包和锅炉汽包液位采用液位、补水量和蒸发量三冲量控制。带明火的锅炉设置熄火保护控制。大型机组设置相关的轴温、轴震动、轴位移、油压、油温、防喘振等系统控制。在装置存在可燃气体、有毒气体泄漏的部位设置可燃气体报警仪和有毒气体报警仪。

2.3.4　加氢工艺

1. 工艺简介

加氢是在有机化合物分子中加入氢原子的反应,涉及加氢反应的工艺过程为加氢工艺,主要包括不饱和键加氢、芳环化合物加氢、含氮化合物加氢、含氧化合物加氢、氢解等。

2. 工艺危险特点

(1)反应物料具有燃爆危险性,氢气的爆炸极限为 $4\%\sim75\%$,具有高燃爆危险特性。

(2)加氢为强烈的放热反应,氢气在高温高压下与钢材接触,钢材内的碳分子易与氢气发生反应生成碳氢化合物,使钢制设备强度降低,发生氢脆。

(3)催化剂再生和活化过程中易引发爆炸。

(4)加氢反应尾气中有未完全反应的氢气和其他杂质,在排放时易引发着火或爆炸。

3. 典型工艺

(1)不饱和炔烃、烯烃的三键和双键加氢

环戊二烯加氢生产环戊烯等。

(2)芳烃加氢

苯加氢生成环己烷;

苯酚加氢生产环己醇等。

(3)含氧化合物加氢

一氧化碳加氢生产甲醇;

丁醛加氢生产丁醇;

辛烯醛加氢生产辛醇等。

(4)含氮化合物加氢

己二腈加氢生产己二胺;

硝基苯催化加氢生产苯胺等。

(5)油品加氢

馏分油加氢裂化生产石脑油、柴油和尾油;

渣油加氢改质;

减压馏分油加氢改质；

催化(异构)脱蜡生产低凝柴油、润滑油基础油等。

4. 重点监控工艺参数

加氢反应釜或催化剂床层温度、压力；加氢反应釜内搅拌速率；氢气流量；反应物质的配料比；系统氧含量；冷却水流量；氢气压缩机运行参数、加氢反应尾气组成等。

5. 安全控制的基本要求

温度和压力的报警和联锁；反应物料的比例控制和联锁系统；紧急冷却系统；搅拌的稳定控制系统；氢气紧急切断系统；加装安全阀、爆破片等安全设施；循环氢压缩机停机报警和联锁；氢气检测报警装置等。

6. 宜采用的控制方式

将加氢反应釜内温度、压力与釜内搅拌电流、氢气流量、加氢反应釜夹套冷却水进水阀形成联锁关系，设立紧急停车系统。加入急冷氮气或氢气的系统。当加氢反应釜内温度或压力超标或搅拌系统发生故障时自动停止加氢，泄压，并进入紧急状态。安全泄放系统。

2.3.5　重氮化工艺

1. 工艺简介

一级胺与亚硝酸在低温下作用，生成重氮盐的反应。脂肪族、芳香族和杂环的一级胺都可以进行重氮化反应。涉及重氮化反应的工艺过程为重氮化工艺。通常重氮化试剂是由亚硝酸钠和盐酸作用临时制备的。除盐酸外，也可以使用硫酸、高氯酸和氟硼酸等无机酸。脂肪族重氮盐很不稳定，即使在低温下也能迅速自发分解，芳香族重氮盐较为稳定。

2. 工艺危险特点

(1) 重氮盐在温度稍高或光照的作用下，特别是含有硝基的重氮盐极易分解，有的甚至在室温时亦能分解。在干燥状态下，有些重氮盐不稳定，活性强，受热或摩擦、撞击等作用能发生分解甚至爆炸。

(2) 重氮化生产过程所使用的亚硝酸钠是无机氧化剂，175℃时能发生分解、与有机物反应导致着火或爆炸。

(3) 反应原料具有燃爆危险性。

3. 典型工艺

(1) 顺法

对氨基苯磺酸钠与2-萘酚制备酸性橙-Ⅱ染料；

芳香族伯胺与亚硝酸钠反应制备芳香族重氮化合物等。

(2) 反加法

间苯二胺生产二氟硼酸间苯二重氮盐；

苯胺与亚硝酸钠反应生产苯胺基重氮苯等。

（3）亚硝酰硫酸法

2-氰基-4-硝基苯胺、2-氰基-4-硝基-6-溴苯胺、2,4-二硝基-6-溴苯胺、2,6-二氰基-4-硝基苯胺和 2,4-二硝基-6-氰基苯胺为重氮组分与端氨基含醚基的偶合组分经重氮化、偶合成单偶氮分散染料；

2-氰基-4-硝基苯胺为原料制备蓝色分散染料等。

（4）硫酸铜触媒法

邻、间氨基苯酚用弱酸（醋酸、草酸等）或易于水解的无机盐和亚硝酸钠反应制备邻、间氨基苯酚的重氮化合物等。

（5）盐析法

氨基偶氮化合物通过盐析法进行重氮化生产多偶氮染料等。

4. 重点监控工艺参数

重氮化反应釜内温度、压力、液位、pH；重氮化反应釜内搅拌速率；亚硝酸钠流量；反应物质的配料比；后处理单元温度等。

5. 安全控制的基本要求

反应釜温度和压力的报警和联锁；反应物料的比例控制和联锁系统；紧急冷却系统；紧急停车系统；安全泄放系统；后处理单元配置温度监测、惰性气体保护的联锁装置等。

6. 宜采用的控制方式

将重氮化反应釜内温度、压力与釜内搅拌、亚硝酸钠流量、重氮化反应釜夹套冷却水进水阀形成联锁关系，在重氮化反应釜处设立紧急停车系统，当重氮化反应釜内温度超标或搅拌系统发生故障时自动停止加料并紧急停车。安全泄放系统。重氮盐后处理设备应配置温度检测、搅拌、冷却联锁自动控制调节装置，干燥设备应配置温度测量、加热热源开关、惰性气体保护的联锁装置。安全设施，包括安全阀、爆破片、紧急放空阀等。

2.3.6 氧化工艺

1. 工艺简介

氧化为有电子转移的化学反应中失电子的过程，即氧化数升高的过程。多数有机化合物的氧化反应表现为反应原料得到氧或失去氢。涉及氧化反应的工艺过程为氧化工艺。常用的氧化剂有：空气、氧气、双氧水、氯酸钾、高锰酸钾、硝酸盐等。

2. 工艺危险特点

（1）反应原料及产品具有燃爆危险性。

（2）反应气相组成容易达到爆炸极限，具有闪爆危险。

（3）部分氧化剂具有燃爆危险性，如氯酸钾、高锰酸钾、铬酸酐等都属于氧化剂，如遇高温或受撞击、摩擦以及与有机物、酸类接触，皆能引起火灾爆炸。

（4）产物中易生成过氧化物，化学稳定性差，受高温、摩擦或撞击作用易分解、燃烧或爆炸。

3. 典型工艺

乙烯氧化制环氧乙烷；

甲醇氧化制备甲醛；

对二甲苯氧化制备对苯二甲酸；

克劳斯法气体脱硫；

一氧化氮、氧气和甲（乙）醇制备亚硝酸甲（乙）酯；

双氧水或有机过氧化物为氧化剂生产环氧丙烷、环氧氯丙烷；

异丙苯经氧化-酸解联产苯酚和丙酮；

环己烷氧化制环己酮；

天然气氧化制乙炔；

丁烯、丁烷、C4 馏分或苯的氧化制顺丁烯二酸酐；

邻二甲苯或萘的氧化制备邻苯二甲酸酐；

均四甲苯的氧化制备均苯四甲酸二酐；

苊的氧化制 1,8-萘二甲酸酐；

3-甲基吡啶氧化制 3-吡啶甲酸（烟酸）；

4-甲基吡啶氧化制 4-吡啶甲酸（异烟酸）；

2-乙基己醇（异辛醇）氧化制备 2-乙基己酸（异辛酸）；

对氯甲苯氧化制备对氯苯甲醛和对氯苯甲酸；

甲苯氧化制备苯甲醛、苯甲酸；

对硝基甲苯氧化制备对硝基苯甲酸；

环十二醇/酮混合物的开环氧化制备十二碳二酸；

环己酮/醇混合物的氧化制己二酸；

乙二醛硝酸氧化法合成乙醛酸；

丁醛氧化制丁酸；

氨氧化制硝酸等。

4. 重点监控工艺参数

氧化反应釜内温度和压力；氧化反应釜内搅拌速率；氧化剂流量；反应物料的配比；气相氧含量；过氧化物含量等。

5. 安全控制的基本要求

反应釜温度和压力的报警和联锁；反应物料的比例控制和联锁及紧急切断动力系统；紧急断料系统；紧急冷却系统；紧急送入惰性气体的系统；气相氧含量监测、报警和联锁；安全泄放系统；可燃和有毒气体检测报警装置等。

6. 宜采用的控制方式

将氧化反应釜内温度和压力与反应物的配比和流量、氧化反应釜夹套冷却水进水阀、紧急冷却系统形成联锁关系，在氧化反应釜处设立紧急停车系统，当氧化反应釜内温度超标或搅拌系统发生故障时自动停止加料并紧急停车。配备安全阀、爆破片等安全设施。

2.3.7　胺基化工艺

1. 工艺简介

胺化是在分子中引入胺基(R_2N—)的反应,包括 R—CH$_3$ 烃类化合物(R:氢、烷基、芳基)在催化剂存在下,与氨和空气的混合物进行高温氧化反应,生成腈类等化合物的反应。涉及上述反应的工艺过程称为胺基化工艺。

2. 工艺危险特点

(1) 反应介质具有燃爆危险性。

(2) 在常压下 20℃时,氨气的爆炸极限为 15%~27%,随着温度、压力的升高,爆炸极限的范围增大。因此,在一定的温度、压力和催化剂的作用下,氨的氧化反应放出大量热,一旦氨气与空气比失调,就可能发生爆炸事故。

(3) 由于氨呈碱性,具有强腐蚀性,在混有少量水分或湿气的情况下无论是气态或液态氨都会与铜、银、锡、锌及其合金发生化学作用。

(4) 氨易与氧化银或氧化汞反应生成爆炸性化合物(雷酸盐)。

3. 典型工艺

邻硝基氯苯与氨水反应制备邻硝基苯胺;

对硝基氯苯与氨水反应制备对硝基苯胺;

间甲酚与氯化铵的混合物在催化剂和氨水作用下生成间甲苯胺;

甲醇在催化剂和氨气作用下制备甲胺;

1-硝基蒽醌与过量的氨水在氯苯中制备 1-氨基蒽醌;

2,6-蒽醌二磺酸氨解制备 2,6-二氨基蒽醌;

苯乙烯与胺反应制备 N-取代苯乙胺;

环氧乙烷或亚乙基亚胺与胺或氨发生开环加成反应,制备氨基乙醇或二胺;

氯氨法生产甲基肼;

甲苯经氨氧化制备苯甲腈;

丙烯氨氧化制备丙烯腈等。

4. 重点监控工艺参数

胺基化反应釜内温度、压力;胺基化反应釜内搅拌速率;物料流量;反应物质的配料比;气相氧含量等。

5. 安全控制的基本要求

反应釜温度和压力的报警和联锁;反应物料的比例控制和联锁系统;紧急冷却系统;气相氧含量监控联锁系统;紧急送入惰性气体的系统;紧急停车系统;安全泄放系统;可燃和有毒气体检测报警装置等。

6. 宜采用的控制方式

将胺基化反应釜内温度、压力与釜内搅拌、胺基化物料流量、胺基化反应釜夹套冷却水进水阀形成联锁关系,设置紧急停车系统。安全设施,包括安全阀、爆破片、单向阀及紧急切断装置等。

2.3.8 新型煤化工工艺

1. 工艺简介

以煤为原料，经化学加工使煤直接或间接转化为气体、液体和固体燃料、化工原料或化学品的工艺过程。主要包括煤制油（甲醇制汽油、费-托合成油）、煤制烯烃（甲醇制烯烃）、煤制二甲醚、煤制乙二醇（合成气制乙二醇）、煤制甲烷气（煤气甲烷化）、煤制甲醇、甲醇制醋酸等工艺。

2. 工艺危险特点

（1）反应介质涉及一氧化碳、氢气、甲烷、乙烯、丙烯等易燃气体，具有燃爆危险性。

（2）反应过程多为高温、高压过程，易发生工艺介质泄漏，引发火灾、爆炸和一氧化碳中毒事故。

（3）反应过程可能形成爆炸性混合气体。

（4）多数煤化工新工艺反应速度快，放热量大，造成反应失控。

（5）反应中间产物不稳定，易造成分解爆炸。

3. 典型工艺

煤制油（甲醇制汽油、费-托合成油）；

煤制烯烃（甲醇制烯烃）；

煤制二甲醚；

煤制乙二醇（合成气制乙二醇）；

煤制甲烷气（煤气甲烷化）；

煤制甲醇；

甲醇制醋酸。

4. 重点监控工艺参数

反应器温度和压力；反应物料的比例控制；料位；液位；进料介质温度、压力与流量；氧含量；外取热器蒸汽温度与压力；风压和风温；烟气压力与温度；压降；H_2/CO 比；NO/O_2 比；$NO/$醇比；H_2、H_2S、CO_2 含量等。

5. 安全控制的基本要求

反应器温度、压力报警与联锁；进料介质流量控制与联锁；反应系统紧急切断进料联锁；料位控制回路；液位控制回路；H_2/CO 比例控制与联锁；NO/O_2 比例控制与联锁；外取热器蒸汽热水泵联锁；主风流量联锁；可燃和有毒气体检测报警装置；紧急冷却系统；安全泄放系统。

6. 宜采用的控制方式

将进料流量、外取热蒸汽流量、外取热蒸汽包液位、H_2/CO 比例与反应器进料系统设立联锁关系，一旦发生异常工况启动联锁，紧急切断所有进料，开启事故蒸汽阀或氮气阀，迅速置换反应器内物料，并将反应器进行冷却、降温。安全设施，包括安全阀、防爆膜、紧急切断阀及紧急排放系统等。

2.4　化工安全管理

2.4.1　安全生产的重要性

化工生产具有易燃、易爆、易中毒、高温、高压、有腐蚀等特点,生产过程中潜在的不安全因素很多,危险性和危害性强大,因此对安全生产的要求很严格。对从事化工技术工作的职工,安全技术素质的要求也越来越高。实现安全生产、促进化学工业的发展,是现代化学工业管理的一个十分重要的内容。

2.4.2　安全管理的基本原则

1. 管生产同时管安全

安全寓于生产之中,并对生产发挥促进与保证作用。因此,安全与生产虽有时会出现矛盾,但从安全、生产管理的目标、目的,表现出高度的一致和完全的统一。

安全管理是生产管理的重要组成部分,安全与生产在实施过程,两者存在着密切的联系,存在着进行共同管理的基础。

国务院在《关于加强企业生产中安全工作的几项规定》中明确指出:"各级领导人员在管理生产的同时,必须负责管理安全工作","企业中有关专职机构,都应该在各自业务范围内,对实现安全生产的要求负责。"

管生产同时管安全,不仅是对各级领导人员明确安全管理责任,同时,也向一切与生产有关的机构、人员,明确业务范围内的安全管理责任。由此可见,一切与生产有关的机构、人员,都必须参与安全管理并在管理中承担责任。认为安全管理只是安全部门的事,是一种片面的、错误的认识。

各级人员安全生产责任制度的建立,管理责任的落实,体现了管生产同时管安全。

2. 坚持安全管理的目的性

安全管理的内容是对生产中的人、物、环境因素状态的管理,有效地控制人的不安全行为和物的不安全状态,消除或避免事故,达到保护劳动者的安全与健康的目的。

没有明确目的的安全管理是一种盲目行为。盲目的安全管理,充其量只能算作花架子,劳民伤财,危险因素依然存在。在一定意义上,盲目的安全管理,只能纵容威胁人的安全与健康的状态,向更为严重的方向发展或转化。

3. 必须贯彻预防为主的方针

安全生产的方针是"安全第一、预防为主、综合治理"。安全第一是从保护生产力的角度和高度,表明在生产范围内,安全与生产的关系,肯定安全在生产活动中的位置和重要性。进行安全管理不是处理事故,而是在生产活动中,针对生产的特点,对生产因素采取管理措施,有效地控制不安全因素的发展与扩大,把可能发生的事故,消灭在萌芽状态,以保证生产活动中,人的安全与健康。

贯彻预防为主,首先要端正对生产中不安全因素的认识,端正消除不安全因素的态度,选准消除不安全因素的时机。在安排与布置生产内容的时候,针对施工生产中可能出现的危险因素,采取措施予以消除是最佳选择。在生产活动过程中,经常检查、及时发现不安全因素,采取措施,明确责任,尽快地、坚决地予以消除,是安全管理应有的鲜明态度。

4. 坚持"四全"动态管理

安全管理不是少数人和安全机构的事,而是一切与生产有关的人共同的事。缺乏全员的参与,安全管理不会有生机、不会出现好的管理效果。当然,这并非否定安全管理第一责任人和安全机构的作用。生产组织者在安全管理中的作用固然重要,全员性参与管理也十分重要。

安全管理涉及到生产活动的方方面面,涉及到从开工到竣工交付的全部生产过程,涉及到全部的生产时间,涉及到一切变化着的生产因素。因此,生产活动中必须坚持全员、全过程、全方位、全天候的动态安全管理。

只抓住一时一事、一点一滴、简单草率、一阵风式的安全管理,是走过场、形式主义,不是我们提倡的安全管理作风。

5. 安全管理重在控制

进行安全管理的目的是预防、消灭事故,防止或消除事故伤害,保护劳动者的安全与健康。在安全管理的四项主要内容中,虽然都是为了达到安全管理的目的,但是对生产因素状态的控制,与安全管理目的关系更直接,显得更为突出。因此,对生产中人的不安全行为和物的不安全状态的控制,必须看作是动态的安全管理的重点。事故的发生,是由于人的不安全行为运动轨迹与物的不安全状态运动轨迹的交叉。从事故发生的原理,也说明了对生产因素状态的控制,应该当作安全管理重点,而不能把约束当作安全管理的重点,是因为约束缺乏带有强制性的手段。

6. 在管理中发展、提高

既然安全管理是在变化着的生产活动中的管理,是一种动态。其管理就意味着是不断发展的、不断变化的,以适应变化的生产活动,消除新的危险因素。然而更为需要的是不间断地摸索新的规律,总结管理、控制的办法与经验,指导新的变化后的管理,从而使安全管理不断地上升到新的高度。

2.4.3 安全管理的主要内容

1. 安全机制

(1) 管理体制:专业管理、群众监督以及企业安全生产责任制。

(2) 基础工作:安全规章制度建设、标准化制定、安全评价和管理、员工的安全培训教育、安全技术措施、安全检查方案的制定和实施、管理方式方法研究以及有关安全情报资料的收集分析等。

2. 动态安全管理

(1) 生产过程的安全管理重点:工艺安全和操作安全。

（2）检修过程的安全：全厂停车大修、车间停车大修、单机检修以及意外情况下的抢修等。

（3）施工过程的安全：企业扩建、改造等工程施工。

（4）设备安全：设备本身的安全可靠性和正确合理的使用，直接关系生产过程的运行。

3. 预测和监督

（1）安全预测可以通过分析发现和掌握安全生产的规律及倾向，做出预测、预报，有利于预防消除隐患。

（2）安全监督主要是监督检查安全规章制度的执行情况，检查发现安全生产责任制执行中的问题，为加强管理提供动态情况。

4. 法制化、标准化、规范化、系统化

（1）法制化：企业在实现安全管理法制化的过程中，要有法可依、有法必依、执法必严、违法必究。

（2）标准化：企业标准化工作，是实现企业科学管理的基础。

（3）规范化：企业应根据国家及行业颁布的条例、规定，结合本企业的实际情况，制定相应的规章制度，作为企业内部的行动规范。

（4）系统化：化工安全管理是企业管理大系统中的一个子系统。系统化安全管理是现代化工的要求，也是现代化管理的基本特点。

2.4.4 安全管理的体制

1. 安全生产责任制

（1）企业各级领导的安全生产职责。

（2）企业安全专职机构安全生产职责。

（3）贯彻执行国家和上级颁发的有关安全生产的方针政策、法规制度、条例和标准。

（4）负责组织制定、修订和健全各项安全生产管理制度和安全技术规程。

（5）负责监督和检查各项安全制度落实执行情况和企业日常安全的监督检查。

（6）负责组织企业日常安全教育和考核。

（7）负责对企业各种安全事故的调查和上报。

（8）企业各职能部门的安全生产职责。

（9）各级安全人员的安全生产职责。

（10）安全工程师、车间安全员、班组安全员。

（11）工人的安全生产职责：听从指挥，不违章作业，并制止他人违章作业；正确使用各种工具和防护器材，正确穿戴劳动保护用品；努力学习各种安全技术知识，判断处理事故技能；积极参加有关安全活动；积极向班长提出各种有利于安全生产的意见建议。

2. 安全标准与规章制度

安全标准可分为国际标准、国家标准、部颁标准、企业标准等几种。规章制度包括法规、规程和条例三项基本内容。

法规是法律文件的一种,是国家机关在其职权范围内制定的要求人们普遍遵守的行为规则文件,具有法律规范的一般约束力。

规程是根据安全标准制定的工作标准、程序或步骤,是为执行某种制度而做的具体规定和对生产者进行安全生产而制定的细则。

条例是由国家机关制定批准的规定,在安全生产领域的某一方面具有法律效力的文件。如:"生产区内十四个不准"、"操作工人的六严格"、"动火作业六大禁令"、"进入容器、设备的八个必须"、"机动车辆七大禁令"等。

安全标准与规章制度的制定原则

(1) 必须符合国家法律和安全生产的基本方针。

(2) 必须是实际生产经验的高度概括和总结,必须经过反复实践,不断补充、修订和完善。

(3) 必须在大量搜集国内外、行业内外、企业内外典型事故案例的基础上,充分考虑一切潜在的危险因素,着眼于防止各种事故的发生。

(4) 必须充分发动广大群众,集思广益,切合实际,企业规章制度必须要经过职工代表大会讨论批准。

2.4.5 安全培训教育

1. 安全培训教育的目的

(1) 增强法制观念——能全面接受有关安全和劳动保护的政策、法令教育,提高贯彻和执行的自觉性和责任感,增强法制观念。

(2) 提高安全技术素质——防止误操作或违章操作所导致的各类事故。

(3) 提高企业安全管理的科学化、规范化、系统化水平。

2. 安全培训教育的内容

(1) 思想教育——基本内容,树立"安全第一"、"生产服务安全"、"安全生产、人人有责"等基本思想。

(2) 劳动保护方针政策教育——重要内容,保证"全员""全过程"管理得以实现。

(3) 安全科学技术知识教育——主要内容,能全面提高企业安全管理素质和水平。

3. 安全培训教育

(1) 三级教育:厂级、车间级、班组级安全教育。

(2) 特种教育:危险性大的工种及新技术、新工艺、新设备使用前的安全教育,一般脱产学习,考核合格。

(3) 经常性教育:上班前、中、后制度化的安全教育。

(4) 学校教育:开设安全技术与劳动保护的课程。

(5) 社会教育:运用报纸、杂志、广播、电视、电影、互联网的多种媒体进行安全教育的形式。

2.4.6　安全检查

1. 安全检查的目的

目的是全方位做好安全工作的有效形式。

(1) 发现和消除事故隐患。

(2) 贯彻落实安全措施。

(3) 预防事故发生。

2. 安全检查的类型

日常性、专业性、季节性、节假日性、不定期性、综合性。

3. 安全检查的方法

基层单位的自查；主管部门安全检查；安全监察机关的检查；联合性安全检查。

4. 安全检查的内容

(1) 查领导、查思想是安全检查的主要内容。

(2) 查现场、查隐患深入生产现场是安全检查的关键内容。

(3) 查管理、查制度、查整改是安全检查的基本内容。

2.4.7　安全事故管理

1. 事故分类

凡是能引起人身伤害、导致生产中断或国家财产损失的事件,都叫事故。

事故的分类(按性质不同)：① 生产事故；② 设备事故；③ 火灾事故；④ 爆炸事故；⑤ 伤亡事故；⑥ 污染事故。

2. 事故调查分析

(1) 组织管理方面：劳动组织不当；环境不良；培训不够；工艺操作规程不合理；防护用具缺陷；标志不清。

(2) 技术方面：工艺过程不完善；设备无保护和保险装置；设备设计不合理或制造有缺陷；操作、作业工具不当。

(3) 卫生方面：生产厂房空间不够；气象条件不符合规定；操作环境中照明不够或照明设置不合理；由于噪声和振动造成人员心理上变化；卫生设施不够,如防尘、防毒设施不完善。

2.4.8　安全管理相关对策措施

(1) 企业法定代表人是安全生产第一责任人,对公司的安全生产负全面领导责任；进一步完善安全管理组织体系,落实各级人员安全生产责任制,严格履行《安全生产法》规定的七项职责,实现全面安全管理(即全员参加的安全管理、全过程的管理、全天候的管理、全方位的安全管理)。

(2) 应按国家有关规定,建立、健全安全管理机构和管理网络,配备专职和兼职安全管理人员。

（3）单位主要负责人和安全生产管理人员的安全培训教育,侧重面为国家有关安全生产的法律法规、行政规章和各种技术标准、规范,了解企业安全生产管理的基本脉络,掌握对整个企业进行安全生产管理的能力,取得安全管理岗位的资格证书。

（4）从业人员的安全培训教育在于了解安全生产知识,熟悉有关的安全生产规章制度和安全操作规程,掌握本岗位的安全操作技能。

（5）特种作业人员必须按照国家有关规定经专门的安全作业培训,取得特种作业操作资格证书。

（6）要选拔具有一定文化程度、操作技能、身体健康和心理素质好的人员从事相关工作,并定期进行考察、考核、调整。危险岗位作业人员还需要进行专门的安全技术训练,有条件的单位最好能对该类作业人员进行身体素质、心理素质、技术素质和职业道德素质的测定,避免由于作业人员先天性素质缺陷而造成安全隐患。

（7）加强对职工的安全教育、专业培训和考核,新进人员必须经过严格的三级安全教育和专业培训,并经考试合格后方可上岗。对转岗、复工人员应参照新进职工的办法进行培训和考试,使职工有高度的安全责任心,缜密的态度,并且熟悉相应的业务,有熟练的操作技能,具备有关物料、设备、设施,防止工艺参数变动及泄漏等的安全卫生知识和应急处理能力,在紧急情况下能采取正确的应急方法,事故发生时有自救能力。针对本项目的特点和各种物料的危险危害特性,企业领导必须定期对职工进行工艺、设备、安全、技术、管理、操作等教育活动,不断提高职工的安全意识和安全技能。

（8）建立健全各项规章制度并严格遵守,严格"三纪",杜绝"三违"现象,特别是针对生产过程中,遇到抢修、抢险、异常天气等紧急情况时的作业,事先要有完备的应急预案,作业时要严格遵守各项规定(如登高作业、盲板抽堵作业、动火作业等规定)的要求,确保万无一失。

（9）要按时发放符合《劳动保护用品选用规则》的劳动保护用品,职工应正确穿戴,并保管好、正确使用好。

（10）厂区内动火、登高、吊装、设备检修、动土等作业必须符合规范要求。严格执行动火审批制度,生产区任何动火必须按动火审批程序进行。动火前应对该设备清除、置换,使用测爆仪确保该设备处无火灾、爆炸可能,以及测定毒物浓度和含氧量,在确保合格、无中毒窒息可能后,方能动火;动火时要有人监护,并准备适用的消防器材。

（11）检修用的气瓶(氧气、乙炔气等)的管理应符合相应的规定要求。

（12）加强管理,避免和及时消除各种激发能量的产生和积累(如静电、摩擦、冲击等),围墙外 15 m 范围严禁明火。

（13）编制生产装置、储存设施的安全检查表并及时更新,定期认真检查,并做好记录,发现问题(隐患)及时整改。

（14）强化安全管理,消除人的不安全行为以及物的不安全因素,设立禁止明火等警示标志,严格执行化工企业厂区安全作业规程,各项施工作业必须办理安全作业凭证。

（15）根据国家规定,制定合理的劳动休息制度。

（16）加强门卫管理,杜绝各种危险因素的进入:

① 门卫设火源、火种收集箱；

② 严禁未装阻火器的机动车辆进入；

③ 建立进出人员、车辆登记制度等。

（17）加强危险化学品的安全管理，严格执行《危险化学品安全管理条例》，危险品库内物资的储存应符合《常用化学危险品贮存通则》（GB15603 - 1995）标准执行。

（18）危化品的运输需委托具备危险化学品运输资质单位运输，车辆进入生产区域须戴阻火器，生产区域严禁吸烟与明火。

（19）经常进行安全分析，对发生过的事故、故障、操作失误及未遂事故等应作详细记录和原因分析并找出改进措施。还应经常收集、分析国内外的有关事故案例，类比本工程项目的具体情况，加强教育，积极采取安全技术与管理等方面的有效措施，防止类似事故的发生。

（20）冬寒、暑热、风、霜、雨、雪、雷电等，会影响操作人员作出正确的判断和操作安全，会间接或直接影响到人员的安全和健康，因此，作业场所的温度、湿度、采光照明、通风、噪声、振动、泄漏出的有毒、有害物质等要定期进行检测，重视作业环境及条件的改善，做到清洁、文明生产。

（21）停车检修期间对贮存有毒、易燃、易爆介质的容器场所周围设置防护栏并悬挂醒目的标志。在有毒性、有腐蚀性作业部位操作及检修时，应按章作业，穿戴好防护用品。

2.4.9　典型事故案例分析

【案例一】　火灾爆炸事故案例

1. 事故经过

2004 年 9 月 7 日 10 时 10 分左右，金华某化工有限公司克拉霉素医药中间体生产车间，车间一楼的原材料甲苯桶突然发生爆炸起火，继而引起车间内二甲基亚砜回收精馏釜发生更大的爆炸，并引发大火，火势迅速蔓延到相邻的库房、车间等建筑物及堆放在车间附近的可燃物料，并形成高达 50 多米的浓烟火球，造成 4 人死亡、3 人烧伤，直接经济损失 200 余万元。

2. 事故原因

（1）直接原因：产品生产工艺中的原料改变后，未及时改进工艺装置、制订相应的安全操作规程和采取有效的静电接地等安全防护措施。甲苯投料输送速度过快产生静电火花，引起甲苯与空气形成的爆炸性混合气体爆炸燃烧，燃烧的气体被负压操作的精馏釜吸入，继而引起精馏釜爆炸，并殃及周围建筑物、仓库。

（2）间接原因：① 生产车间与相邻建筑物间的防火间距不够；② 消防水源不足，消防通道不畅；③ 企业安全管理制度执行不严，对职工安全教育和技术培训不到位。

3. 预防措施

（1）进一步改进生产工艺和安全操作规程。

（2）全面检查安全、工艺、设备等管理制度的适用性和可靠性，并严格执行。

（3）保证安全生产投入，完善安全设施建设。

（4）加强职工的安全教育和操作技能培训。

【案例二】 氯气泄漏中毒事故

1. 事故经过

2002年1月21日16时16分左右，重庆某化工厂自备电厂供水车间加氯间中班接班时，早班人员已口头告知接班人：氯气钢瓶泄漏。接班人员吴某未引起重视，并将氯气钢瓶于17时35分继续运行至19时左右，吴某巡检时，发现氯气泄漏，已无法进入加氯间，于是立即通知文某和当班班长刘某，3人在未采取任何防护措施的情况下将氯气钢瓶推入事故池中，因氯气泄漏严重，导致操作的3人和同班另外3人中毒。

2. 事故原因分析

（1）经检查，发现氯气钢瓶接口角阀在与钢瓶主阀的连接处已被氯气腐蚀掉一大块，上面有气流冲击的痕迹，由此判断氯气长期泄漏后在与空气中的水相互作用后，对铜质角阀腐蚀加剧，并导致氯气泄漏不断加大。

（2）操作人员发现加氯间有氯气气味，未引起重视，没有及时汇报和采取防范措施。

（3）操作人员违反氯气安全操作规程，在未关氯气钢瓶主阀的情况下，就将氯气钢瓶推入事故池中，使事故进一步扩大。

（4）加氯间旁工具柜中只有一台氧气呼吸器，且操作人员为女性，发生事故后，慌忙中不知所措，没有及时控制事故的进一步扩大。

3. 同类事故防范措施

（1）严格执行《氯气安全规程》（GB11984-2008），及时排除泄漏和设备的隐患，保证系统处于正常状态。

（2）氯气泄漏时，现场负责人应立即组织抢修，撤离无关人员，抢救中毒者。抢修、救护人员必须佩戴有效防护用具。

（3）加强员工的业务培训及相关应急救援知识的培训，对应急预案进行演练。

【案例三】 南宁某公司一起碱液烧伤眼睛事故

1. 事故发生经过

2005年3月2日9时左右，某公司聚氯乙烯分厂聚合车间在生产过程中，因生产需要，聚氯乙烯厂聚合车间离心干燥岗位操作工张某和徒弟张某某，去氯碱厂碱站联系往碱槽打入5 m³碱液（浓度为30%的氢氧化钠溶液）。联系完毕后碱站即启动6#碱泵开始送碱液，大约过了十几分钟，张某见碱槽液面快满了，便叫张某某关闭碱槽进口阀门。张某某在关闭阀门的时候，阀门上垫片突然破裂，大量的碱液喷出。因喷出的位置刚好与视线平行，张某某的眼睛被喷中，动弹不得。由于喷出量大，旁人无法进行抢救。其他岗位人员立即打电话通知氯碱厂碱站停泵。大约1 min后，碱液喷射减弱，其他人员将张某某救出。因张某在附近，也有少量碱液溅入眼睛。张某、张某某2人在现场用大量清水冲洗，并被送到该公司急救站，经紧急处理后送往附近医院治疗。经医院诊断：张某双眼角膜化学性烧伤 3 度,吸入性气管损伤,伤势严重;张某伤势较轻。

2. 事故原因分析

事故发生后,该公司立即组织有关人员进行调查。经分析,认为导致这起工伤事故发生的原因有:

(1) 操作人员违反操作规程,违章作业,在没有联系确认停泵的情况下关闭阀门,造成管道憋压,直至阀门垫片发生破裂,是事故发生的直接原因。

(2) 操作人员安全意识、自我保护意识淡薄,在没有佩戴防护眼镜等防护用品的情况下冒险作业,违反了《安全生产法》第四十九条"从业人员在作业过程中,应当严格遵守本单位的安全生产规章制度和操作规程,服从管理,正确佩戴和使用劳动防护用品"的规定以及该岗位操作安全规程第二条的规定,属违章作业,是事故发生的重要原因,操作人员对事故的发生负主要责任。

3. 防止同类事故的措施

(1) 通报事故,教育职工加强自我保护。

(2) 督促岗位操作人员严格遵守操作规程,按章操作,严禁违章作业。

(3) 督促班组按规定领取劳保用品,并在作业前确认能够正确使用劳保用品,方准作业。

(4) 对工艺管线进行改进,增加安全防护装置。为防范输送腐蚀性液体管道的法兰、阀门在操作过程中发生类似事故,在法兰、阀门处增设挡板。降低碱槽进口阀门高度,并在阀门前增设压力表。

(5) 督促各级管理人员安排工作时一定要按照"五同时"原则布置安全工作。

【案例四】电工触电安全事故分析

1. 事故经过

2 月 2 日上午,湖北某化工公司为避高峰停电后,按常规 3 台电炉都进入了正常生产状态。值班电工李某在巡岗检查时发现,距地面 2.5 m 高处的 2♯电炉高压室 35 kV 相电流互感器上有异常声音,从高压室返回后便将此情况向班长王某做了汇报,班长王某没有作任何安排,便自己一人拿了手套去了 2♯炉,李某见班长王某前去 2♯炉,随即也跟了上去。王某经过变压器房顺便停了变压器排风扇,就径直走向高压室,爬上支撑互感器的铁架第二层(距地面 1.7 m),左手抓在支架的顶层角铁上,就用右手试探互感器。因室内光线较暗,王某叫李某把灯拉开,李某转身开灯时,忽然听到王某的叫喊声,李某发现王某已被吸上了 35 kV 的互感器铝排并产生了弧光。李某见状急喊该电炉配电工停电,配电工听到喊声后立即停了电,此时王某刚从支架上坠落下来,着地时头部撞在墙角一水泥盖板上,致伤。现场发现王某的右手背及双脚有被电击的伤痕,见伤势较重,该公司当即将王某送往县医疗中心。

2. 事故原因分析

从调查事故发生经过和了解有关现场情况分析,本起事故属一起典型的违章操作事

故,其原因有以下两个方面:

(1) 个人安全意识差和专业技术素质低,是导致本次事故发生的主要原因。从事故发生的经过来看,操作者自始至终没有一点安全意识,整个操作过程实属一起严重的违章操作;操作者是一名经过了劳动部门专业电工培训并从事了 5 年工作的电工,竟然连 35 kV 的高压都敢用手触摸,实在是太"大胆"了。

(2) 从本次事故的调查中发现,该公司在用电管理上自始至终未按用电安全操作规程办事,是酿成本次违章操作事故发生的重要原因。

3. 防范措施

(1) 该化工公司应认真吸取因管理不到位而酿成本次事故发生的惨痛教训,切实从管理入手,严格按章操作,杜绝违章现象。

(2) 强化职工专业技术培训和安全教育,提高职工操作知识水平和自我安全防护意识。

通过以上事故案例分析可知,在生产装置运行或危险化学品运输过程中一旦发生容器破裂,有毒物质、腐蚀性物质发生泄漏,会引起火灾、爆炸、中毒、窒息、灼伤等事故,造成严重的人员伤亡、财产损失等。因此,化工企业必须设置完善可靠的安全设施,安全设施必须正常运行;严格执行工艺操作规程,杜绝违章指挥、违章作业、违反劳动纪律;重视安全生产,防止麻痹大意、盲干、蛮干,检修动火前一定要办理动火作业证,防止造成更大事故;加强厂内各级人员的安全教育,克服松懈,忽视安全的思想;并通过这些案例类比能够举一反三,切实落实安全生产责任制和具体安全防范措施,更好地做好安全工作。

2.5 化工行业风险评价技术及管理

2.5.1 环境风险评价的目的和重点

环境风险评价的目的是分析和预测建设项目存在的潜在危险、有害因素,建设项目建设和运行期间可能发生的突发性事件或事故(一般不包括人为破坏及自然灾害),引起有毒有害和易燃易爆等物质泄漏,所造成的人身安全与环境影响和损害程度,提出合理可行的防范、应急与减缓措施,以使建设项目事故率、损失和环境影响达到可接受水平。

环境风险评价应把事故引起厂(场)界外人群的伤害、环境质量的恶化及对生态系统影响的预测和防护作为评价工作重点。

环境风险评价在条件允许的情况下,可利用安全评价数据开展环境风险评价。环境风险评价与安全评价的主要区别是:环境风险评价关注点是事故对厂(场)界外环境的影响。

2.5.2 风险识别

1. 风险识别的范围和类型

风险识别范围包括生产设施风险识别和生产过程所涉及的物质风险识别。

生产设施风险识别范围：主要生产装置、贮运系统、公用工程系统、工程环保设施及辅助生产设施等。

物质风险识别范围：主要原材料及辅助材料、燃料、中间产品、最终产品以及生产过程排放的"三废"污染物等。

风险类型：根据有毒有害物质放散起因，分为火灾、爆炸和泄漏三种类型。

2. 分析内容

确定最大可信事故的发生概率、危险化学品的泄漏量。

3. 分析方法

定性分析方法：类比法、加权法和因素图分析法。

定量分析法：概率法和指数法。

4. 最大可信事故概率确定方法

事件树、事故树分析法或类比法。

2.5.3 风险管理

1. 风险防范措施

（1）选址、总图布置和建筑安全防范措施。厂址及周围居民区、环境保护目标设置卫生防护距离，厂区周围工矿企业、车站、码头、交通干道等设置安全防护距离和防火间距。厂区总平面布置符合防范事故要求，有应急救援设施及救援通道、应急疏散及避难所。

（2）危险化学品贮运安全防范措施。对贮存危险化学品数量构成危险源的贮存地点、设施和贮存量提出要求，与环境保护目标和生态敏感目标的距离符合国家有关规定。

（3）工艺技术设计安全防范措施。自动监测、报警、紧急切断及紧急停车系统；防火、防爆、防中毒等事故处理系统；应急救援设施及救援通道；应急疏散通道及避难所。

（4）自动控制设计安全防范措施。

（5）有可燃气体、有毒气体检测报警系统和在线分析系统设计方案。

（6）电气、电讯安全防范措施。

（7）爆炸危险区域、腐蚀区域划分及防爆、防腐方案。

（8）消防及火灾报警系统。

（9）紧急救援站或有毒气体防护站设计。

（10）应急预案。

应急预案的主要内容见表2-1。

表 2-1 应急预案内容

项　　目	内容及要求
应急计划区	危险目标:装置区、贮罐区、环境保护目标
应急组织机构、人员	工厂、地区应急组织机构、人员
预案分级响应条件	规定预案的级别及分级响应程序
报警、通讯联络方式	规定应急状态下的报警通讯方式、通知方式和交通保障、管制
应急环境监测、抢险、救援及控制措施	由专业队伍负责对事故现场进行侦察监测,对事故性质、参数与后果进行评估,为指挥部门提供决策依据
应急检测、防护措施、清除泄漏措施和器材	事故现场、邻近区域、控制防火区域,控制和清除污染措施及相应设备
人员紧急撤离、疏散,应急剂量控制、撤离组织计划	事故现场、工厂邻近区、受事故影响的区域人员及公众对毒物应急剂量控制规定,撤离组织计划及救护,医疗救护与公众健康
事故应急救援关闭程序与恢复措施	规定应急状态终止程序 事故现场善后处理,恢复措施 邻近区域解除事故警戒及善后恢复措施
应急培训计划	应急计划制定后,平时安排人员培训与演练
公众教育和信息	对工厂邻近地区开展公众教育、培训和发布有关信息

第3章 化工单元操作实训

3.1 流体力学综合实训

3.1.1 实训目的

(1) 学会判断粗糙管和光滑管的方法。

(2) 掌握流体流经直管和阀门、弯头等阻力损失的测定方法,通过实训了解流体流动中能量损失的变化规律。

(3) 测定直管摩擦系数 λ 与雷诺准数 Re 的关系,将所得的 $\lambda—Re$ 方程与 Blassius 经验公式相比较。

(4) 测定流体流经阀门、弯头时的局部阻力系数 ζ。

(5) 学会倒 U 形差压计、1151 压力变送器的使用方法。

(6) 观察组成管路的各种管件、阀门,并了解其作用。

(7) 掌握离心泵结构与特性,学会离心泵的操作。

(8) 学会量纲分析方法处理实训结果。

3.1.2 实训任务

(1) 根据粗糙管结果,在双对数坐标纸上标绘出 $\lambda—Re$ 曲线,对照《化工原理》教材上有关公式,即可确定该管的相对粗糙度和绝对粗糙度。

(2) 根据光滑管实训结果,在双对数坐标纸上标绘出 $\lambda—Re$ 曲线,并对照柏拉修斯方程,计算其误差。

(3) 根据局部阻力实训结果,求出闸阀全开、弯头时的平均 ζ 值。

(4) 对实训结果进行分析讨论。

3.1.3 实训原理

流体管路由直管、阀门、弯头等管件组成,流体在管内流动时,由于粘性剪应力和涡流的存在,不可避免地要消耗一定的机械能。流体在直管中流动的机械能损失称为直管阻力;而流体通过阀门、弯头等管件,因流动方向或流动截面的突然改变所导致的机械能损失称为局部阻力。因此机械能的消耗包括流体流经直管的沿程阻力和因流体运动方向改变所引起的局部阻力。

在化工过程设计中,流体流动阻力的测定和计算,对于确定流体输送所需推动力的大小,例如泵的功率、扬程,选择适当的输送条件有不可缺少的作用。

1. 直管阻力

流体在水平等径圆管中稳定流动时,阻力损失表现为压力降低。即

$$h_f = \frac{p_1 - p_2}{\rho} = \frac{\Delta p}{\rho} \tag{3-1}$$

影响阻力损失的因素很多,尤其对湍流流体,目前尚不能完全用理论方法求解,必须通过实训研究其规律。为了减少实训工作量,使实训结果具有普遍意义,必须采用量纲分析方法将各变量组合成准数关联式。根据量纲分析,影响阻力损失的因素有:

(1) 流体性质:密度 ρ、黏度 μ;

(2) 管路的几何尺寸:管径 d、管长 l、管壁粗糙度 ε;

(3) 流动条件:流速 u。

可表示为:

$$\Delta p = f(d, l, \mu, \rho, u, \varepsilon) \tag{3-2}$$

组合成如下的无量纲式:

$$\frac{\Delta p}{\rho u^2} = \Phi\left(\frac{du\rho}{\mu}, \frac{l}{d}, \frac{\varepsilon}{d}\right) \tag{3-3}$$

$$\frac{\Delta p}{\rho} = \varphi\left(\frac{du\rho}{\mu}, \frac{\varepsilon}{d}\right) \cdot \frac{l}{d} \cdot \frac{u^2}{2}$$

令

$$\lambda = \varphi\left(\frac{du\rho}{\mu}, \frac{\varepsilon}{d}\right) = \varphi\left(Re, \frac{\varepsilon}{d}\right) \tag{3-4}$$

则式(3-1)变为:

$$h_f = \frac{\Delta p}{\rho} = \lambda \frac{l}{d} \frac{u^2}{2} \tag{3-5}$$

若采用倒 U 形压差计:测量倒 U 形压差计的读数 R,则

$$\lambda = \frac{2d(\rho_{水} - \rho_{空气})gR}{\rho_{水} \, lu^2} \tag{3-6}$$

若采用 1151 压差变送器:测量管道的压差 Δp,则

$$\lambda = \frac{2d\Delta p}{\rho_{水} \, lu^2} \tag{3-7}$$

当流体在一定管径 d 的圆形管中流动时,选取两个截面,用 U 形压差计或 1151 压差

变送器测出这两个截面的静压强差,即为流体流过两截面的流动阻力。根据伯努利方程找出静压强差和摩擦阻力系数的关系式,即可求出摩擦阻力系数。改变流速可测出不同 Re 下的摩擦阻力系数,这样就可得出某一相对粗糙度下管子的 $\lambda - Re$ 关系。

由式(3-4)可知,不管何种流体,直管阻力系数 λ 与 Re 和 $\frac{\varepsilon}{d}$ 有关。因此,可以在实训室规模的装置上,用水作流动介质进行有限的实训,确定 λ 与 Re 和 $\frac{\varepsilon}{d}$ 的关系,即可由式(3-5)计算流体在直管中的流动阻力损失,也说明了量纲分析理论指导的实训方法具有"由小见大,由此及彼"的功效。

2. 局部阻力

局部阻力通常有两种表示方法,即当量长度法和阻力系数法。

(1) 当量长度法

流体流过某管件或阀门时,因局部阻力造成的损失,相当于流体流过与其具有相当管径长度的直管阻力损失,这个直管长度称为当量长度,用符号 l_e 表示。这样,就可以用直管阻力的公式来计算局部阻力损失,而且在管路计算时,可将管路中的直管长度与管件、阀门的当量长度合并在一起计算,如管路中直管长度为 l,各种局部阻力的当量长度之和为 $\sum l_e$,则流体在管路中流动时的总阻力损失 h_f 为:

$$h_f = \lambda \frac{l + \sum l_e}{d} \frac{u^2}{2} \tag{3-8}$$

(2) 阻力系数法

流体通过某一阀门或管件时的阻力损失用流体在管路中的动能系数来表示,这种计算局部阻力的方法,称为阻力系数法。即

$$h_f = \xi \frac{u^2}{2} \tag{3-9}$$

式中:ξ——局部阻力系数,无量纲;

　　　u——在小截面管中流体的平均流速,m/s。

由于管件两侧距测压孔间的直管长度很短,引起的摩擦阻力与局部阻力相比,可以忽略不计。因此 h_f 值可应用伯努利方程由压差计读数求取。

若采用倒 U 形压差计:测量倒 U 形压差计的读数 R,则

$$\xi = \frac{2(\rho_{水} - \rho_{空气})gR}{\rho_{水} u^2} \tag{3-10}$$

若采用 1151 压差变送器:测量管道的压差 Δp,则

$$\xi = \frac{2\Delta p}{\rho_{水} u^2} \tag{3-11}$$

3.1.4　实训装置及流程

1. 实训装置一

实训装置如图3-1所示主要由水槽,不同管径、材质的管子,各种阀门和管件、涡轮流量计等组成。第一根为不锈钢光滑管,第二根为镀锌铁管,分别用于光滑管和粗糙管湍流流体流动阻力的测定。第三根为不锈钢管,装有待测闸阀,用于局部阻力的测定。

表3-1　装置结构尺寸

名　称	材　质	管内径(mm)	测试段长度(m)
光滑管	不锈钢管	25.98	1.2
粗糙管	镀锌铁管	27.50	1.2
局部阻力	不锈钢管	25.98	/

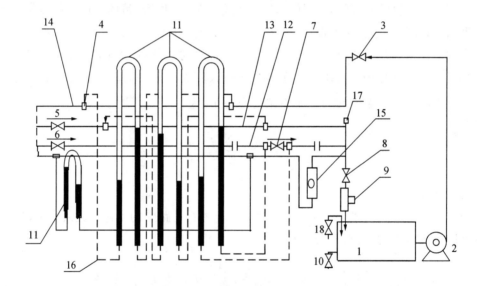

图3-1　流体力学综合实训装置一

1. 水箱　2. 管道泵　3,5,6. 球阀　4. 均压环　7. 闸阀　8. 流量调节阀
9. 涡轮流量计　10. 排水阀　11. 倒U管差压计　12. 不锈钢管　13. 粗糙管
14. 光滑管　15. 转子流量计　16. 导压管　17. 温度计　18. 进水阀

本实训的介质为水。水流量采用涡轮流量计测量,直管段和闸阀的阻力分别用各自的倒U形差压计测量。

2. 实训装置二

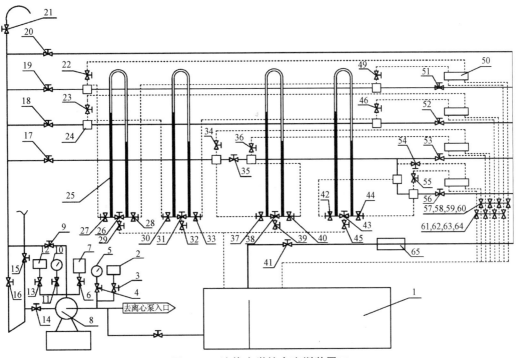

图 3－2　流体力学综合实训装置二

1. 水箱　2. 压力变送器　3、4. 球阀　5. 真空表　6. 球阀　7. 加水漏斗　8. 离心泵
9. 闸阀　10. 压力表　11. 球阀　12. 压力变送器　13. 球阀　14、15. 闸阀　16. 球阀
17—21. 球阀　22、23. 考克　24. 均压环　25. 倒 U 型压差计　26. 闸阀　27—30. 考克
31. 球阀　32—34. 考克　35. 闸阀　36、37. 考克　38. 闸阀　39、40. 考克　41. 球阀
42. 考克　43. 闸阀　44—49. 考克　50. 1151 压力变送器　51—53. 球阀　54、55. 考克
56. 球阀　57—64. 考克　65. 涡轮流量计

表 3－2　装置结构尺寸

名　称	材　质	管内径(mm)	测试段长度(m)
光滑管	不锈钢管	26.6	1.5
粗糙管	镀锌铁管	27.8	1.5
局部阻力	不锈钢管	26.6	/

水流量采用装在测试装置尾部的涡轮流量计测量,直管段和闸阀或 90°弯头的阻力分别用各自的倒 U 形差压计或 1151 差压传感器和数显表测得。倒 U 形差压计的使用方法见下节。

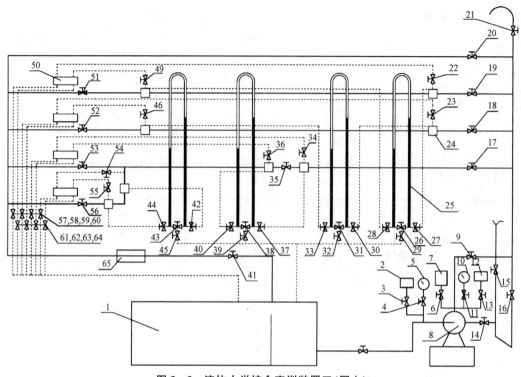

图 3-3　流体力学综合实训装置三(同上)

3.1.5　实训规程

1. 实训步骤

(1) 实训装置一

① 根据循环水的流动过程,熟悉实训装置,检查装置中的阀门是否关闭。

② 打开进水阀 18 给水箱补充水,水位以比水箱上边低 5～10 cm 为宜,必须保证管道出水口浸没在水中。

③ 启动管道泵(切记泵禁止无水空转)。

④ 打开阀 3、5、6、7、8 排尽管道中的空气及倒 U 型差压计引导管的空气,之后关阀 8。

⑤ 在管道内水静止(零流量)时,按倒 U 型差压计的使用方法将三个倒 U 形差压计调节到测量压差正常状态。

⑥ 关闭阀 6,打开阀 8,调节流量分别从 0～5.5 m³/h,测得 18 个点流量下对应的光滑管和粗糙管的阻力(压差 mmH₂O),分别记下倒 U 型差压计读数。注意:调节好流量后,须等一段时间,待水流稳定后才能读数,测完后关闭阀 8。

⑦ 关闭阀 5,打开阀 6,测得闸阀 7 全开时的局部阻力(流量设定为 1 m³/h,1.8 m³/h,2.6 m³/h,测三个点对应的压差,以求得平均的阻力系数)。

⑧ 仿测粗糙管压差操作测层流管压差。

⑨实训结束后打开阀 8 和阀 10,排尽水,以防锈和冬天防冻。

（2）实训装置二、三

① 给水箱（1）加水至水箱的 1/2～2/3。

② 熟悉实训装置，检查装置中的阀门是否关闭。

③ 打开放空阀阀（21）、离心泵出口阀（9）、灌泵阀（6）对离心泵进行灌泵排气。

④ 关闭放空阀阀（21）、离心泵出口阀（9）、灌泵阀（6）启动离心泵，完全打开离心泵的进口阀，出口阀（9）、阀（19）、阀（51）、阀（41）、考克（42）、（44）、（45）进行管道排气。

⑤ 在管道内水静止（零流量）时，按倒 U 形差压计的使用方法，将倒 U 形差压计调节到测量压差正常状态；打开考克（22）、（49）、（60）、（64）排尽 1151 差压传感器的测压导管内的气泡，然后关闭考克。打开 1151 差压传感器数据测量仪电源，记录零点数值（或校零、校零由指导教师完成）。

⑥ 调节阀（41）使管道的流量最大值不超过倒 U 型压差计的量程，找出倒 U 型压差计的最大流量，保持阀（41）的开度不变，然后调节阀（51），流量最大值到 0 m³/h 之间，测得 18 个点流量下对应的管的阻力（压差 mmH₂O），分别记下倒 U 型差压计读数。注意：调节好流量后，须等一段时间，待水流稳定后才能读数，分别记下倒 U 型压差计和 1151 差压传感器测量仪表的读数。注意：调节好流量后，须等一段时间，待水流稳定后才能读数，测完后关闭（51）、（19）。

⑦ 打开阀（18），按⑥测量管的阻力，测完后关闭（52）、（18）。

⑧ 打开阀（17），测得闸阀全开时的局部阻力（流量设定为 2 m³/h，3 m³/h，4 m³/h，测三个点对应的压差，以求得平均的阻力系数）；测完后关闭（56）、（41）、（9），关闭离心泵。

⑨ 打开管道的所有阀放尽管道、倒 U 型压差计的水，最后一组同学将水箱的水排尽，以防锈和冬天防冻。

2. 倒 U 形管差压计的调节

这种压差计，内充空气，待测液体液柱差表示了差压大小，一般用于测量液体小差压的场合。其结构如图 3-3 所示。

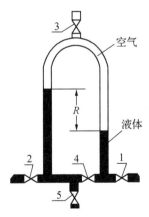

图 3-4　倒 U 型管差压计
1. 低压侧阀门　2. 高压侧阀门　3. 进气阀门　4. 平衡阀门　5. 出水活检

使用的具体步骤是:

(1)排出系统和导压管内的气泡。方法为:关闭进气阀门 3,打开出水活栓 5 以及平衡阀门 4,打开高压侧阀门 2 和低压侧阀门 1 使高位水槽的水经过系统管路、导压管、高压侧阀门 2、倒 U 形管、低压侧阀门 1 排出系统。

(2)玻璃管吸入空气。方法为:排空气泡后关闭阀 1 和阀 2,打开平衡阀 4、出水活栓 5 和进气阀 3,使玻璃管内的水排净并吸入空气。

(3)平衡水位。方法为:关闭阀 4、5、3,然后打开 1 和 2 两个阀门,让水进入玻璃管至平衡水位(此时系统中的出水阀门是关闭的,管路中的水在静止时 U 形管中水位是平衡的),最后关闭平衡阀 4,压差计即处于待用状态。

3.1.6　注意事项

开启、关闭管道上的各阀门及倒 U 型差压计上的阀门时,一定要缓慢开关,切忌用力过猛过大,防止测量仪表因突然受压、减压而受损(如玻璃管断裂、阀门滑丝等)。

3.1.7　实训报告

(1)根据粗糙管结果,在双对数坐标纸上标绘出 λ—Re 曲线,对照《化工原理》教材上有关公式,即可确定该管的相对粗糙度和绝对粗糙度。

(2)根据光滑管实训结果,在双对数坐标纸上标绘出 λ—Re 曲线,并对照柏拉修斯方程,计算其误差。

(3)根据局部阻力实训结果,求出闸阀全开、弯头时的平均 ξ 值。

(4)对实训结果进行分析讨论。

3.1.8　实训思考题

(1)在对装置做排气工作时,是否一定要关闭流程尾部的流量调节阀? 为什么?

(2)如何检验测试系统内的空气是否已经被排除干净?

(3)以水做介质所测得的 λ—Re 关系能否适用于其他流体? 如何应用?

(4)在不同设备上(包括不同管径),不同水温下测定的 λ—Re 数据能否关联在同一条曲线上?

(5)如果测压口、孔边缘有毛刺或安装不垂直,对静压的测量有何影响?

(6)本实训装置的流量调节阀为什么要安装在出口的下端?

3.1.9　实训数据记录

1. 一次性原始数据记录

水温:＿＿＿＿＿℃;光滑管管径 D＝＿＿＿＿＿m,粗糙管管径 D＝＿＿＿＿＿m,阻力管管径 D＝＿＿＿＿＿m,管长 L＝＿＿＿＿＿m,局部阻力管径 D＝＿＿＿＿＿m。

2. 原始数据记录表

表 3－3 光滑管原始数据表

序 号	流 量 (m³/h)	压差管读数(cmH₂O)	
		压差管左	压差管右
1			
2			
...			
18			

表 3－4 粗糙管原始数据表

序 号	流 量 (m³/h)	压差管读数(cmH₂O)	
		压差管左	压差管右
1			
2			
...			
18			

表 3－5 局部阻力原始数据表

序号	阀门			弯头		
	流量(m³/h)	压差管左 (cmH₂O)	压差管右 (cmH₂O)	流量(m³/h)	压差管左 (cmH₂O)	压差管右 (cmH₂O)
1						
2						
3						

3.2 离心泵性能综合实训

3.2.1 实训目的

(1) 了解离心泵结构与特性,学会离心泵的操作。

(2) 测定恒定转速条件下离心泵的有效扬程(H)、轴功率(N),以及总效率(η)与有效流量(Q)之间的曲线关系。

(3) 掌握离心泵流量调节的方法(阀门)和涡轮流量传感器及智能流量积算仪的工作原理和使用方法。

(4) 掌握测定管路特性曲线的方法。

(5) 掌握两台离心泵组合(串联和并联)的操作。

3.2.2　实训任务

（1）在同一张坐标纸上描绘一定转速下的 $H—Q$、$N—Q$、$\eta—Q$ 曲线。

（2）分析实训结果,判断泵较为适宜的工作范围。

（3）在同一张坐标纸上描绘泵Ⅰ、Ⅱ的 $H—Q$ 及串联的 $H—Q$ 曲线。

（4）在同一张坐标纸上绘制管路特性曲线。

3.2.3　实训原理

泵是输送液体的机械,工业上选择泵时,是根据生产工艺要求的流量和扬程,输送液体的性质和操作条件确定泵的类型和型号。对一定类型的泵来说,泵的特性主要是指在一定转速下,扬程、功率和效率与流量的关系。

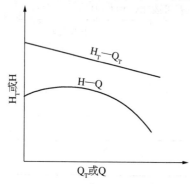

图 3-5　离心泵的 $H_T—Q_T$ 与 $H—Q$ 曲线

离心泵是化工生产中应用最为广泛的液体输送机械之一,其特性通常与液体的性质(如密度和黏度)、泵的结构尺寸(如叶轮直径)和泵的转速有关,影响因素很多。在理论上,假定流体为理想流体(无黏性),叶片无限多(理想叶轮),对于后弯叶片的泵,理论上流量与扬程的关系曲线,称为离心泵的理论特性曲线。实际上,叶轮的叶片数目是有限的,且输送的是实际液体。因此,液体并非完全沿叶片弯曲形状运动,而是在流道中产生与旋转方向不一致的旋转运动,称为轴向涡流。于是实际的圆周速度和绝对速度都较理想叶轮的要小,致使泵的压头降低。同时,实际液体流过叶片的间隙和泵内通道时伴有各种能量损失,因此离心泵的实际压头 H 小于理论压头 H_T。另外由于泵内存在各种泄漏损失,使离心泵的实际流量 Q 也低于理论流量 Q_T。所以离心泵的实际压头和实际流量关系曲线 $H—Q$ 应在理论 $H_T—Q_T$ 关系曲线的下方(见图 3-5)。

离心泵的特性曲线是选择和使用离心泵的重要依据之一,其特性曲线是在恒定转速下扬程 H、轴功率 N 及效率 η 与流量 Q 之间的关系曲线,它是流体在泵内流动规律的外部表现形式。由于泵内部流动情况复杂,在理论上是难以计算这一特性曲线,因此离心泵的特性只能采用实训的方法测定。

1.　单泵实训原理

（1）流量 Q 的测定与计算

采用涡轮流量计测量流量,智能流量积算仪显示流量值 $Q(m^3/h)$。

涡轮流量计是由涡轮、轴承、前置放大器、显示仪表组成。被测流体冲击涡轮叶片,使涡轮旋转,涡轮的转速随流量的变化而变化,即流量大,涡轮的转速也大,再经磁电转换装置把涡轮的转速转换为相应频率的电脉冲,经前置放大器放大后,送入显示仪表进行计数和显示,根据单位时间内的脉冲数和累计脉冲数即可求出瞬时流量和累积流量。

涡轮流量计传感器的工作原理是当流体沿着管道的轴线方向流动,并冲击涡轮叶片时,便有与流量 Q、流速 V 和流体密度 ρ 乘积成比例的力作用在叶片上,推动涡轮旋转。在涡轮旋转的同时,叶片周期性地切割电磁铁产生的磁力线,改变线圈的磁通量。根据电磁感应原理,在线圈内将感应出脉动的电势信号,此脉动信号的频率与被测流体的流量成正比。

（2）扬程 H 的测定与计算

在泵进、出口（真空表和压力表）取截面列伯努利方程:

$$H = \frac{p_2 - p_1}{\rho g} + \Delta Z + \frac{u_2^2 - u_1^2}{2g} \tag{3-12}$$

式中: p_1——泵入口处的真空表读数,MPa;

　　　p_2——泵出口处的压力表读数,MPa;

　　　ΔZ——压力表与真空表之间的垂直距离,m;

　　　u_1——泵吸入管内的流速,m/s;

　　　u_2——泵吸出管内的流速,m/s;

　　　g——重力加速度,9.81 m/s^2;

　　　ρ——液体密度,kg/m^3。

当泵进、出口管径一样,上式简化为:

$$H = \frac{p_2 - p_1}{\rho g} + \Delta Z \tag{3-13}$$

由式(3-13)可知:只要直接读出真空表、压力表上的数值和两表之间的垂直距离,就可以计算出泵的扬程。

注意的是,真空表和压力表的单位,计算时要进行单位换算。

（3）轴功率 N 的测量与计算

离心泵轴功率 N 是泵从电机接受的实际功率。

① 功率表测量法

采用功率表测量电机功率 $N_电$,由下式求得泵的轴功率:

$$N = N_电 \cdot \eta_电 \cdot \eta_转 \tag{3-14}$$

式中: $N_电$——电机的输入功率,kW;

　　　$\eta_电$——电机的效率,取 0.9;

　　　$\eta_转$——传动装置的传动效率,一般取 1.0。

② 马达天平法

轴功率可按下式进行计算:

$$N = Mw = M \times \frac{2\pi n}{60} = 9.81 \, mL \frac{2\pi n}{60} \tag{3-15}$$

式中: N——泵的轴功率,W;

　　　M——泵的转矩,N·m;

　　　w——泵的旋转角速度,1/m;

　　　m——测功臂上所加砝码的质量,kg;

　　　l——测功臂长,$l = 0.486\,7$ m。

由式(3-15)可知,要测量泵的轴功率,需要同时测定泵轴的转矩 M 和转速 n,泵轴的转速由 XJP-20A 数值式转速表直接测量。

(4) 效率 η 的计算

泵的效率 η 为泵的有效功率 N_e 与轴功率 N 的比值。有效功率 N_e 是流体单位时间内自泵得到的功,轴功率 N 是单位时间内泵从电机得到的功,两者差异反映了水力损失、容积损失和机械损失的大小。

泵的有效功率 N_e 可用下式计算:

$$N_e = HQ\rho g \tag{3-16}$$

故
$$\eta = \frac{N_e}{N} = \frac{HQ\rho g}{N} \tag{3-17}$$

(5) 转速改变时的换算

泵的特性曲线是在指定转速下的数据,就是说在某一特性曲线上的一切实训点,其转速都是相同的。但是,实际上感应电动机在转矩改变时,其转速会有变化,这样随着流量的变化,多个实训点的转速将有所差异,因此在绘制特性曲线之前,须将实测数据换算为平均转速下的数据。换算关系如下:

$$\left.\begin{array}{ll} 流量\ Q' = Q\dfrac{n'}{n} & 扬程\ H' = H\left(\dfrac{n'}{n}\right)^2 \\[3mm] 轴功率\ N' = N\left(\dfrac{n'}{n}\right)^3 & 效率\ \eta' = \dfrac{Q'H'\rho g}{N'} = \dfrac{QH\rho g}{N} = \eta \end{array}\right\} \tag{3-18}$$

离心泵的效率 η 有一最高点,称为设计点,与其对应的 Q、H 和 N 值称为最佳工况参数。离心泵应在泵的高效区内操作,即在不低于最高效率的 92% 的范围内操作。

(6) 管路特性曲线

当储槽和受液槽的截面积很大,流体流速很小,可以忽略不计时,管路特性方程表示如下:

$$H = A + BQ^2 \tag{3-19}$$

$$A = \Delta Z + \frac{\Delta p}{\rho g},\ B = \frac{8\left(\lambda\dfrac{l}{d} + \sum\xi\right)}{\pi^2 d^4 g} \tag{3-20}$$

固定的管路系统,在一定操作条件下进行操作时,A 为定值,B 与管路条件和阀门开度有关。本实训中固定阀门开度,因此 B 是常数。改变供电电源频率,相应电机转数变化,系统能量改变。在不同电机转数下测量系统流量和泵所提供的压头,绘制管路特性曲线,并确定参数 A、B 的值。

工业上,广泛利用泵的出口阀门调节离心泵的流量,实际上是利用阀门的开度改变管路特性曲线,从而达到调节的作用。从能量利用的角度看,这种方法并不合理。随着变频调速技术的发展,通过改变泵的转速达到调节流量的方法在生产领域被越来越多地采用,在经济上更为合理。

2. 泵组合实训原理

（1）离心泵串联操作特性曲线的测定

当单台泵工作不能提供所需要的压头（扬程）时，可用两台泵（或两台上）的串联方式工作。离心泵串联后，通过每台泵的流量 Q 是相同的，而合成压头是两台泵的压头之和。串联后的系统总特性曲线，是在同一流量下把两台泵对应扬程叠加起来就可得出泵串联的相应合成压头，从而可绘制出串联系统的总特性曲线 $(Q-H)_{串}$，串联特性曲线 $(Q-H)_{串}$ 上的任一点 M 的压头 H_M，为对应于相同流量 Q_M 的两台单泵 I 和 II 的压头 H_A 和 H_B 之和，即 $H_M = H_A + H_B$。

（2）离心泵并联操作特性曲线的测定

离心泵 I 和泵 II 并联后，在同一扬程（压头）下，其流量 $Q_{并}$ 是这两台泵的流量之和，$Q_{并} = Q_I + Q_{II}$。并联后的系统特性曲线，就是在相同扬程下，将两台泵特性曲线 $(Q-H)_I$ 和 $(Q-H)_{II}$ 上的对应的流量相加，得到并联后的各相应合成流量 $Q_{并}$，最后绘出 $(Q-H)_{并}$。根据以上所述，在 $(Q-H)_{并}$ 曲线上任一点 M，其相应的流量 Q_M 是对应具有相同扬程的两台泵相应流量 Q_A 和 Q_B 之和，即 $Q_M = Q_A + Q_B$。

3.2.4　实训装置及流程

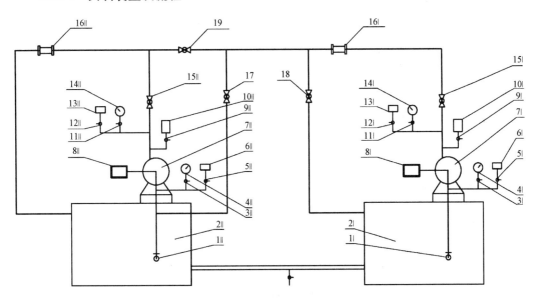

图 3-6　离心泵综合装置流程图（一）

1. 闸阀　2. 水箱　3. 球阀　4. 真空表　5. 球阀　6. 压力变送器　7. 离心泵　8. 变频器　9. 球阀　10. 灌泵水斗　11. 球阀　12. 球阀　13. 压力变送器　14. 压力表　15. 闸阀　16. 涡轮流量计　17. 闸阀　18. 闸阀　19. 闸阀

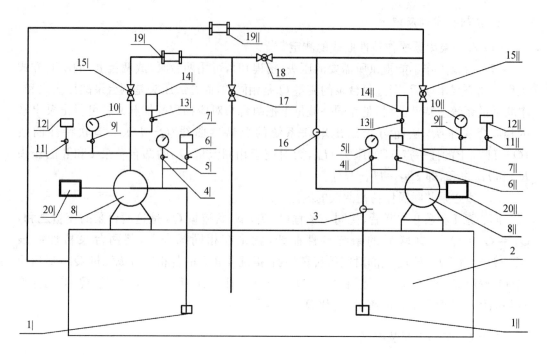

图 3 - 7 离心泵综合装置流程图(二)

1. 止回阀 2. 水箱 3. 球阀 4. 球阀 5. 真空表 6. 球阀 7. 压力变送器 8. 离心泵
9. 球阀 10. 压力表 11. 球阀 12. 压力变送器 13. 球阀 14. 灌泵水斗 15. 闸阀
16. 球阀 17. 闸阀 18. 闸阀 19. 涡轮流量计 20. 变频器

3.2.5 实训规程

1. 单泵实训操作

(1) 装置(一)单泵性能曲线测定操作

① 熟悉装置流程,检查装置中阀门是否关闭。

② 给水箱灌水至水箱 2/3~4/5 处。

③ 关闭离心泵进口阀 1,打开离心泵灌水阀 9、离心泵出口阀 15、阀 18,灌好水后关闭泵的出口阀 15、阀 18 与灌水阀门 9。

④ 打开总电源开关和仪表电源开关;离心泵控制按钮旋到开的位置(绿灯亮),启动离心泵,迅速把进口阀 1 开到最大,再把出水阀 15、阀 18 开到最大(注意阀 17、阀 19 关闭),开始实训。

⑤ 通过泵出口阀 15 调节流量:调节出口闸阀开度,使阀门全开,等流量稳定时,在仪表台上读出电机转速 n,流量 Q,水温 t,功率表 W,真空度 p_1 和出口压力 p_2 并记录;关小阀门减小流量,重复以上操作,测得另一流量下对应的各个数据,一般测定 15~18 个点为宜(注意 0~最大值之间)。

(2) 装置(一)管路特性曲线操作

① 将离心泵出口阀门 15 开到最大,调节变频器 8 改变转速来调节流量,等流量稳定

时,在仪表台上读出流量 Q,水温 t,真空度 p_1 和出口压力 p_2 并记录,一般测定 $8\sim10$ 个点为宜(注意 $0\sim$ 最大值之间)。

② 实训完毕,关闭水泵出口阀 15,准备进行泵组合操作。

(3) 装置(二)单泵性能曲线测定操作

① 熟悉装置流程,检查装置中阀门是否关闭。

② 给水箱灌水至水箱 $2/3\sim4/5$ 处。

③ 打开离心泵进口阀 3、灌水阀 13、离心泵出口阀 15、阀 17,灌好水后关闭泵的出口阀 15、阀 17 与灌水阀门 13。

④ 打开总电源开关和仪表电源开关;离心泵控制按钮旋到开的位置(绿灯亮),启动离心泵,迅速把出水阀 15、阀 17 开到最大(注意阀 16、阀 18 关闭),开始实训。

⑤ 通过泵出口阀 15 调节流量:调节出口闸阀开度,使阀门全开,等流量稳定时,在仪表台上读出电机转速 n,流量 Q,水温 t,功率表 W,真空度 p_1 和出口压力 p_2 并记录;关小阀门减小流量,重复以上操作,测得另一流量下对应的各个数据,一般测定 $15\sim18$ 个点为宜(注意 $0\sim$ 最大值之间)。

(4) 装置(二)管路特性曲线操作

① 将离心泵出口阀门 15 开到最大,调节变频器 20 改变转速来调节流量,等流量稳定时,在仪表台上读出流量 Q,水温 t,真空度 p_1 和出口压力 p_2 并记录,一般测定 $8\sim10$ 个点为宜(注意 $0\sim$ 最大值之间)。

② 实训完毕,关闭水泵出口阀 15,准备进行泵组合操作。

2. 泵组合实训操作

(1) 装置(一)

① 接管路特性曲线测定操作步骤 2,依次打开离心泵 2_I 的进口阀 1_I、出口阀 15_I,阀 17,调节阀 15_{II},使阀门全开,等流量稳定时,在仪表台上读出电机转速 n,涡轮流量计 16_{II} 的流量 Q_{II},水温 t,真空表 4_I 的真空度 p_1 和压力 12_{II} 表出口压力 p_2 并记录;关小阀门减小流量,重复以上操作,测得另一流量下对应的各个数据,一般测定 $15\sim18$ 个点为宜(注意 $0\sim$ 最大值之间)。

② 实训完毕,关闭水泵出口阀 15,准备进行泵组合操作。离心泵控制按钮旋到关的位置,停止水泵的运转,关闭以前打开的所有设备电源。

(2) 装置(二)

① 接管路特性曲线测定操作步骤 2,依次打开离心泵 8_I 的出口阀 15_I,阀 18,调节阀 15_{II},使阀门全开,等流量稳定时,在仪表台上读出电机转速 n,涡轮流量计 19_{II} 的流量 Q_{II},水温 t,真空表 5_I 的真空度 p_1 和压力 14_{II} 表出口压力 p_2 并记录;关小阀门减小流量,重复以上操作,测得另一流量下对应的各个数据,一般测定 $15\sim18$ 个点为宜(注意 $0\sim$ 最大值之间)。

② 实训完毕,关闭水泵出口阀 15,准备进行泵组合操作。离心泵控制按钮旋到关的位置,停止水泵的运转,关闭以前打开的所有设备电源。

3.2.6　注意事项

(1) 读真空表、压力表读数前一定将连接压力表和压力变送器的考克打开。

(2) 做单泵实训时,对于装置(一)阀 17、阀 19 必须关闭,对于装置(二)阀 16、阀 18 必须关闭。

(3) 做泵组合实训时,对于装置(一)阀 1$_{II}$ 必须关闭,对于装置(二)阀 3,阀 17 必须关闭。

3.2.7 实训报告

(1) 在同一张坐标纸上描绘一定转速下的 $H—Q$、$N—Q$、$\eta—Q$ 曲线。

(2) 分析实训结果,判断泵较为适宜的工作范围。

(3) 在同一张坐标纸上描绘泵 I、II 的 $H—Q$ 及串联的 $H—Q$ 曲线。

(4) 在同一张坐标纸上绘制管路特性曲线。

3.2.8 实训思考题

(1) 试从所测实训数据分析,离心泵在启动时为什么要关闭出口阀门?

(2) 启动离心泵之前为什么要引水灌泵? 如果灌泵后依然启动不起来,你认为可能的原因是什么?

(3) 为什么可以用泵的出口阀门调节流量? 这种方法有什么优缺点? 是否还有其他方法调节流量?

(4) 泵启动后,出口阀如果打不开,压力表读数是否会逐渐上升? 为什么?

(5) 正常工作的离心泵,采用进口阀门调节流量是否合理? 为什么?

(6) 试分析,用清水泵输送密度为 1 200 kg/m³ 的盐水(忽略黏度的影响),在相同流量下你认为泵的压力是否变化? 轴功率是否变化?

(7) 离心泵启动后,如不打开出口阀会有什么结果?

3.2.9 实训数据记录

1. 一次性原始数据记录

装置号_____,型号_____,水温_____℃,进口管径 _____mm,
出口管径 _____mm,压力表与真空表间垂直距离 _____cm。

2. 原始数据记录表

表 3 - 6 单泵原始数据表

序号	温度	流量	p_1	p_2	转速	泵功率
	(℃)	(m³/h)	(MPa)	(MPa)	(r/min)	(kW)
1						
2						
3						
4						
5						

（续表）

序号	温度 （℃）	流量 （m³/h）	p_1 （MPa）	p_2 （MPa）	转速 （r/min）	泵功率 （kW）
6						
…						
18						

表 3-7 单泵管路特性原始数据表

序号	温度 （℃）	流量 （m³/h）	p_1 （MPa）	p_2 （MPa）	转速 （r/min）
1					
2					
3					
4					
5					
…					
18					

表 3-8 泵串联原始数据表

实训次数	流量（m³/h）	真空表（MPa）	压力表（MPa）	转数（r/min）
1				
2				
3				
4				
5				
6				
…				
12				

3.3 过滤及洗涤综合实训

3.3.1 实训目的

（1）熟悉板框压滤机的构造和操作方法。

（2）通过恒压过滤实训，验证过滤基本原理。

（3）学会测定过滤常数 K、q_e、τ_e 及压缩性指数 s 的方法。

（4）了解操作压力对过滤速率的影响。

（5）学会滤饼洗涤操作。

（6）掌握过滤问题的简化工程处理方法。

3.3.2　实训任务

（1）由恒压过滤实训数据求过滤常数 K，q_e，τ_e。

（2）比较几种压差下的 K，q_e，τ_e 值，讨论压差变化对以上参数数值的影响。

（3）在直角坐标纸上绘制 $\lg K$—$\lg(\Delta p)$ 关系曲线，求出 S 及 K。

3.3.3　实训原理

过滤是以某种多孔物质作为介质来处理悬浮液的操作。在外力的作用下，悬浮液中的液体通过介质的孔道而固体颗粒被截流下来，从而实现固液分离，因此，过滤操作本质上是流体通过固体颗粒床层的流动，所不同的是这个固体颗粒层的厚度随着过滤过程的进行而不断增加，故在恒压过滤操作中，其过滤速率不断降低。

影响过滤速度的主要因素除压强差 $\triangle p$，滤饼厚度 L 外，还有滤饼和悬浮液的性质、悬浮液温度、过滤介质的阻力等，故难以用流体力学的方法处理。

比较过滤过程与流体经过固定床的流动可知：过滤速度即为流体通过固定床的表现速度 u。同时，流体在细小颗粒构成的滤饼空隙中的流动属于低雷诺数范围，因此，可利用流体通过固定床压降的简化模型，寻求滤液量与时间的关系。

过滤速率基本方程的一般形式：

$$\frac{\mathrm{d}V}{\mathrm{d}\tau} = \frac{A\Delta p^{1-s}}{\mu r'(L+L_e)} = \frac{A^2\Delta p^{1-S}}{\mu r'v(V+V_e)} \tag{3-21}$$

式中：V——τ 时间内的滤液量，m^3；

$\quad\quad V_e$——过滤介质的当量滤液体积，它是形成相当于滤布阻力的一层滤渣所得

$\quad\quad\quad\quad$的滤液体积，m^3；

$\quad\quad A$——过滤面积，m^2；

$\quad\quad \Delta p$——过滤的压降，Pa；

$\quad\quad \mu$——滤液黏度，$\mathrm{Pa \cdot s}$；

$\quad\quad v$——滤液体积与相应滤液体积之比，无量纲；

$\quad\quad r'$——单位压差下滤饼的比阻，$1/\mathrm{m}^2$；

$\quad\quad s$——滤饼的压缩指数，无量纲。一般地，$s=0\sim1$；对于不可压缩滤饼，$s=0$。

$$K = \frac{2(\Delta p_m)^{1-S}}{\mu r'v} \tag{3-22}$$

在恒压条件下积分，得如下恒压过滤方程：

$$(q+q_e)^2 = K(\tau+\tau_e) \tag{3-23}$$

式中：q——单位过滤面积的滤液体积，m^3/m^2；

$\qquad q_e$——单位过滤面积的虚拟滤液体积，m^3/m^2；

$\qquad \tau_e$——虚拟过滤时间，s；

$\qquad K$——过滤常数，是由物料特性及过滤压力差所决定的常数，m^2/s。

K、q_e、τ_e 三者总称为过滤常数，须通过恒压过滤实训测定。

对 (3-23) 式微分得：

$$\frac{\mathrm{d}\tau}{\mathrm{d}q} = \frac{2}{K}q + \frac{2}{K}q_e \tag{3-24}$$

上式是一个微分式，因此，为了便于测定和计算，用差分代替微分，式 (3-24) 改写成如下形式：

$$\frac{\Delta\tau}{\Delta q} = \frac{2}{K}q + \frac{2}{K}q_e \tag{3-25}$$

在某一压力 ΔP_{m1} 条件下进行过滤实训，用量筒和秒表分别测量和记录一系列滤液体积 ΔV_i 和其相对应的时间间隔 $\Delta \tau_i$，由 ΔV_i 除以过滤面积得 Δq_i。q_i 的取值的方法如下：

$$q_i = \sum_1^i \Delta q_i \ (i=1 \sim 8, q_0 = \Delta q_0 = 0) \tag{3-26}$$

在二维坐标系中以 q_i 为横坐标，以 $\dfrac{\Delta\tau_i}{\Delta q_i}$ 为纵坐标绘制一条直线，由该直线的斜率可计算出某一压力 Δp_{m1} 下的过滤常数 K_1，由该直线的截距可计算出滤布阻力当量滤液量 q_{e1}，根据 $\tau_e = \dfrac{q_e^2}{K}$，可求出相应的当量过滤时间 τ_{e1}。

用压力定值调节阀调节过滤压差（一般三个 $\Delta p_{m1} \sim \Delta p_{m3}$），测定并计算出相应压差下的过滤常数（$K_1 \sim K_3$），对式 (3-22) 两边取对数得：

$$\lg K = (1-S)\lg(\Delta p_m) + \lg\left(\frac{2}{\mu r'v}\right) \tag{3-27}$$

以 $\lg(\Delta p_m)$ 为横坐标，以 $\lg K$ 为纵坐标画图得一直线，由该直线的斜率便可求出滤饼的压缩指数 S。

3.3.4　实训流程图

本实训装置有空压机、配料槽、压力储槽、板框过滤机和压力定值调节阀等组成，其实训流程如图 3-8 所示。$CaCO_3$ 的悬浮液在配料桶内配置一定浓度后利用位差送入压力储槽中，用压缩空气加以搅拌使 $CaCO_3$ 不致沉降，同时利用压缩空气的压力将料浆送入板框过滤机过滤，滤液流入量筒或滤液量自动测量仪计量。

板框过滤机的结构尺寸如下：框厚度 38 mm，每个框过滤面积 0.024 m^2，框数 2 个。由配料槽配好的碳酸钙水悬浮液由压缩空气输送至压力槽，用压力定值调节阀调节压力槽内的压力至实训所需的压力,打开进料阀,碳酸钙水悬浮液依次进入板框压滤机的每一个滤框进行过滤,碳酸钙则被截留在滤框内并形成滤饼,滤液水被排出板框压滤机外由带刻度的量筒收集(图3-9所示)。

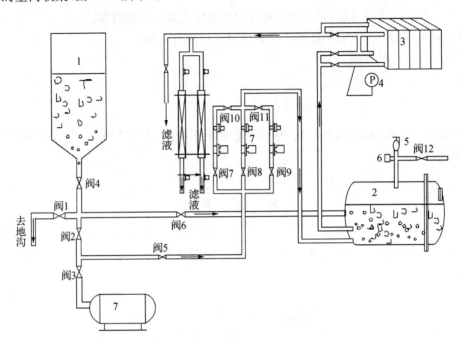

图 3-8 恒压过滤常数测定实训装置

1.端板 2.滤布 3.滤框 4.洗涤板 5.配料槽 6.压力储槽
7.料浆进口阀 8.放空阀 9.料浆进压滤机阀

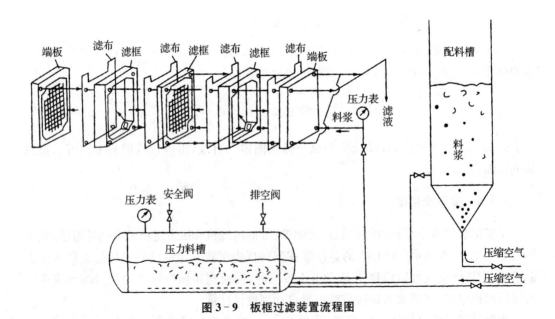

图 3-9 板框过滤装置流程图

3.3.5　实训操作规程

1. 恒压过滤常数测定实训步骤

(1) 熟悉实训装置流程。

(2) 悬浮液的配制：浓度为 10%（wt%）左右的 $CaCO_3$ 水悬浮液。

(3) 开启压缩机的开关（打到自动），依次打开压缩空气总阀 3、压缩空气配料槽阀 2 和配料底阀 4，用空气将碳酸钙与水搅拌混合均匀，注意配料底阀 4 不要开太大，以免碳酸钙悬浮液从配料槽 1 中喷出。

(4) 组装板框压滤机：将滤布用水浸湿，正确安装好滤板、滤布和滤框，然后用螺杆压紧。

(5) 在压力料槽排气阀 12 打开情况下，打开配料槽底阀 4、送料阀 6，使料液自动由配料槽流入压力料槽至视镜 1/2～2/3 处，关闭阀 6。

(6) 通压缩空气至压力料槽，使压力料槽滤浆不断搅拌。压力料槽的排气阀 12 应不断排气，但不能喷浆。

(7) 调节压力：打开压缩空气进入压力料槽阀 5，打开压力定值调节阀的进口阀 7 和出口阀 10，调节第一个恒压过滤的压力，测量仪显示压力稳定后，便可开始做过滤实训。

(8) 测定不同压力下，得到一定滤液所需时间：

① 准备好量筒和秒表，打开板框过滤机的进料阀和出水阀，滤液从汇集管流出开始计时。当量筒内的滤液量每次约为 $\Delta V \approx 800$ mL 时，开始切换量筒和秒表，记录下 8 个 ΔV 和相应的 8 个过滤时间 $\Delta \tau$，当塑料桶内的滤液放不下时，倒回配料槽 1。

② 第一个压力过滤实训做完后，关闭悬浮液进料阀，关闭阀 7 和阀 10，将水放进洗涤罐，关闭进水阀。打开洗水压缩空气阀，维持洗涤压力和过滤压力一致，开启洗水进口阀，进行洗涤，洗水穿过滤渣后流入计量筒，同时记录时间。测取有关数据，记录两组洗涤数据。洗涤完毕，关闭所有阀门，全开压力调节阀，待压力表读数为 0 时，旋开压紧螺杆，并将板框打开，卸出滤渣。清洗滤布，整理板框，重新组合，调节另一压力，进行下一次操作。打开阀 8，调节第二个恒压过滤的压力，当控制面板上的测量仪显示压力稳定后，便可开始做过滤实训，重复步骤(5)，记录下 8 个 ΔV 和相应的 8 个过滤时间 $\Delta \tau$。

③ 第二个压力过滤实训做完后，关闭悬浮液进料阀，关闭阀 8，打开阀 9 和阀 11，调节第三个恒压过滤的压力，当控制面板上的测量仪显示压力稳定后，便可开始做过滤实训，重复步骤(5)，记录下 8 个 ΔV 和相应的 8 个过滤时间 $\Delta \tau$，关闭进料阀和阀 9 和阀 11。

2. 滤饼洗涤实训步骤

(1) 当以上过滤步骤完成后，待过滤速率很慢，即滤饼满框，方可进行滤饼洗涤，此时将清水罐加水至 2/3 位置。

(2) 洗涤时，关闭 1 号通道。

(3) 关闭 2、4 出口通道。

(4) 打开压缩机和清水罐相连的阀门。

(5) 将压强表从 1 通道位置调到 2 通道位置。

（6）打开和 4 通道相连清水罐的阀门。

（7）从 3 通道接洗涤液。

（8）将剩余的悬浮液压回配料槽。打开阀 6 和 4，利用压力料槽 2 内的余压将剩余的悬浮液压回配料槽 1，然后关闭阀 4、6。慢慢打开阀 12，将压力料槽内的余压排放掉，并打开阀 10、阀 11 将压力定值阀内压退回至零，然后再关闭。

（9）打开压缩空气吹堵阀。分别开启滤浆管入口阀，使管内滤浆吹入滤浆罐及板框内，以防堵塞管路。

（10）拆洗板框压滤机：松开螺杆，拆下滤板、滤布和滤框，放在存有滤液的塑料桶内清洗滤饼直至干净为止，然后倒回配料槽。

3.3.6　实训注意事项

滤饼、滤液要全部回收到配料桶。

3.3.7　实训报告

（1）由恒压过滤实训数据求过滤常数 K,q_e,τ_e。
（2）比较几种压差下的 K,q_e,τ_e 值，讨论压差变化对以上参数数值的影响。
（3）在直角坐标纸上绘制 $\lg K—\lg(\Delta p)$ 关系曲线，求出 S 及 k。
（4）写出完整的过滤方程式，弄清其中各个参数的符号及意义。

3.3.8　实训思考题

（1）通过实训你认为过滤的一维模型是否适用？
（2）当操作压强增加一倍，其 K 值是否也增加一倍？要得到同样的过滤液，其过滤时间是否缩短了一半？
（3）影响过滤速率的主要因素有哪些？
（4）滤浆浓度和操作压强对过滤常数 K 值有何影响？
（5）为什么过滤开始时，滤液常常有点浑浊，而过段时间后才变清？
（6）实训数据中第一点有无偏低或偏高现象？如何对待第一点数据？

3.3.9　实训数据记录

表 3－9　过滤原始数据表

	压力 $p_1=$＿＿＿MPa		压力 $p_2=$＿＿＿MPa		压力 $p_3=$＿＿＿MPa	
序号	时间/s	滤液量/mL	时间/s	滤液量/mL	时间/s	滤液量/mL
1						
2						

1. 一次性原始数据记录
装置号＿＿＿＿，过滤框尺寸＿＿＿＿，滤框个数＿＿＿＿，圆直径＿＿＿＿
2. 原始数据记录表

（续表）

序号	压力 $p_1=$＿＿＿＿＿MPa		压力 $p_2=$＿＿＿＿＿MPa		压力 $p_3=$＿＿＿＿＿MPa	
	时间/s	滤液量/mL	时间/s	滤液量/mL	时间/s	滤液量/mL
3						
4						
5						
6						
7						
8						

3.4　换热器的操作及传热系数的测定实训

3.4.1　实训目的

（1）掌握过程分解和合成的工程方法在间壁对流传热过程中的应用。

（2）掌握套管换热器给热系数和总传热系数的测定方法。

（3）掌握确定传热膜系数准数关系式中的系数 A 和指数 m、n 的方法。

（4）通过实训提高对准数关系式的理解,分析影响 α 的因素,了解工程上强化传热的措施。

3.4.2　实训任务

（1）观察水蒸气在水平管外壁上的冷凝现象。

（2）测定水在圆形直管内强制对流给热系数 α 和总传热系数 K。

（3）按冷流体给热系数的模型式:$Nu/Pr^{0.4}=A Re^m$,确定式中常数 A 及 m。

3.4.3　实训原理

在化工生产和科学研究中经常采用间壁式换热器实现物料的加热和冷却。这种换热是冷热流体通过传热设备的固体壁面进行热量交换。

在套管换热器中,环隙通以水蒸气,内管管内通以水,水蒸气冷凝放热以加热水,在传热过程达到稳定后,忽略热量损失,则有

$$\rho VC_{pc}(t_2-t_1)=\alpha_o A_o (T-T_W)_m=\alpha_i A_i (t_W-t)=K_o A_o \Delta t_m \qquad (3-28)$$

式中:V——被加热流体(水)的体积流量,m^3/s;

ρ——被加热流体(水)定性温度 $t=\dfrac{(t_1+t_2)}{2}$ 的密度,kg/m^3;

C_{pc}——被加热流体(水)定性温度 $t=\dfrac{(t_1+t_2)}{2}$ 的比热,$J/(kg \cdot ℃)$;

t_1、t_2——被加热流体(水)的进、出口温度,℃;

α_o、α_i——水蒸气对内管外壁的冷凝给热系数和流体对内管内壁的对流给热系数,W/(m²·℃);

A_o、A_i——内管的外壁面、内壁面的面积,m²;

K_o——基于内管外表面积的总传热系数,W/(m²·℃);

$(T-T_W)_m$——水蒸气与外壁间的对数平均温度差,℃;

$(t_W-t)_m$——内壁与冷流体(水)间的对数平均温度差,℃;

Δt_m——水蒸气与水间的对数平均温差,℃。

当热流体是水蒸气时,则

$$(T-T_W)_m = \frac{(T_s-T_{W1})-(T_s-T_{W2})}{ln\dfrac{T_s-T_{W1}}{T_s-T_{W2}}} \tag{3-29}$$

$$(t_W-t)_m = \frac{(t_{W1}-t_1)-(t_{W2}-t_2)}{ln\dfrac{t_{W1}-t_1}{t_{W2}-t_2}} \tag{3-30}$$

$$\Delta t_m = \frac{(T_s-t_1)-(T_s-t_2)}{\ln\dfrac{T_s-t_1}{T_s-t_2}} \tag{3-31}$$

式中:T_s——蒸汽温度,℃;

T_{W1}、T_{W2}、t_{w1}、t_{w2}——外壁和内壁上进、出口温度,℃。

当内管材料导热性能很好,即 λ 值很大,且管壁厚度很薄时,可认为 $T_{w1}=t_{w1}$,$T_{w2}=t_{w2}$,即为所测得的该点的壁温。

由式(3-28)可得:

$$\alpha_o = \frac{V\rho C_{PC}(t_2-t_1)}{A_o(T-Tw)_m} \tag{3-32}$$

$$\alpha_i = \frac{V\rho C_{PC}(t_2-t_1)}{A_i(t_w-t)_m} \tag{3-33}$$

$$K_o = \frac{V\rho C_{PC}(t_2-t_1)}{A_o\Delta t_m} \tag{3-34}$$

若能测得被加热流体(水)的 V、t_1、t_2,内管的换热面积 A_o 或 A_i,以及水蒸气温度 T,壁温 T_{w1}、T_{w2},则可通过式(3-32)求得实测的水蒸气(平均)冷凝给热系数 α_o;通过式(3-33)求得实测的流体在管内的(平均)对流给热系数 α_i,通过式(3-34)求得总传热系数 K_o。

流体在直管内强制对流时的给热系数,可按下列半经验公式求得:

湍流时:

$$\alpha_i = 0.023\frac{\lambda}{d_i}Re^{0.8}Pr^{0.4} \tag{3-35}$$

式中：α_i——流体在直管内强制对流时的给热系数，W/(m² · ℃)；

　　　λ——流体的导热系数，W/(m² · ℃)；

　　　d_i——内管内径，m；

　　　Re——流体在管内的雷诺数，无量纲；

　　　Pr——流体的普朗特数，无量纲。

上式中，定性温度均为流体的平均温度，即 $t = (t_1 + t_2)/2$。

由量纲分析法可知：流体无相变时对流传热准数关系式的一般形式为：

$$Nu = A\,Re^m\,Pr^n\,Gr^P \tag{3-36}$$

式中：Nu——流体的努塞尔数，无量纲。且 $Re = \dfrac{du\rho}{\mu}$，$Pr = \dfrac{C_p u}{\lambda}$，$Nu = \dfrac{\alpha d}{\lambda}$。

对于强制湍流而言，Gr 数可忽略，即

$$Nu = A\,Re^m\,Pr^n \tag{3-37}$$

本实训可简化上式，即取 $n = 0.4$（流体被加热），这样式（3-36）变为单变量方程，在两边取对数，得到直线方程为：

$$\lg\frac{Nu}{Pr^{0.4}} = \lg A + m\lg Re \tag{3-38}$$

在双对数坐标中作图，求出直线斜率，即为方程的指数 m。代入（3-37）式则可得到系数 A，即

$$A = \frac{Nu}{Pr^{0.4}\,Re^m} \tag{3-39}$$

实训中改变水的流量，以改变 Re 值，根据定性温度（水进、出口温度的算术平均值）计算对应的 Pr 值。同时，由牛顿冷却定律，求出不同流速下的传热膜系数值，进而求得 Nu 值。

对于间壁式传热过程，可以分解成：① 热流体与固体壁面之间的对流传热过程；② 热量通过固体壁面的热传导过程；③ 固体壁面与冷流体之间的对流传热过程。在实训过程中应用分解的方法，不仅为了方便对总传热系数 K 的研究，而且是通过对 α_o、α_i 的测定，可知传热的阻力，从而找出过程强化的有效途径。由于本实训采用传热性能良好的紫铜管，其导热系数 λ 较大，且壁厚 δ 较小，因此总传热系数方程可以简化为：

$$\frac{1}{K} \approx \frac{1}{\alpha_o} + \frac{1}{\alpha_i} \tag{3-40}$$

若 $\alpha_o \gg \alpha_i$，K 值接近于 α_i，整个传热为冷流体的传热步骤控制；相反，$\alpha_o \ll \alpha_i$，K 值接近于 α_o，整个传热为热流体的传热步骤控制。

工程上，对于新型换热设备的设计或开发研究中，侧重于给热系数的计算或对其子过程的研究，而对于已有的换热设备的评价或核算，通常只需知道总传热系数 K 即可。

3.4.4 实训装置与流程

1. 实训装置

本实训装置由蒸汽发生器、套管换热器及温度传感器、智能显示仪表等构成。其实训装置流程如图 3-10 所示。

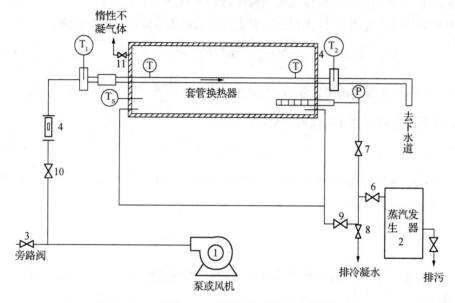

图 3-10 水蒸气—水对流给热系数测定实训流程图

1. 水泵　2. 蒸汽发生器　3. 旁路阀　4. 转子流量计　6. 蒸汽总阀　7. 蒸汽调节阀　8、9. 冷凝水排放阀　10. 水流量调节阀　11. 惰性气体排放阀

来自蒸汽发生器的水蒸气进入玻璃套管换热器,与冷水进行热交换,冷凝水经管道排入地沟。冷水经电动调节阀和 LWQ-15 型涡轮流量计进入套管换热器内管(紫铜管),热交换后进入下水道。水流量可用阀门调节或电动调节阀自动调节。

2. 设备与仪表规格

(1) 紫铜管规格:直径 $\varphi 16 \times 1.5$ mm,长度 $L = 1010$ mm;

(2) 外套玻璃管规格:直径 $\varphi 112 \times 6$ mm,长度 $L = 1010$ mm;

(3) 压力表规格:0~0.1 MPa。

3.4.5 实训操作规程

(1) 检查仪表、蒸汽发生器及测温点是否正常。

(2) 打开总电源开关、仪表电源开关、电加热电源开关。

(3) 蒸汽发生器中的温度达到设定值后,启动水泵,使内管通以一定量的冷水,排除管内空气。

(4) 排除蒸汽管线中原积存的冷凝水(方法是:关闭进系统的蒸汽总阀 6,打开蒸汽管凝结水排放阀 8)。

（5）排净后，关闭凝结水排放阀 8，打开进系统的蒸气调节阀 7，使蒸汽缓缓进入换热器环隙（切忌猛开，防止玻璃炸裂伤人）以加热套管换热器，再打开换热器冷凝水排放阀 8（冷凝水排放阀的开度不要开启过大，以免蒸汽泄漏），使环隙中冷凝水不断地排至地沟。

（6）仔细调节进系统蒸气调节阀 7 的开度，使蒸汽压力稳定保持在 0.02 MPa 以下（可通过微调惰性气体排空阀使压力达到需要的值），以保证在恒压条件下操作，再根据测试要求，由大到小逐渐调节冷水流量调节阀 10 的开度，合理确定 3～6 个实训点，待稳定后，分别从控制面板上读取各有关参数。

（7）实训结束，首先关闭蒸汽源总阀，切断设备的蒸汽来路，经一段时间后，再关闭冷水泵，关闭仪表电源开关及切断总电源。

3.4.6 实训注意事项

（1）一定要在套管换热器内管输以一定量的水，方可开启蒸汽阀门，且必须在排除蒸汽管线上原先积存的凝结水后，方可把蒸汽通入套管换热器中。

（2）开始通入蒸汽时，要缓慢打开蒸汽阀门，使蒸汽徐徐流入换热器中，逐渐加热，由"冷态"转变为"热态"不得少于 5 min，以防止玻璃管因突然受热、受压而爆裂。

（3）操作过程中，蒸汽压力一般控制在 0.02 MPa（表压）以下，因为在此条件下压力比较容易控制。

（4）测定各参数时，必须是在稳定传热状态下，并且随时注意惰气的排空和压力表读数的调整。每组数据应重复 2～3 次，确认数据的再现性、可靠性。

3.4.7 实训报告

（1）观察水蒸气在水平管外壁上的冷凝现象。
（2）测定水在圆形直管内强制对流给热系数 α 和总传热系数 K。
（3）按冷流体给热系数的模型式：$Nu/Pr^{0.4}=A\,Re^m$，确定式中常数 A 及 m。

3.4.8 实训思考题

（1）实训中冷流体和蒸汽的流向，对传热效果有何影响？
（2）蒸汽冷凝过程中，若存在不冷凝气体，对传热有何影响？应采取什么措施？
（3）实训过程中，冷凝水不及时排走，会产生什么影响？如何及时排走冷凝水？
（4）实训中，所测定的壁温一般是接近蒸汽温度还是冷水温度？为什么？
（5）如果采用不同压强的蒸汽进行实训，对 α 关联式有何影响？
（6）为提高总传热系数 K，可采用哪些方法？其中最有效的方法是什么？

3.4.9 实训数据记录

表 3-10 传热实训原始数据

1. 一次性原始数据记录
紫铜管规格:直径$\varphi16\times1.5$ mm,长度$L=1010$ mm
2. 原始数据记录

实训次数	流量 V (m³/h)	t_1 (℃)	t_2 (℃)	T_{W1} (℃)	T_{W1} (℃)	T_s (℃)	p (kPa)
1							
2							
3							

3.5 填料吸收塔的操作及吸收传质系数的测定实训

3.5.1 实训目的

(1) 了解填料塔吸收装置的基本结构及流程。
(2) 掌握吸收总体积传质系数 $K_x a$ 的测定方法。
(3) 测定填料塔的流体力学性能。
(4) 了解气体空塔速度和液体喷淋密度对总体积传质系数的影响。
(5) 了解气相色谱仪和六通阀在线检测 CO_2 浓度和测量方法。

3.5.2 实训任务

(1) 观察填料塔流体力学状况,测定压降与气速的关系曲线。
(2) 掌握液相体积总传质系数 $K_x a$ 的测定方法并分析影响因素。

3.5.3 实训原理

吸收过程是依据气相中各溶质组分在液相中的溶解度不同而分离气体混合物的单元操作。在化工生产中,吸收操作广泛用于气体原料净化、有用组分的回收、产品制取和废气治理等方面。在吸收过程研究中,对吸收过程本身的特点或规律进行吸收剂的选择、确定影响吸收过程的主要因素、测定吸收速率等;还对吸收设备进行开发,为吸收过程工艺设计提供依据,或为过程的改进及强化提供方向。着重开发新型高效的吸收设备。

由于 CO_2 气体无味、无毒、廉价,所以气体吸收实训选择 CO_2 作为溶质组分是最为适宜的。本实训采用清水吸收空气中的 CO_2 组分。一般将配置的原料气中的 CO_2 浓度控制在 10% 以内,所以吸收的计算方法可按低浓度来处理。又 CO_2 在水中的溶解度很小,所以此体系 CO_2 气体的吸收过程属于液膜控制过程。因此,本实训主要测定 $K_x a$ 和 H_{OL}。

1. 填料塔流体力学特性

填料塔一般由以下几部分构成：① 填料；② 壳体；③ 填料支撑板；④ 液体预分布器；⑤ 液体再分布器等，其中填料是气液接触的媒介，作用是使塔顶流下的流体沿填料表面散布成大面积的液膜，使塔底上升的气体增强湍动，从而为气液传质提供良好的条件。液体预分布器装置的作用是使得液体在塔内有一定良好的均匀分布。而液体在从塔顶向下流动的过程中，由于靠近塔壁处空隙大，阻力小，液体有逐渐向塔壁汇集的倾向，使得液体分布变差。液体再分布器的作用是将靠近塔壁处的液体收集后再重新分布。

气体通过干填料层时，流体流动引起的压降和湍流流动引起的压降规律相一致。在双对数坐标系中 $\triangle p/z$ 对 G' 作图得到一条斜率为 1.8～2 的直线（图 3 - 10 中的 aa 线）。而有喷淋量时，在低气速时（c 点以前）压降也比例于气速的 1.8～2 次幂，但大于同一气速下干填料的压降（图中 bc 段）。随气速增加，出现载点（图中 c 点），持液量开始增大。图中不难看出载点的位置不是十分明确，说明气液两相流动的相互影响开始出现。压降-气速线向上弯曲，斜率变徒（图中 cd 段）。当气体增至液泛点（图中 d 点，实训中可以目测出）后在几乎不变的

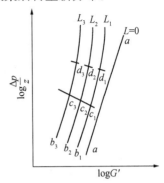

图 3 - 10 填料塔流体力学性能图

气速下，压降急剧上升，此时液相完全转为连续相，气相完全转为分散相，塔内液体返混合气体的液沫夹带现象严重，传质效果极差。

测定填料塔的压降和液泛气速是为了计算填料塔所需动力消耗和确定填料塔的适宜操作范围，选择合适的气液负荷。实训可用空气与水进行。在各种喷淋量下，逐步增大气速，记录必要的数据直至刚出现液泛时止。但必须注意，不要使气速过大超过泛点，避免冲跑和冲破填料。

2. 传质系数 $K_x\alpha$ 的测定计算公式

（1）填料层高度 Z 的计算：

$$Z = \int_0^Z dz = \frac{L}{K_X\alpha\Omega}\int_{X_2}^{X_1}\frac{dX}{X^* - X} = H_{OL} \cdot N_{OL} \qquad (3-41)$$

式中：L——单位时间内通过吸收塔的溶剂量，kmol/s；

$\quad\quad K_X\alpha$——液相总体积吸收系数，kmol/(m³ · s)；

$\quad\quad \alpha$——单位体积填料层内的有效接触面积（有效比表面积），m²/m³；

$\quad\quad \Omega$——塔截面积，m²；

$\quad\quad H_{OL}$——以液相为推动力的总传质单元高度，m；

$\quad\quad N_{OL}$——以液相为推动力的总传质单元数，无量纲。

由于 α 的大小与物系对填料表面的润湿性和气液流动状况有关，工程上为方便起见，将 K_X 和 α 合并为一个常数。即为 $K_X\alpha$，称为液相总体积吸收系数。

（2）总传质单元高度 H_{OL} 的计算

$$H_{OL} = \frac{L}{K_X a \Omega} \qquad (3-42)$$

（3）吸收液浓度的计算

由吸收过程物料衡算：

$$L(X_1 - X_2) = V(Y_1 - Y_2) \qquad (3-43)$$

式中：L——单位时间内通过吸收塔的水量，kmol/s；

V——单位时间内通过吸收塔的空气量，kmol/s；

Y_1、Y_2——分别为进塔及出塔气体中空气的物质的量之比，kmol(A)/kmol(B)；

X_1、X_2——分别为进塔及出塔液体中二氧化碳的物质的量之比，kmol(A)/kmol(B)。

只要测出 L、V、Y_1、Y_2，又因清水进塔，故 $X_2 = 0$，由式（3-43）求出 X_1。

（4）总传质单元数 N_{OL} 的计算

① 吸收因数法

本实训的平衡关系可写成

$$Y = mX \qquad (3-44)$$

式中：m——相平衡常数，$m = E/p$；

E——亨利系数，$E = f(t)$，Pa，根据液相温度测定值由附录查得；

p——总压，Pa，取压力表指示值。

$$N_{OL} = \frac{1}{1-A} \ln \left[(1-A) \frac{Y_1 - mX_2}{Y_1 - mX_1} + A \right] \qquad (3-45)$$

式中：A——吸收因数，取 $A = \dfrac{L}{Vm}$，无量纲。

② 对数平均推动力法

$$N_{OL} = \frac{X_1 - X_2}{\Delta X_m} \qquad (3-46)$$

$$\Delta X_m = \frac{\left(\dfrac{Y_1}{m} - X_1 \right) - \left(\dfrac{Y_2}{m} - X_2 \right)}{\ln \dfrac{\dfrac{Y_1}{m} - X_1}{\dfrac{Y_2}{m} - X_2}} \qquad (3-47)$$

对清水而言，$X_2 = 0$，由全塔物料衡算 $G(Y_1 - Y_2) = L(X_1 - X_2)$ 可得 X_1。

3. 测定方法

（1）空气流量和水流量的测定

本实训采用转子流量计测得空气和水的流量，并根据实训条件（温度和压力）和有关公式换算成空气和水的摩尔流量。

空气的摩尔流量：

$$V = \frac{V_示}{22.4} \frac{T_0}{P_0} \sqrt{\frac{p_校}{T_校} \frac{p_实}{T_实}} \qquad (3-48)$$

式中：V——单位时间内通过吸收塔的空气量，kmol/h；

$V_示$——转子流量计的读数，m^3/h；

T_0、P_0——标况下的温度、压强，$T_0 = 273K$，$P_0 = 101.33\ kPa$；

$T_校$、$P_校$——转子流量计刻度下的温度、压强，$T_校 = 293K$，$P_校 = 101.33\ kPa$；

$T_实$、$P_实$——实训实际的温度、压强。

水的流量由涡轮流量计测定：

$$L = \frac{仪表读数 \times \rho}{18 \times 1\,000} \qquad (3-49)$$

式中：L——单位时间内通过吸收塔的水量，kmol/h；

ρ——水的密度，kg/m^3。

(2) 测定塔顶和塔底气相组成 y_1 和 y_2

采用六通阀进样，气相色谱分析塔顶和塔底 CO_2 气体的含量。

3.5.4　实训装置与流程

本实训装置流程如图 3-11 所示，液体经转子流量计后送入填料塔塔顶再经喷淋头喷淋。

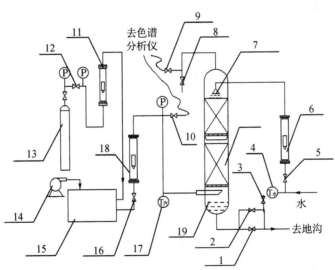

图 3-11　吸收装置流程图

1、2. 球阀　3. 排气阀　4. 液体温度计　5. 液体调节阀　6. 液体流量计　7. 液体喷淋器
8. 塔顶出气阀　9. 塔顶气体取样阀　10. 塔底气体取样阀　11. 溶质气体流量计气体
12. 钢瓶减压阀　13. 钢瓶　14. 风机　15. 混合稳压罐　16. 气体调节阀　17. 气体温度
计　18. 混合气流量计　19. 液封

在填料顶层,由风机输送来的空气和由钢瓶输送来的二氧化碳气体混合后,一起进入气体混合稳压罐,然后经转子流量计计量后进入塔底,与水在塔内进行逆流接触,进行质量和热量的交换,由塔顶出来的尾气放空,由于本实训为低浓度气体的吸收,所以热量交换可略,整个实训过程可看成是等温吸收过程。

3.5.5 实训操作规范

1. 填料塔流体力学测定操作

(1) 熟悉实训流程,检查各仪表开关阀门是否到位。

(2) 装置上电,仪表电源上电,打开风机电源开关。

(3) 测定干塔时填料塔的压降,即在进水阀关闭时,打开进气阀并调节流量从 $2\ m^3/h$、$4\ m^3/h$、$6\ m^3/h$、$8\ m^3/h$、$10\ m^3/h$……至最大,分别读取对应流量下的压降值,注意塔底液位调节阀要关闭,否则气体会走短路,尾气放空阀全开。

(4) 测定一定喷淋量时填料塔的压降,即打开进水阀,设定一定的水流量值,如 $200\ L/h$、$400\ L/h$、$600\ L/h$、$800\ L/h$ 时,在对应的某水流量下,调节气体的流量,从 $2\ m^3/h$、$4\ m^3/h$、$6\ m^3/h$、$8\ m^3/h$、$10\ m^3/h$……至最大(液泛),分别读取对应流量下的压降值,注意塔底液位调节阀2要调节液封高度,以免气体走短路,尾气放空阀全开。

2. 传质系数测定实训步骤

(1) 熟悉实训流程和弄清气相色谱仪及其配套仪器结构、原理、使用方法及其注意事项;检查各仪表开关阀门是否到位。

(2) 装置上电,仪表电源上电,打开水泵电源开关。

(3) 开启进水总阀,使水流量达到 $400\ L/h$ 左右。让水进入填料塔润湿填料。

(4) 塔底液封控制:仔细调节液位阀门的开度,使塔底液位缓慢地在一段区间内变化,以免塔底液封过高溢满或过低而泄气。

(5) 打开 CO_2 钢瓶总阀,并缓慢调节钢瓶的减压阀(注意减压阀的开关方向与普通阀门的开关方向相反,顺时针为开,逆时针为关),使其压力稳定在 $0.2\ MPa$ 左右。

(6) 仔细调节空气流量阀至 $4\ m^3/h$,并调节 CO_2 转子流量计的流量,使其稳定在 $120\ L/h$。

(7) 仔细调节尾气放空阀的开度,直至塔中压力稳定在实训值。

(8) 待塔操作稳定后,读取各流量计的读数及通过温度数显表、压力表读取各温度、压力,通过六通阀在线进样,利用气相色谱仪分析出塔顶、塔底气相组成。

(9) 增大水流量值至 $600\ L/h$、$800\ L/h$,重复步骤(6)、(7)、(8),测定水流量增大对传质的影响。

(10) 实训完毕,关闭 CO_2 钢瓶总阀,再关闭风机电源开关、关闭仪表电源开关,清理实训仪器和实训场地。

3.5.6 实训注意事项

(1) 固定好操作点后,应随时注意调整以保持各量不变。

(2) 在填料塔操作条件改变后,需要有较长的稳定时间,一定要等到稳定以后方能读取有关数据。

3.5.7　实训报告

(1) 计算并确定干填料及一定喷淋量下的湿填料在不同气速 u 下,与其相应的单位填料高度压降 $\dfrac{\Delta p}{Z}$ 的关系曲线,并在双对数坐标中作图,找出泛点和载点。

(2) 计算实训条件下(一定喷淋量、一定空塔气速)的液相体积总传质系数 $K_{x}a$ 及液相总传质单元高度 N_{OL}。

3.5.8　实训思考题

(1) 本实训中,为什么塔底要有液封?液封高度如何计算?
(2) 测定 $K_{x}a$ 有什么工程意义?
(3) 为什么二氧化碳吸收过程属于液膜控制?
(4) 当气体温度和液体温度不同时,应用什么温度计算亨利系数?

3.5.9　实训数据记录

表 3-11　填料塔压降与空塔气速原始数据表(干塔)

1. 一次性原始数据记录 装置号_____,吸收塔内径 d:_____ m,填料高度 Z:_____ m。 2. 原始数据记录				
序　号	空气温度(℃)	空气流量(m³/h)	空气压力(Pa)	塔压降(Pa)
1				
2				
3				
4				
5				
6				
7				

表 3-12　填料塔压降与空塔气速原始数据表($L=100$ L/h)

1. 一次性原始数据记录 装置号_____,解吸塔内径 d:_____ m,填料高度 ΔZ:_____ m,水流量__100__ L/h。 2. 原始数据记录				
序　号	空气温度(℃)	空气流量(m³/h)	空气压力(Pa)	塔压降(Pa)
1				
2				
3				

（续表）

序　号	空气温度(℃)	空气流量(m³/h)	空气压力(Pa)	塔压降(Pa)
4				
5				
6				

表 3-13　填料塔压降与空塔气速数据表(L＝150 L/h)

1. 一次性原始数据记录

装置号＿＿＿＿＿＿，解吸塔内径 d：＿＿＿＿＿＿ m，填料高度 ΔZ：＿＿＿＿＿＿ m，水流量 __150__ L/h。

2. 原始数据记录

序号	空气温度(℃)	空气流量(m³/h)	空气压力(Pa)	塔压降(Pa)
1				
2				
3				
4				
5				
6				
7				

表 3-14　传质实训原始数据表

1. 一次性原始数据记录

装置号＿＿＿＿＿＿，解吸塔内径：＿＿＿＿＿＿ m，填料高度：＿＿＿＿＿＿ m，空气流量 ＿＿＿＿＿＿ m³/h，二氧化碳流量 ＿＿＿＿＿＿ L/h。

2. 原始数据记录

序号	空气流量 (m³/h)	水流量 (L/h)	气体温度 (℃)	液体温度 (℃)	塔底组成 (wt%)	塔顶组成 (wt%)
1						
2						
3						

表 3-15　二氧化碳水溶液的亨利系数

气体	温度(℃)											
	0	5	10	15	20	25	30	35	40	45	50	60
	$E \times 10^{-5}$ (kPa)											
CO_2	0.738	0.888	1.050	1.240	1.440	1.660	1.880	2.120	2.360	2.600	2.870	3.46

3.6　精馏塔的操作及精馏塔效率的测定实训

3.6.1　实训目的

(1) 熟悉精馏塔的基本结构及流程。

(2) 掌握全回流时板式精馏塔的全塔效率、单板效率及填料精馏塔等板高度的测定方法。

(3) 掌握连续精馏塔的操作方法及调节方法。

(4) 学会使用气相色谱仪测定混合物的组成。

3.6.2　实训任务

(1) 采用乙醇-正丙醇物系测定板式精馏塔的全塔效率、单板效率及填料精馏塔等板高度的测定方法。

(2) 在部分回流条件下进行连续精馏操作,在规定时间内完成 500 mL 乙醇产品的生产任务,并要求塔顶产品中的乙醇体积分数大于 93%,同时塔釜出料中乙醇体积小于 3%。

3.6.3　实训原理

蒸馏单元操作是一种分离液体混合物常用的有效的方法,其依据是液体中各组分挥发度的差异。它在石油化工、轻工、医药等行业有着广泛的用途。在化工生产中,把含有多次部分汽化与冷凝且有回流的蒸馏操作称为精馏。精馏过程在精馏塔内完成。根据精馏塔内气、液接触构件的结构形式,精馏塔分为板式塔和填料塔两大类。按塔内气、液接触方式,有逐级接触式和微分(连续)接触之分。

板式塔内设置一定数量的塔板,气体通常以泡沫状或喷射状穿过板上的液层,进行传质与传热。在正常操作下,气相为分散相,液相为连续相,气相组成呈阶梯变化,属逐级接触逆流操作过程。

填料塔内装有一定高度的填料层,液体自塔顶沿填料表面下流,气体逆流向上流动,气、液两相密切接触进行传质与传热。在正常操作下,气相为连续相,液相为分散相,气相组成呈连续变化,属微分接触逆流操作过程。

本实训采用乙醇-正丙醇体系,在全回流状态下测定板式精馏塔的全塔效率 E_T、单板效率 E_M 及填料精馏塔的等板高度 $HETP$。

1. 板式精馏塔

塔板效率是反映实际塔板的气、液两相传质的完善程度,是精馏塔设计的重要参数之一。塔板效率有总板效率(全塔效率)E_T、单板效率 E_M 和点效率等。影响塔板效率的因素很多,如塔板结构、操作条件、物系性质等。影响塔板效率的因素多而复杂,很难找到各种因素之间的定量关系。迄今为止,塔板效率的计算问题尚未得到很好的解决,一般还是通过实训的方法。

工程上有实际意义的是在全回流条件下测定全塔效率。板式精馏塔的全塔效率定义为完成一定的分离任务所需的理论塔板数 N_T 与实际塔板数 N_P 之比。在实际生产中,每块塔板上的气液接触状况及分离效率均不相同,因此全塔效率只是反应塔内全部塔板的平均分离效率,计算公式如下:

$$E_T = \frac{N_T - 1}{N_P} \times 100\% \tag{3-50}$$

式中:N_T——全回流下的理论板数(包括塔釜);

N_P——精馏塔的实际塔板数。

当板式精馏塔处于全回流稳定状态时,取塔顶产品样分析得塔顶产品中轻组分摩尔分率 x_D,取塔底产品样分析得塔底产品中轻组分摩尔分率 x_w,即可根据物系的相平衡关系,在 $y-x$ 图作图法求出 N_T,而实际塔板数已知 $N_P=16$,把 N_T 代入式(3-48)即可求出全塔效率 E_T。

全塔效率只是反映了塔内全部塔板的平均效率,所以有时也叫总板效率,但它不能反映具体每一块塔板的效率。单板效率有两种表示方法,一种是经过某塔板的气相浓度变化来表示的单板效率,称之为气相默弗里单板效率 E_{mV},计算公式如下:

$$E_{mV} = \frac{y_n - y_{n+1}}{y_n^* - y_{n+1}} \tag{3-51}$$

式中:y_n——离开第 n 块板的气相组成;

y_{n+1}——离开第 $(n+1)$ 块、到达第 n 板的气相组成;

y_n^*——与离开第 n 块板液相组成 x_n 成平衡关系的气相组成。

因此,只要测出 x_n、y_n、y_{n+1},通过平衡关系由 x_n 计算出 y_n^*,则根据式(3-51)就可计算默弗里气相单板效率 E_{mV}。

单板效率的另一种表示方法为经过某块塔板液相浓度的变化,称之为液相默弗里单板效率,用 E_{mL} 来表示,计算公式如下:

$$E_{mL} = \frac{x_{n1} - x_n}{x_{n1} - x_n^*} \tag{3-52}$$

式中:x_{n-1}——离开第 $n-1$ 板到达第 n 板的液相组成;

x_n——离开第 n 板的液相组成;

x_n^*——与离开第 n 板气相组成 y_n 成平衡关系的液相组成。

因此,只要测出 x_{n-1}、x_n、y_n,通过平衡关系由 y_n 计算出 x_n^*,则根据式(3-52)就可计算默弗里气相单板效率 E_{mL}。

2. 填料精馏塔

等板高度(HETP)是与一层理论板的传质作用相当的填料层高度,也称理论板高度。等板高度愈小,填料层的传质效率愈高,则完成一定分离任务所需的调料层的总高度愈低。等板高度不仅取决于填料的类型与尺寸,而且受系统物系、操作条件及设备尺寸的影响。等板高度的计算,迄今尚无满意的方法,一般通过实训测定。

$$HETP = \frac{Z}{N_T} \qquad (3-53)$$

式中：Z——精馏塔填料层的高度，m；

　　　N_T——理论板层数。

3. 精馏塔的操作及调节

精馏塔操作的目的指标包括质量指标和产量指标。质量指标是指塔顶产品和塔底产品都要达到一定的分离要求；产量指标是指在规定的时间内要获得一定数量的合格产品。操作过程中调节的目的是要求根据精馏过程的原理，采用相应的控制手段，调整某些工艺操作参数，保证生产过程稳定连续地进行，并满足过程的质量指标和产量指标。

（1）精馏过程的稳定操作

① 严格维持精馏塔内的总物料平衡和组分物料平衡，即要满足：

$$F = W + D \qquad (3-54-1)$$

$$Fx_F = Wx_W + Dx_D \qquad (3-54-2)$$

式中：F——原料液流量，kmol/h；

　　　D——塔顶产品（馏出液）流量，kmol/h；

　　　W——塔底产品（釜残液）流量，kmol/h；

　　　x_F——原料液中易挥发组分的摩尔分数；

　　　x_D——馏出液中易挥发组分的摩尔分数；

　　　x_W——釜残液中易挥发组分的摩尔分数。

当总物料不平衡时，若进料量大于出料量，会引起淹塔；相反，若出料量大于进料量，则会导致塔釜干料，最终都将破坏精馏塔的正常操作。

由式（3-52）得到：

$$\frac{D}{F} = \frac{x_F - x_W}{x_D - x_W} \qquad (3-55-1)$$

$$\frac{W}{F} = 1 - \frac{D}{F} \qquad (3-55-2)$$

式中：$\dfrac{D}{F}$——塔顶的采出率；

　　　$\dfrac{W}{F}$——塔底的采出率。

在进料量 F、进料组成 x_F 及产品要求 x_D、x_W 一定的情况下，塔顶和塔底采出率要受到物料衡算的制约。若采出率控制不当，即使再增大回流比或增加塔高（塔板数或填料高度），也不能保证同时获得合格的塔顶产品和塔底产品。

② 在塔板数（或填料高度）一定的情况下，要保持足够的回流比，才能保证精馏分离的效果。回流比的大小可根据理论计算或通过实训测定确定。

（2）精馏塔要维持的正常操作现象

在精馏塔操作过程中，塔内要维持正常的气液负荷，避免发生以下的不正常操作状况。

① 严重的雾沫夹带现象

在板式精馏塔操作过程中，上升气流穿过塔板上上液层时，将板上液体夹带至上层塔板，这种现象称为雾沫夹带。雾沫的生成固然可增大气、液两相的传质面积，但过量的雾沫夹带造成液相在塔板间的返混，严重时会造成雾沫夹带液泛，从而导致塔板效率严重下降。为了保证板式塔能维持正常的操作，生产中将雾沫夹带量 e_V 控制在 <0.1 kg(液)/kg(气)。操作气速过大是导致过量雾沫夹带的主要原因。

② 严重的漏液现象

在板式精馏塔操作过程中，液相和气相在塔板上呈错流接触，但是，当操作气速过小时，气体通过升气孔道的动压不足以阻止板上液体经孔道留下时，便会出现漏液现象。这种漏液现象对精馏过程是不利的，它使气、液两相不能充分接触。漏液严重时，将使塔板上不能积液而不能正常操作。

③ 液泛

由于降液管通过能力的限制，当气液负荷增大到一定程度，或塔内某塔板的降液管有堵塞现象时，降液管内的清液层高度将增加，当降液管液面升至溢流堰板上沿时，降液管内的液体流量为其极限流量，若液体流量超过此极限值，塔板上开始积液，最终会使全塔充满液体，引起液泛，破坏塔的正常操作。

塔釜压降是精馏塔一个重要的操作控制参数，它反映了塔内气液两相的流体力学状况。当塔内发生严重雾沫夹带时，塔釜压降将增大。若塔釜压降急剧上升，则表明塔内可能已发生液泛；如果塔釜压降过小，则表明塔内已发生严重漏液。通常情况下，设计完善的精馏塔应有适当的操作压降范围。

3. 精馏塔操作过程的调节

精馏操作条件的变化或外界的扰动，会引起精馏塔操作的不稳定。在操作过程中必须及时予以调节，否则将影响分离效果，使产品质量不合格。

(1) 塔顶采出率 D/F 过大所引发的现象及调节方法

当进料条件和分离要求已经确定后，在正常情况下，塔顶和塔底采出率的大小要受到全塔物料平衡的制约，不能随意规定。在操作过程中，如果塔顶采出率 D/F 过大，则 $Fx_F - Wx_W < Dx_D$。随着过程的进行，塔内轻组分将大量从塔顶馏出，塔内各板上的轻组分的浓度将逐渐降低，重组分则逐渐积累，浓度不断增大。最终导致塔顶产品浓度不断降低，产品质量不合格。

由于采出率的变化所引起的现象可以根据塔内的温度分布来分析判断。当操作压力一定时，塔内各板的气、液相组成与温度存在着对应关系。若 D/F 过大，随着轻组分的大量流失，塔内各板上重组分的浓度逐渐增大，因而各板的温度也随之升高。由于塔釜中物料绝大部分为重组分，因而塔釜温度没有塔顶温度升高得明显。

对于 D/F 过大所造成的不正常现象，在操作过程中应及时发现并采取有效的调节措施予以纠正。通常的调节方法是：保持塔釜加热负荷不变，增大进料量和塔釜出料量，减小塔顶采出量，使得精馏塔在 $Fx_F - Wx_W > Dx_D$ 的条件下操作一段时间，以迅速弥补塔内的轻组分量，使之尽快达到正常的浓度分布。待塔顶温度迅速下降至正常值时，再将进料量和塔顶、塔底出料量调节至正常操作数值。

（2）塔底采出率 W/F 过大所引发的现象及调节方法

塔底采出率 W/F 过大所引发的现象和产生的后果恰与 D/F 过大的情况相反。由于重组分大量从塔釜流出，塔内各板上的重组分浓度逐渐减小，轻组分逐渐积累，最终使得塔釜液体中轻组分的浓度逐渐升高。如果精馏的目的产品是塔底液体，那么这种不正常现象的结果将导致产品不合格；如果目的产品是塔顶馏出物，则由于 W/F 的过大，将有较多的产品从塔底流失。

由于 W/F 过大使塔内的重组分大量流失，塔内各板的温度会随之降低，但塔顶温度变化较小，塔釜温度将有明显下降。

对于 W/F 过大情况的调节方法是：增大塔釜加热负荷，同时加大塔顶采出量（回流量不变），使过程在 $Fx_F - Wx_W < Dx_D$ 的条件下操作。同时，亦可视具体的情况适当减少进料量和塔釜采出量。待釜温升至正常值时，再调节各有关参数，使过程在 $Fx_F - Wx_W = Dx_D$ 的正常情况下操作。

（3）进料条件变化所引发的现象及调节方法

在化工生产过程中，精馏塔的进料条件，包括进料量、进料组成、进料温度等，将会由于前段工序的影响而有所变化。如果过程中存在循环物流，那么后段工序的操作变化也将影响精馏塔的稳定操作。

生产过程中进料量的变化可在流量指示仪表上直接反映出来。如果进料量变化仅仅是由于外界条件的波动而引起的，适当调节进料控制阀门即可恢复正常操作。如果是由于生产需要而改变进料量，则就要相应地改变塔顶、塔底的采出量，并调整塔釜加热负荷（和塔顶冷凝负荷）。

如果由于操作上的疏忽，进料量已经发生变化，而操作条件未做相应的调整，使得过程在全塔物料不平衡的情况下操作，其结果必然使塔顶或塔底产品不合格。此时应根据塔顶或塔底温度的变化，参照以上（1）和（2）的分析和处理方法，及时调节有关参数，使操作处于正常。

对于进料组成的变化，化工生产一般采用离线分析的方法检测，因而不如进料量变化那样容易被及时发觉。当在操作数据上有反映时，往往有所滞后，因此，如何能及时发觉并及时处理是工业过程中经常遇到的问题。

当进料中轻组分增加后，塔中各板上浓度和温度的变化同塔底采出率 W/F 过大的情况相似，而进料中重组分增加后塔内温度和浓度的变化情况则同塔顶采出率 D/F 过大的情况相似。这时，除了要相应调整塔底或塔顶的采出率外，还要适当减少或增大回流比，并视具体情况，调整进料的位置，合理地分配精馏段与提馏段的塔板数。

进料温度的变化对精馏分离效果也有一定的影响，可通过调节塔釜加热负荷和塔顶冷凝负荷使得操作正常。

（4）分离能力不够所引发的现象及调节方法

对于精馏塔，所谓分离能力不够是指在操作中回流比过小而导致产品的不合格。其表现为塔顶温度升高，塔釜温度降低，塔顶和塔底产品均不符合要求。

采取的措施通常是通过加大回流比来调节。但应注意，在进料量和进料组成一定时，若规定了塔顶、塔底产品的组成，则塔顶和塔底产品的流量亦被确定。因此，增大回流比并不意味着塔顶产品流量的减少,加大回流比的措施只能是增加塔内的上升蒸汽量,即增大塔釜的加热负荷及塔顶的冷凝量,这是要以操作成本的增加为代价的。

此外,随着回流比的增大,若塔内上升蒸汽量超过塔内气体的正常负荷,容易发生严重的雾沫夹带或其他不正常的现象。因此,操作中不能盲目增加回流比。

4. 精馏塔的产品质量控制与调节

精馏塔的产品质量通常是指馏出液及残釜液的组成。生产中某些因素的干扰(如进料组成变动)将影响产品的质量,因此应及时给予调节控制。

在以上的操作分析中已经看到,当操作压力一定时,塔顶、塔底产品组成和塔内各板上的气液相组成与板上温度存在一定的对应关系。操作过程中塔顶、塔底产品的组成变化情况可通过相应的温度反映出来。通常情况下,精馏塔内各板的温度并不是线性分布,而是呈"S"形分布。在塔内某些塔板之间,板上温度差别较大,当因操作不当或分离能力不够导致塔板上组成发生变化时,这些板上的温度将发生明显改变。因此,工程上把这些塔板称为温度灵敏板。在操作过程中,通过灵敏板温度的早期变化,可以预测塔顶和塔底产品组成的变化趋势,从而可以及早采取有效的调节措施,纠正不正常的操作,保证产品质量。由于回流比过小,因而分离能力不够所造成的温度分布变化情况与因塔顶采出率不当所引起的温度分布情况有明显不同。可以看出,两种不同的操作均导致灵敏板温度上升,但后者是突跃式的,灵敏板温度变化非常明显而前者则是缓慢式的。据此,可以判别操作中产品不合格的原因,并采取相应的调节措施。

3.6.4 实训流程

1. 筛板塔

本实训装置为筛板精馏塔,特征数据如下:

不锈钢筛板塔。

塔内径 $D_内=64$ mm,塔板数 $N_P=16$ 块,板间距 $H_T=71$ mm。塔板孔径 1.0 mm,孔数 72 个,开孔率 10%,弓形降液管;板数:提馏段 2～8 块,精馏段 13～7 块,总板数 16 块。

塔釜(6 L),最高加热温度 400℃。塔顶全凝器:列管式,0.296 m^2,不锈钢。

功率 2 kW,转子流量计调节进料量,二路加料口。

6 个铂电阻温控点,自动控温,6 只温度显示仪,自上而下分别显示"进料温度"、"塔顶温"、"塔温 1"、"塔温 2"、"塔温 3"、"塔釜控温",回流比自动调节仪 1 只。

塔釜液位自控,自动放净;塔身视盅:5～6～7 板间 2 个,14～15 板间 1 个,高温玻璃;馏分视盅:塔顶馏分视盅 1 个,高温玻璃;塔底产品冷凝器:套管,$\varphi25\times\varphi16$,不锈钢;原料预热器:伴热带,0.3 kW;无音磁力循环泵:15 W、1.5 m;原料罐、塔顶产品罐、塔釜产品罐:$\geqslant17$ L,不锈钢,自动放净;管路及阀门:管路全不锈钢,铜闸阀和铜球阀;冷凝水流量计 LZB - 25,100～1 000 L/h;PT100 铂电阻温度计 5 只,智能仪表 5 只;可控硅控温;电磁阀 ZCT,3 只。膜盒压力表:0～6 kPa;温度传感器:Pt100,数显,0.1℃;防干烧自动控制系统:塔釜液位自动控制。

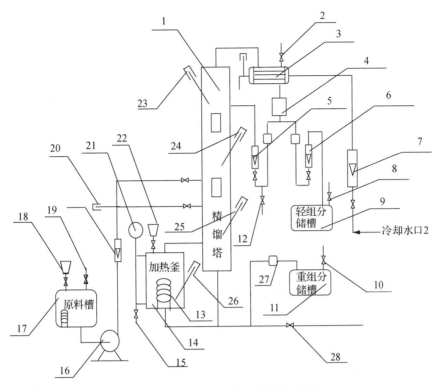

图 3 - 12　板式精馏塔实训装置流程图

1. 精馏塔　2. 塔顶放空阀　3. 全凝器　4. 回流比控制器　5. 回流流量计　6. 馏出流量计
7. 冷凝水流量计　8. 轻组分储槽放空阀　9. 轻组分储槽　10. 重组分储槽放空阀　11. 重组分
储槽　12. 塔顶取样口　13. 加热器　14. 塔釜(再沸器)　15. 塔底取样口　16. 进料泵　17. 原
料储槽　18. 加料漏斗　19. 原料储槽放空阀　20. 进料温度计　21. 压力表　22. 再沸器加料漏
斗　23、24、25、26. 温度计　27. 电磁阀　28. 放料口

冷却水经转子流量计 7 计量后进入全凝器 3 的底部,然后从上部流出。由塔釜 13 产
生的蒸汽穿过塔内的塔板或填料层后到达塔顶,蒸汽全凝后变成冷凝液经集液器的侧线
管流入回流比控制器 4,一部分冷凝液回流进塔,一部冷凝液作为塔顶产品去贮槽 9。原
料从贮槽 17 由进料泵 16 输送至塔的侧线进料口。塔釜液体量较多时,电磁阀 27 会启动
工作,釜液就会自动由塔釜进入贮槽 11。

2. 填料塔

本实训装置为填料精馏塔,特征数据如下:

不锈钢筛板塔。

3 个铂电阻温控点,自动控温,6 只温度度显示仪,自上而下分别显示"进料温度"、"塔
顶温"、"塔温 1"、"塔釜控温",回流比自动调节仪 1 只。

塔内径 $\Phi64$ mm,不锈钢丝网 θ 环;不锈钢丝网($\Phi6×6$)环,填料层高 1 m。

塔釜:加热 2 kW,6 L,不锈钢,自动控压,液位自控,自动放净。

塔身视盅 1 个,高温玻璃;塔顶馏分视盅 1 个,高温玻璃。

塔顶全凝器:列管式,0.296 m² ,不锈钢;塔底产品冷凝器:套管,$\Phi25×\Phi16$,不锈钢;

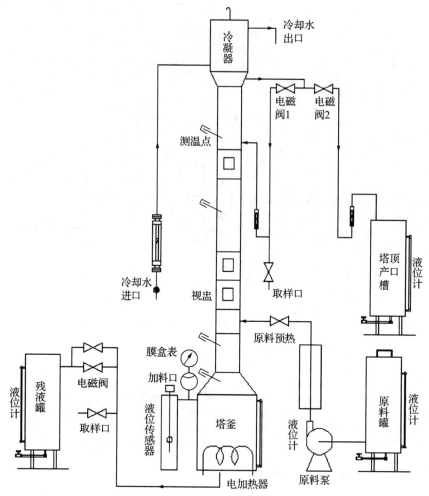

图 3-13 填料精馏塔实训装置流程图

原料预热器:伴热带,0.3 kW;无音磁力循环泵:15 W,1.5 m;原料罐、塔顶产品罐、塔釜产品罐:≥17 L,不锈钢,自动放净;管路及阀门:管路全不锈钢,铜闸阀和铜球阀;冷凝水流量计 LZB:100~1 000 L/h;PT100 铂电阻温度计 5 只,智能仪表 5 只,可控硅控温;电磁阀 ZCT,3 只;膜盒压力表:0~10 kPa;温度传感器:Pt100,数显,0.1℃;防干烧自动控制系统:塔釜液位自动控制。

3.6.5 实训操作规程

1. 全回流操作

(1) 配制浓度 16%~19%(用酒精比重计测)的料液加入釜中,至釜容积的 2/3 处。

(2) 检查各阀门位置,启动仪表电源。

(3) 将"加热电压调节"旋钮向左调至最小,再启动电加热管电源即将"加热开关"拨至右边,然后缓慢调大"加热电压调节"旋钮,电压不宜过大,电压约为 150 V,给釜液缓缓升温,若发现液沫夹带过量时,电压适当调小。

（4）塔釜加热开始后，打开冷凝器的冷却水阀门，流量调至 400～800 L/h 左右，使蒸汽全部冷凝实现全回流。

（5）打开回流转子流量计，关闭馏出转子流量计。

（6）操作柜：将"回流比手动/自动"开关拨至左边（手动状态）。

（7）适当打开塔顶放空阀。

（8）在操作柜上观察各段温度变化，从精馏塔视镜观察釜内现象。

（9）当塔顶温度、回流量和塔釜温度稳定后，分别取塔顶浓度 X_D 和塔釜浓度 X_W，后进行色谱分析。

2. 部分回流操作

（1）在储料罐中配制一定浓度的酒精溶液（约 30%～40%）。

（2）待塔全回流操作稳定时，打开进料阀，在操作柜上将"泵开关"拨至右边，开启进料泵电源，调节进料量至适当的流量。

（3）调节回流比控制器的转子流量计，调节回流比 $R(R=1～4)$。

（4）在操作柜上设定"塔釜液位控制"（出厂预先设定好）。

（5）当流量、塔顶及塔内温度读数稳定后即可取样分析。

3. 取样与分析

（1）进料、塔顶、塔釜液从各相应的取样阀放出。

（2）塔板上液体取样用注射器从所测定的塔板中缓缓抽出，取 1 mL 左右注入事先洗净烘干的针剂瓶中，并给该瓶盖标号以免出错，各个样品尽可能同时取样。

（3）将样品进行色谱分析。

4. 停止

（1）将"加热电压调节"旋钮调至最小，将"加热开关"拨至左边。

（2）在操作柜上将"泵开关"拨至左边，停止进料。

（3）继续保持冷凝水，约 20～30 min 后关闭。

3.6.6　实训注意事项

（1）塔顶放空阀一定要打开。

（2）料液一定要加到设定液位 2/3 处方可打开加热管电源，否则塔釜液位过低会使电加热丝露出干烧致坏。

（3）部分回流时，进料泵电源开启前务必先打开进料阀，否则会损害进料泵。

（4）部分回流时，可以直接采用流量计调节回流比，也可以使用"回流比调节仪"：将"回流比手动/自动"拨至右边，调节"回流比调节仪"上一排数据，就是回流通断量；下一排数据，就是馏出通断量。

3.6.7　实训报告

（1）在全回流操作条件下测得 x_D、x_W，利用乙醇和正丙醇的相平衡数据，在 y—x 图上用图解法求出理论板数。

（2）求出全塔效率或等板高度和单板效率。

（3）在部分回流连续操作中,根据进料组成和分离要求,选择最佳回流比,估算 D 和 W,计算回收率。

（4）结合精馏塔操作对实训结果进行分析(塔釜压降、塔顶温度、塔釜温度、灵敏板温度等操作的变化及采取的调节控制措施)。

3.6.8　实训思考题

（1）全回流操作的目的是什么? 如何确定全塔效率?

（2）精馏操作应防止几种不正常的操作现象?

（3）操作中由于塔顶采出率太高而造成产品不合格,恢复正常的最快,最有效的方法是什么?

（4）本实训中,进料状况为冷进料,当进料量太大时,为什么会出现精馏段干板,甚至出现塔顶既没有回流也没有出料的现象,应如何调节?

（5）在精馏塔中,维持连续、稳定操作的条件有哪些?

（6）为什么要在塔顶冷凝器上安装排气阀?

（7）由全回流操作改变部分回流操作应采取什么措施使过程尽快稳定?

（8）测定全回流和部分回流总板效率与单板效率时各需测几个参数? 取样位置在何处?

（9）在全回流时,测得板式塔上第 n、$n-1$ 层液相组成后,能否求出第 n 层塔板上的以气相组成变化表示的单板效率?

（10）查取进料液的汽化潜热时定性温度取何值?

（11）若测得单板效率超过 100%,作何解释?

3.6.9　实训数据记录

数据记录及数据处理(乙醇-正丙醇体系)。

表 3-16　塔顶塔釜温度稳定记录

实验时间(min)	5	10	15	20
塔顶温度(℃)				
塔釜温度(℃)				

表 3-17　全回流精馏原始数据记录

1. 一次性原始数据记录 装置号_____,加热电压_____,全塔压降_____,塔顶温度_____℃,塔釜温度_____℃。				
2. 原始数据记录				
序号	操作状态	塔顶 n_D	塔釜 n_D	第 $n-1$ 板 n_D	第 n 板 n_D
1	全回流 $R=\infty$				
2	全回流 $R=\infty$				

表 3 - 18 部分回流精馏原始数据记录

1. 一次性原始数据记录				
装置号_____，加热电压_____，塔釜压差_____，塔顶温度_____℃,塔釜温度_____℃,进料温度_____℃。				
2. 原始数据记录				
序号	操作状态	进料 n_D	塔顶 n_D	塔釜 n_D
1	$R=3$			
2	$R=3$			

表 3 - 19 部分回流原始数据记录

取样时间 （min）	塔顶出料量 （L/h）	回流量 （L/h）	进料量 （L/h）	回流比	塔顶乙醇浓度 （wt%）
10					
20					
30					
40					
50					
60					
70					
80					

附乙醇：

汽化热：$r_A=-0.004\ 2\times t_s^2-1.507\ 4\times t_s+985.14=825.99(kJ/kmol)$ （3 - 56）

摩尔热容：$C_{pA}=0.000\ 04\times\left(\dfrac{t_s+t_F}{2}\right)^2+0.006\ 2\times\left(\dfrac{t_s+t_F}{2}\right)+2.233\ 2$ （3 - 57）

正丙醇：

汽化热：$r_B=-0.003\ 1\times t_s^2-1.184\ 3\times t_s+839.79=716.21(kJ/kmol)$ （3 - 58）

摩尔热容：

$$C_{pB}=-8\times10^{-7}\times\left(\frac{t_s+t_F}{2}\right)^3+0.000\ 1\times\left(\frac{t_s+t_F}{2}\right)^2+0.003\ 7\times\left(\frac{t_s+t_F}{2}\right)+2.222$$

（3 - 59）

混合液：

$$r_m=x_F r_A\times46+(1-x_F)\times r_B\times60$$ （3 - 60）

$$C_{pm}=x_F\times C_{PA}\times46+(1-x_F)\times C_{PB}\times60$$ （3 - 61）

式中：r_m——进料的平均摩尔汽化热，kJ/kmol；

　　　C_{Pm}——进料的平均摩尔热容，kJ/(kmol·℃)；

　　　t_s——混合液的泡点温度，℃；

　　　t_s——混合液的进料温度，℃。

3.7 干燥及传热综合实训

3.7.1 实训目的

(1)掌握测定在恒定干燥条件下的湿物料的干燥曲线、干燥速率曲线及临界含水量 X_c。

(2)了解常压洞道式(厢式)干燥器的基本结构,掌握洞道式干燥器的操作方法。

(3)掌握测定空气被加热的对流传热系数的方法。

3.7.2 实训任务

(1)绘制在恒速干燥条件下干燥曲线及干燥速率曲线。

(2)测定临界含水量 X_c。

(3)测定空气被加热时的对流传热系数,绘制对流传热系数与流速的关系曲线。

(4)对实训结果进行分析讨论。

3.7.3 实训原理

干燥单元操作是一个热、质同时传递的过程,干燥过程能得以进行的必要条件是湿物料表面所产生的湿分分压一定要大于干燥介质中湿分的分压,两者分压相差越大,干燥推动力就越大,干燥就进行得越快。本实训是用一定温度的热空气作为干燥介质,在恒定干燥条件下,即热空气的温度、湿度、流速及与湿物料的接触方式不变,当热空气与湿物料接触时,空气把热量传递给湿物料表面,而湿物料表面的水分则汽化进入热空气中,从而达到除去湿物料中水分的目的。

当热空气与湿物料接触时,湿物料被预热并开始被干燥。在恒定干燥条件下,若湿物料表面水分的汽化速率等于或小于水分从物料内部向表面迁移的速率时,物料表面仍被水分完全润湿,与自由液面水分汽化相同,干燥速率保持不变,此阶段称为恒速干燥阶段或表面汽化控制阶段。

当物料的含水量降至临界湿含量 X_c 以下时,物料表面只有部分润湿,局部区域已变干,水分从物料内部向表面迁移的速率小于水分在物料表面汽化的速率,干燥速率不断降低,这一阶段称为降速干燥阶段或内部扩散控制阶段。随着干燥过程的进一步深入,物料表面逐渐变干,汽化表面逐渐向内部移动,物料内部水分迁移率不断降低,直至物料的水含量降至平衡水含量 X^* 时,干燥过程便停止。

干燥速率是指单位时间、单位干燥表面积上汽化的水分质量,计算公式如下:

$$U = -\frac{G_c \mathrm{d}X}{A \mathrm{d}\tau} = -\frac{\mathrm{d}W}{A \mathrm{d}\tau} \tag{3-62}$$

式中:U——干燥速率,$\mathrm{kg/(m^2 \cdot s)}$;

    A——干燥面积,$\mathrm{m^2}$;

τ——干燥时间,s;

G_c——绝干物料的质量,kg;

W——汽化的水分量,kg;

负号表示 X 随时间的增加而减小。

由式(3-62)可知,只要知道绝干物料重量 Gc(kg)、干燥面积 A(m^2)、单位干燥时间 $d\tau$(s)内的湿物料的干基水含量的变化量 dX(kg 水/kg 干料)或湿物料汽化的水分 dW(kg),就可算出干燥速率 U。在实际处理实训数据时,一般将式(3-62)中的微分($dW/d\tau$)形式改为差分的形式 $\Delta w/\Delta \tau$ 更方便。

3.7.4　实训流程

空气用风机送入电加热器,经加热的空气流入干燥室,加热干燥室中的湿毛毡后,经排出管道排入大气中。随着干燥过程的进行,物料失去的水分量由称重传感器和智能数显仪表记录下来。

1. 实训装置

实训装置如图 3-14 所示。

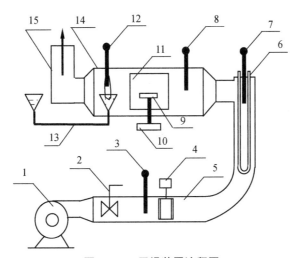

图 3-14　干燥装置流程图

1. 风机　2. 蝶阀　3. 冷风温度计　4. 涡轮流量计加热器　5. 管道　6. 加热器
7. 温控传感器　8. 干球温度计　9. 湿毛毡　10. 称重传感器　11. 玻璃视镜门
12. 湿球温度计　13. 盛水漏斗　14. 干燥厢　15. 出气口

2. 主要设备及仪器

离心风机:150 FLJ;电加热器:2 kW;干燥室:180 mm×180 mm×1 250 mm;干燥物料:湿毛毡;称重传感器:YB601 型电子天平;孔板流量计:LWGY-50;加热管换热面积为 0.03 m^2。

3.7.5　实训操作流程

(1) 湿球温度计制作:将湿纱布裹在湿球温度计的感温球泡上,从背后向盛水漏斗加水,加至水面与漏斗口下沿平齐。

(2) 打开仪控柜电源开关。

(3) 启动风机。

(4) 加热器通电加热,干燥室温度(干球温度)要求恒定在 60～70℃。

(5) 将毛毡加入一定量的水并使其润湿均匀,注意水量不能过多或过少。

(6) 当干燥室温度恒定时,将湿毛毡十分小心地放置于称重传感器上。注意不能用力下压,称重传感器的负荷仅为 400 g,超重时称重传感器会被损坏。

(7) 记录时间和脱水量,每分钟记录一次数据;每 5 分钟记录一次干球温度和湿球温度。

(8) 待毛毡恒重时,即为实训终了时,关闭加热。

(9) 十分小心地取下毛毡,放入烘箱,105℃烘 10～20 分钟,称重毛毡得绝干重量,量干燥面积。

(10) 关闭风机,切断总电源,清扫实训现场。

3.7.6 实训注意事项

(1) 必须先开风机,后开加热器,否则,加热管可能会被烧坏。

(2) 传感器的负荷量仅为 400 g,放取毛毡时必须十分小心以免损坏称重传感器。

3.7.7 实训报告

(1) 绘制在恒速干燥条件下干燥曲线及干燥速率曲线。

(2) 测定临界含水量 X_c。

(3) 测定空气被加热时的对流传热系数,绘制对流传热系数与流速的关系曲线。

(4) 对实训结果进行分析讨论。

3.7.8 实训思考题

(1) 测定干燥速度曲线的意义何在?

(2) 分析影响干燥速率的因素有哪些? 如何提高干燥速率? 两个阶段分别说明理由。

(3) 在 70～80℃的空气流中干燥,经过相当长的时间,能否得到绝干物料? 为什么? 通常要获得绝干物料采用什么方法?

(4) 为什么在操作中要先开鼓风机送气,然后再开电热器?

(5) 影响本实训"恒定干燥条件"的因素有哪些?

(6) 为什么说:同一个物料干燥速率增加,则临界含水量增大;在一定干燥条件下,物料愈厚,则临界含水量愈高?

(7) 有一些物料在热气流中干燥,希望热气流相对湿度要小,而有一些物料则要在相对湿度较大的热气流中干燥,这是为什么?

3.7.9 实训数据记录

表 3 - 20 干燥原始数据记录表

1. 一次性原始数据记录 装置号 _____，干燥物料尺 _____ cm^2，绝干物料重量 _____ g，风量 _____ m^3/h。 2. 原始数据记录				
序号	干燥时间 τ(min)	干球温度 t(℃)	湿球温度 t_w(℃)	湿物料质量 w(g)
1				
2				
3				
4				
...				

表 3 - 21 传热过程原始数据记录

序号	流量 V(m^3/h)	t_1(℃)	t_2(℃)	Tw_1(℃)	Tw_2(℃)
1					
2					
3					

第4章　实训数据的计算机处理

4.1　Excel 数据处理基础知识

随着各学科迅猛发展,学科之间的相互渗透越来越密切。科学技术人员处理的实训数据量越来越多,计算难度越来越大,许多场合用人工计算的方法已无法完成任务。在这种情况下,出现了各种各样用于完成数据处理的应用软件。以下重点介绍 Excel 处理数据的方法。

Excel 软件是 Office 系列软件中的一员,其主要功能是完成电子表格的制作。同时附有许多功能,如计算公式、自动生成 VB 宏代码和生成图等,使之可用于简单的数据处理,并自动生成数据表格。

计算机安装 Office 软件后,从桌面或开始菜单中双击其图标,打开一个新的工作簿(BOOK1),在工作表上操作的基本单元是单元格,每个单元格以列字母和行数字组成地址名称,如 A1、A2、A3…B1、B2、B3…。在单元格中输入文字、数字、公式等,在输入或编辑时,该单元格的内容会同时显示在公示栏中,若输入的是公式,回车前单元格和公示栏中为相同的公式,回车后公示栏中为原公式,而单元格中则为公式计算结果。

用 Excel 处理实训数据时,其数据表中常会碰到各种函数和公式,Excel 为使用者提供了大量的计算函数和公式表达式,函数可通过菜单栏"插入"菜单下的"函数"命令得到,有数量和三角函数、统计函数、查找和引用函数、数据库函数、逻辑函数和信息函数。其中常用的函数有:

(1) 求和函数:SUM(范围)。

(2) 求平均值函数:AVERAGE(范围)。

(3) 求个数函数:COUNT(范围)。

(4) 条件函数:IF(判断一个条件是否满足,若条件满足返回一个值,若条件不满足则返回另一个值)。

(5) 求最大值函数:MAX(范围)。

(6) 求最小值函数:MIN(范围)。

公式表达式中可使用的运算符号有:

(1) 四则运算符:＋,－,＊,/,％,ˆ(指数)。

(2) 比较符号:＞,＜,＝,＞＝,＜＝。

4.2　Excel 处理单元操作实训数据示例

4.2.1　流体力学综合实训

实训的原始数据，如图 4－1 所示。

流体力学综合实训

水温： 24 ℃ 光滑管管径D= 0.02598 m, 粗糙管管径D= 0.0275 m,

阻力管径管径D= 0.0266 管长L= 1.2 m。

光滑管				粗糙管			
序号	流量	压差读数cmH20		序号	流量	压差读数cmH20	
	m^3/h	压差管左	压差管右		m^3/h	压差管左	压差管右
1	6.19	59.0	90.0	1	6.54	34.5	90.5
2	5.68	62.0	88.2	2	6.14	38.8	88.2
3	5.08	64.2	86.3	3	5.87	41.4	86.7
4	4.73	66.4	85.5	4	5.62	44.4	84.1
5	4.15	68.7	84.2	5	4.88	50.4	81.6
6	3.74	70.3	83.0	6	4.38	53.8	79.5
7	3.58	71.1	82.9	7	3.88	57.1	77.6
8	3.06	72.5	82.0	8	3.42	60.1	76.2
9	2.84	73.1	81.5	9	3.27	61.2	75.7
10	2.53	73.9	80.8	10	2.67	63.8	73.6
11	2.04	75.2	80.4	11	2.24	65.2	72.5
12	1.55	76.4	79.8	12	1.84	66.6	71.9
13	1.06	77.3	79.2	13	1.27	68.4	71.4

局部阻力（阀门）			
序号	流量	压差读数cmH20	
	m^3/h	压差管左	压差管右
1	5.64	44.4	81.4
2	4.05	56.7	76.8
3	2.04	66.2	72.0

原始数据记录表 / 中间运算表 / 最终结果表

图 4－1　实训的原始数据

物性数据如下：

查《化工原理（上）》（夏清）24℃下水的密度 $\rho=997.295\ kg/m^3$，黏度 $\mu=91.4\times10^{-5}$ pa·s。

1. 实训数据处理

(1) 鼠标右击 Sheet2、Sheet3 分别重命名为“中间运算表”和“最终结果表”，将“原始数据记录表”中 6～18 行、B～D（光滑管数据），6～18 行、F～H（粗糙管数据），20～25 行（局部阻力数据）内容复制到“中间运算表”中。

(2) 中间运算

① 光滑管

Ⅰ在单元格 D3 中输入公式“=4 * A3/(3600 * 3.14 * 0.02598^2)”→计算流体在光滑管内的流速$[u=\dfrac{4V_s}{3600\pi d^2}]$；

Ⅱ在单元格 E3 中输入公式“=100000 * D3 * 0.02598 * 997.295/91.4”→计算流体在光滑管内流动的雷诺数$[Re=\dfrac{du\rho}{\mu}]$；

Ⅲ在单元格中 F3 输入公式"=997.295 * 9.81 * (C3－B3)/100"→计算阻力压降 $[\Delta p_f = (\rho_水 - \rho_{空气})gR \approx \rho_水\, gR]$；

Ⅳ在单元格 G3 输入公式"=2 * 0.02598 * F3/(997.295 * 1.2 * D3^2)"→计算摩擦系数 $[\lambda = \frac{2d\Delta p}{l\rho u^2}]$。

② 粗糙管

Ⅰ在单元格 D18 中输入公式"=4 * A18/(3600 * 3.14 * 0.0275^2)"→计算流体在粗糙管内的流速 $[u = \frac{4V_s}{3\,600\pi d^2}]$；

Ⅱ在单元格 E18 中输入公式"=100000 * D18 * 0.0275 * 997.295/91.4"→计算流体在粗糙管内流动的雷诺数 $[Re = \frac{du\rho}{\mu}]$；

Ⅲ在单元格中 F18 输入公式"=997.295 * 9.81 * (C18－B18)/100"→计算阻力压降 $[\Delta p_f = (\rho_水 - \rho_{空气})gR \approx \rho_水\, gR]$；

Ⅳ在单元格 G18 输入公式"=2 * 0.02598 * F18/(997.295 * 1.2 * D18^2)"→计算摩擦系数 $[\lambda = \frac{2d\Delta p}{l\rho u^2}]$。

③ 局部阻力

Ⅰ在单元格 D33 中输入公式"=4 * A33/(3600 * 3.14 * 0.0266^2)"→计算流体阀门所在管内的流速 $[u = \frac{4V_s}{3\,600\pi d^2}]$；

Ⅱ在单元格中 F33 输入公式"=997.295 * 9.81 * (C33－B33)/100"→计算局部阻力压降 $[\Delta p_f = (\rho_水 - \rho_{空气})gR \approx \rho_水\, gR]$；

Ⅲ在单元格 G33 输入公式"=2 * F33/(997.295 * D33^2)"→计算摩擦系 $[\xi = \frac{2\Delta p}{\rho_水\, u^2}]$；

选定 D3：G3 单元格区域(图 4－2)，再用鼠标拖动 G3 单元格下的填充柄(单元格右下方的"＋"号)至 G15，选定 D18：G18 单元格区域，如图 4－3 所示，再用鼠标拖动 G18 单元格下的填充柄(单元格右下方的"＋"号)至 G30，选定 D33：G33 单元格区域，再用鼠标拖动 G33 单元格下的填充柄(单元格右下方的"＋"号)至 G35，复制单元格内容，结果见图 4－4。

注意：① 一定不要忘记输入等号"="；② 公式中需用括号时，只允许用小括号"()"；③ 在单元格中输入"λ"的方法：打开"插入"菜单→选"符号"命令插入希腊字母 λ。

(3) 运算结果

将"中间运算表"中 A3：A35、E3：E35、F3：F35、G3：G35 单元格区域内容复制到"最终结果表"。

Ⅰ在单元格 E4 中输入公式"=B4/10000"→ $[Re \times 10^{-4}]$；

Ⅱ在单元格 F4 中输入公式"=D4 * 100"→ $[\lambda \times 10^2]$。

最终运算表见图 4－5。

	A	B	C	D	E	F	G	H	I	J	K	L	M
1	流量	光滑管压差读数cmH20		流速	雷诺数	压强降	摩擦系数						
2	m³/h	压差管左	压差管右	m/s	Re	Pa	λ						
3	6.19	59	90	3.25	91993.43	3032.87	0.0125						
4	5.68	62	88.2										
5	5.08	64.2	86.3										
6	4.73	66.4	85.5										
7	4.15	68.7	84.2										
8	3.74	70.3	83										
9	3.58	71.1	82.9										
10	3.06	72.5	82										
11	2.84	73.1	81.5										
12	2.53	73.9	80.8										
13	2.04	75.2	80.4										
14	1.55	76.4	79.8										
15	1.06	77.3	79.2										
16	流量	粗糙管压差读数cmH20		流速	雷诺数	压强降	摩擦系数						
17		压差管左	压差管右	m/s	Re	Pa	λ						
18	6.54	34.5	90.5	3.06	91822.76	5478.74	0.0254						
19	6.14	38.8	88.2										
20	5.87	41.4	86.7										
21	5.62	44.4	84.1										
22	4.88	50.4	81.6										
23	4.38	53.8	79.5										
24	3.88	57.1	77.6										
25	3.42	60.1	76.2										
26	3.27	61.2	75.7										

原始数据记录表　中间运算表　最终结果表

图 4 - 2　选定单元格 D3:G3

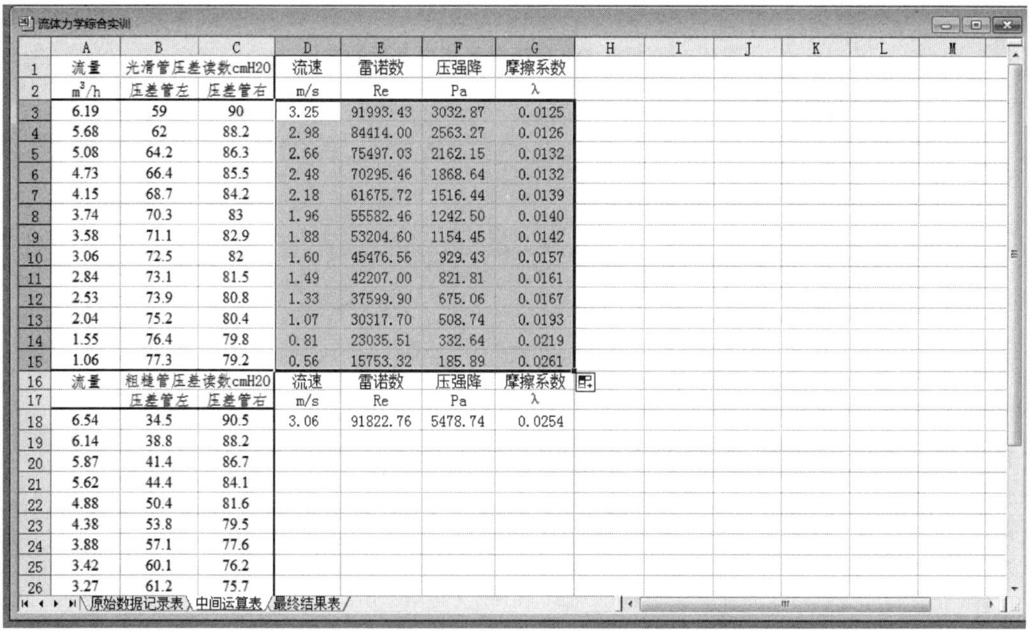

	A	B	C	D	E	F	G	H	I	J	K	L	M
1	流量	光滑管压差读数cmH20		流速	雷诺数	压强降	摩擦系数						
2	m³/h	压差管左	压差管右	m/s	Re	Pa	λ						
3	6.19	59	90	3.25	91993.43	3032.87	0.0125						
4	5.68	62	88.2	2.98	84414.00	2563.27	0.0126						
5	5.08	64.2	86.3	2.66	75497.03	2162.15	0.0132						
6	4.73	66.4	85.5	2.48	70295.46	1868.64	0.0132						
7	4.15	68.7	84.2	2.18	61675.72	1516.44	0.0139						
8	3.74	70.3	83	1.96	55582.46	1242.50	0.0140						
9	3.58	71.1	82.9	1.88	53204.60	1154.45	0.0142						
10	3.06	72.5	82	1.60	45476.56	929.63	0.0157						
11	2.84	73.1	81.5	1.49	42207.00	821.81	0.0161						
12	2.53	73.9	80.8	1.33	37599.90	675.06	0.0167						
13	2.04	75.2	80.4	1.07	30317.70	508.74	0.0193						
14	1.55	76.4	79.8	0.81	23035.51	332.64	0.0219						
15	1.06	77.3	79.2	0.56	15753.32	185.89	0.0261						
16	流量	粗糙管压差读数cmH20		流速	雷诺数	压强降	摩擦系数						
17		压差管左	压差管右	m/s	Re	Pa	λ						
18	6.54	34.5	90.5	3.06	91822.76	5478.74	0.0254						
19	6.14	38.8	88.2										
20	5.87	41.4	86.7										
21	5.62	44.4	84.1										
22	4.88	50.4	81.6										
23	4.38	53.8	79.5										
24	3.88	57.1	77.6										
25	3.42	60.1	76.2										
26	3.27	61.2	75.7										

原始数据记录表　中间运算表　最终结果表

图 4 - 3　复制 D3:G3 单元格内容后的结果

D33　fx　=4*A33/3600/(3.14*0.0266^2)

流量	光滑管压差读数cmH2O		流速	雷诺数	压强降	摩擦系数
m³/h	压差管左	压差管右	m/s	Re	Pa	λ
6.19	59	90	3.25	91993.43	3032.87	0.0125
5.68	62	88.2	2.98	84414.00	2563.27	0.0126
5.08	64.2	86.3	2.66	75497.03	2162.15	0.0132
4.73	66.4	85.5	2.48	70295.46	1868.64	0.0132
4.15	68.7	84.2	2.18	61675.72	1516.44	0.0139
3.74	70.3	83	1.96	55582.46	1242.50	0.0140
3.58	71.1	82.9	1.88	53204.60	1154.45	0.0142
3.06	72.5	82	1.60	45476.56	929.43	0.0157
2.84	73.1	81.5	1.49	42207.00	821.81	0.0161
2.53	73.9	80.8	1.33	37599.90	675.06	0.0167
2.04	75.2	80.4	1.07	30317.70	508.74	0.0193
1.55	76.4	79.8	0.81	23035.51	332.64	0.0219
1.06	77.3	79.2	0.56	15753.32	185.89	0.0261
流量	粗糙管压差读数cmH2O		流速	雷诺数	压强降	摩擦系数
m³/h	压差管左	压差管右	m/s	Re	Pa	λ
6.54	34.5	90.5	3.06	91822.76	5478.74	0.0254
6.14	38.8	88.2	2.87	86206.69	4833.03	0.0254
5.87	41.4	86.7	2.75	82415.84	4431.91	0.0255
5.62	44.4	84.1	2.63	78905.80	3884.04	0.0244
4.88	50.4	81.6	2.28	68516.07	3052.44	0.0254
4.38	53.8	79.5	2.05	61495.98	2514.35	0.0260
3.88	57.1	77.6	1.82	54475.89	2005.61	0.0264
3.42	60.1	76.2	1.60	48017.41	1575.14	0.0267
3.27	61.2	75.7	1.53	45911.38	1418.60	0.0263
2.67	63.8	73.6	1.25	37487.27	958.78	0.0267
2.24	65.2	72.5	1.05	31450.00	714.19	0.0282
1.84	66.6	71.9	0.86	25833.93	518.52	0.0304
1.27	68.4	71.4	0.59	17831.03	293.50	0.0361
流量	阀门压差读数cmH2O		流速	雷诺数	压强降	阻力系数
m³/h	压差管左	压差管右	m/s	Re	Pa	ξ
5.64	44.4	81.4	2.82	81865.85	3619.88	0.9125
4.05	56.7	76.8	2.03	58786.64	1966.48	0.9613
2.04	66.2	72	1.02	29611.05	567.44	1.0933

原始数据记录表 / 中间运算表 / 最终结果表

图4-4　复制 D3:G33 单元格内容后的结果

图表区　fx

光滑管					
流量	雷诺数	压强降	摩擦系数	$Re \times 10^{-4}$	$\lambda \times 10^{2}$
m³/h	Re	Pa	λ		
6.19	91993.43	3032.87	0.0125	9.199	1.250
5.68	84414.00	2563.27	0.0126	8.441	1.255
5.08	75497.03	2162.15	0.0132	7.550	1.323
4.73	70295.46	1868.64	0.0132	7.030	1.319
4.15	61675.72	1516.44	0.0139	6.168	1.391
3.74	55582.46	1242.50	0.0140	5.558	1.403
3.58	53204.60	1154.45	0.0142	5.320	1.423
3.06	45476.56	929.43	0.0157	4.548	1.568
2.84	42207.00	821.81	0.0161	4.221	1.610
2.53	37599.90	675.06	0.0167	3.760	1.666
2.04	30317.70	508.74	0.0193	3.032	1.931
1.55	23035.51	332.64	0.0219	2.304	2.187
1.06	15753.32	185.89	0.0261	1.575	2.613
粗糙管					
流量	雷诺数	压强降	摩擦系数	$Re \times 10^{-4}$	$\lambda \times 10^{2}$
m³/h	Re	Pa	λ		
6.54	91822.76	5478.74	0.0254	9.182	2.540
6.14	86206.69	4833.03	0.0254	8.621	2.542
5.87	82415.84	4431.91	0.0255	8.242	2.551
5.62	78905.80	3884.04	0.0244	7.891	2.439
4.88	68516.07	3052.44	0.0254	6.852	2.542
4.38	61495.98	2514.35	0.0260	6.150	2.599
3.88	54475.89	2005.61	0.0264	5.448	2.642
3.42	48017.41	1575.14	0.0267	4.802	2.671
3.27	45911.38	1418.60	0.0263	4.591	2.631
2.67	37487.27	958.78	0.0267	3.749	2.667
2.24	31450.00	714.19	0.0282	3.145	2.823
1.84	25833.93	518.52	0.0304	2.583	3.037
1.27	17831.03	293.50	0.0361	1.783	3.609
阀门					
流量	雷诺数	压强降	阻力系数		
m³/h	Re	Pa	ξ		
5.64	81865.85	3619.88	0.9125		
4.05	58786.64	1966.48	0.9613		

原始数据记录表 / 中间运算表 / 最终结果表

图4-5　流体力学实训最终结果表

2. 实训结果的图形表示——绘制 λ—Re 双对数坐标图

(1) 打开图表向导

在"最终结果表"中选定 B4:B16 单元格区域,按 Ctrl 键选定 D4:D16 单元格区域,点击工具栏上的"图表向导"(图 4-6),得到"图表向导-4 步骤之 1-图表类型"对话框,选定标准类型下"XY 散点图"→散点图(图 4-7)。

图 4-6　图表向导

(2) 创建 λ—Re 图

① 点击"下一步",得到"图表向导-4 步骤之 2-图表源数据"对话框(图 4-8)。若系列产生在"行",改为系列产生在"列"。

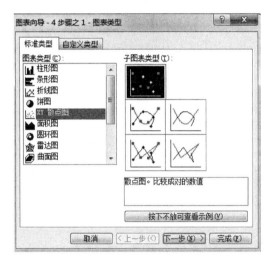

图 4-7　图表向导之步骤一

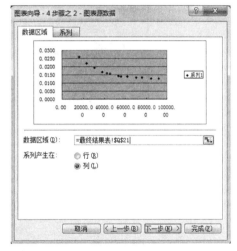

图 4-8　图表向导之步骤二

② 在"图表向导-4 步骤之 2-图表源数据"对话框,选定"系列",在"名称栏"输入"光滑管 λ—Re",点击"添加",得系列 2,在"名称栏"输入"粗糙管 λ—Re",选定 X 值"B20:B32",回车,选定 Y 值"D20:D32",回车,点击"下一步",得到"图表向导-4 步骤之 3-图表选项"对话框(图 4-9),在数值 X 值下输入"Re",在数值 Y 值下输入"λ",见图 4-9。

③ 点击"下一步",得到"图表向导-4 步骤之 4-图表位置"对话框(图 4-10),点击"完成",得到直角坐标下的"λ—Re"图(图 4-11)

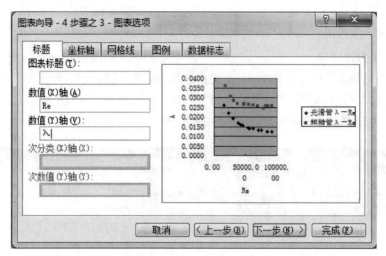

图 4-9 图表向导之步骤三

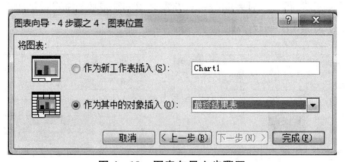

图 4-10 图表向导之步骤四

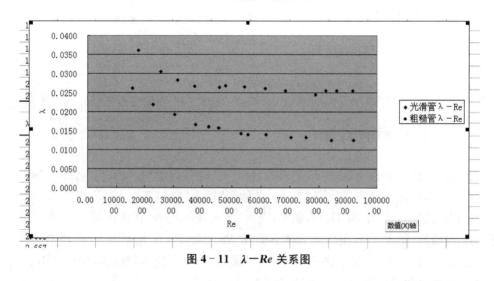

图 4-11 λ—Re 关系图

（3）λ—Re 图的编辑

① 清除网格线和绘图区域填充效果

选定"数值 Y 轴主要网格线"，点击 DEL 键，选定绘图区，点击 DEL 键，结果见图 4-12。

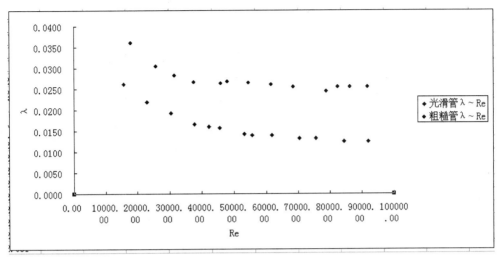

图 4 - 12   结果图

② 将 X、Y 轴的刻度由直角坐标改为对数坐标

选定 X 轴,右击鼠标,选择坐标格式得到"坐标轴格式"对话框,从而将 X 轴刻度由直角刻度改为对数刻度,根据 Re 的数值范围点击"刻度",改变"最小值"为 10000,改变"最大值"为 100000(图 4 - 13),选定绘图区,右击鼠标,选择"图表选项",点击网格线,将数值(X)轴,勾选主要网格线、次要网格线(图 4 - 14),同理将 Y 轴的刻度由直角刻度改为对数刻度,选定绘图区,右击鼠标,选择"图表选项",选定"图例",位置选定"底部",改变坐标轴后得到结果图(图 4 - 15)。

图 4 - 13   坐标轴格式对话框

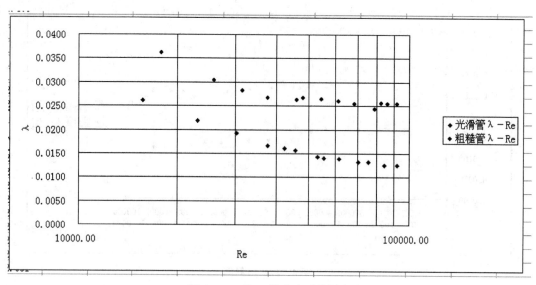

图 4-14 将 X 轴改为对数刻度

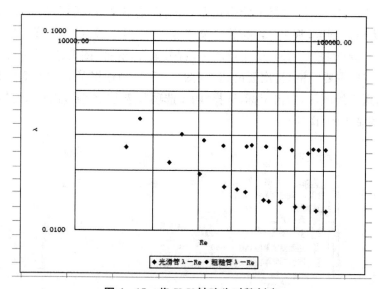

图 4-15 将 X、Y 轴改为对数刻度

③ 用绘图工具绘制曲线

打开"绘图工具栏"(方法:点击菜单上"视图"→选择"工具栏"→选择"绘图"命令),单击"自选图形"→指向"线条"→再单击"曲线"命令(图 4-16)(方法:单击要开始绘制曲线的位置或点,再继续移动鼠标,然后单击要添加曲线的任意位置。若要结束绘制任务,随时双击鼠标),得到最终结果图(图 4-17)。

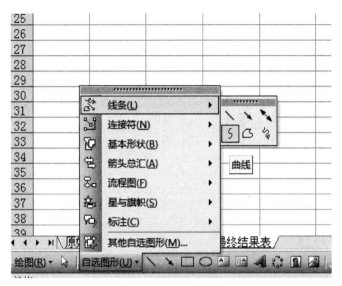

图 4-16　曲线工具

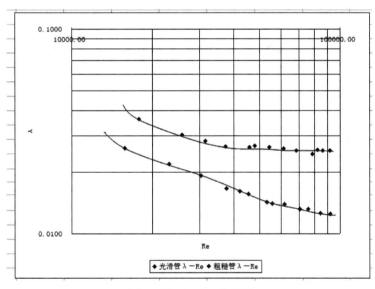

图 4-17　$\lambda - Re$ 关系图

4.2.2　离心泵性能综合实训

实训的原始数据,如图 4-18 所示。

物性数据:查《化工原理(上)》(夏清)27℃下水的密度 $\rho = 996.511\ \mathrm{kg/m^3}$。

单泵原始数据

序号	流量 (m3/h)	真空表P1 (MPa)	压力表P2 (MPa)	功率 w	转速 (r/min)
1	16.00	-0.034	0.038	1383	2884
2	15.78	-0.032	0.049	1378	2878
3	14.86	-0.029	0.100	1386	2874
4	13.79	-0.026	0.156	1366	2871
5	12.47	-0.023	0.219	1386	2869
6	11.72	-0.021	0.254	1352	2868
7	10.32	-0.018	0.307	1349	2867
8	9.32	-0.016	0.331	1325	2871
9	8.74	-0.014	0.346	1289	2874
10	7.67	-0.012	0.365	1255	2881
11	6.90	-0.011	0.376	1235	2886
12	5.97	-0.009	0.391	1189	2896
13	4.67	-0.007	0.410	1130	2908
14	3.09	-0.006	0.425	1074	2922
15	2.18	-0.005	0.431	1002	2932
16	1.08	-0.004	0.444	933	2947

串联

流量 (m3/h)	真空表P1 (MPa)	压力表P2 (MPa)	转速 (r/min)
16.29	-0.025	0.410	2885
14.29	-0.021	0.437	2876
13.78	-0.017	0.476	2871
11.88	-0.013	0.498	2869
9.92	-0.008	0.643	2867
8.46	-0.006	0.710	2875
7.60	-0.004	0.740	2881
5.57	-0.001	0.800	2898
3.12	-0.001	0.852	2922
1.77	-0.001	0.879	2940
0.68	-0.001	0.897	2952

（型号，MHI 803 1/E/3-380-50-2， 水温，27℃，压力表与真空表间的垂直距高21.5cm）

图 4-18　离心泵性能综合实训的原始数据

1. 实训数据处理

（1）鼠标右击 Sheet2、Sheet3，分别重命为"中间运算表"和"最终结果表"，将"原始数据记录表"中 3～36 行内容复制到"中间运算表"中。

（2）中间运算

① 单泵性能曲线

Ⅰ 在单元格 F4 中输入公式"＝(C4－B4) * 1000000/(996.55 * 9.81)＋0.0215"→计算离心泵的扬程$\left(H=\frac{p_2-p_1}{\rho g}+\Delta Z\right)$；

Ⅱ 在单元格 G4 中输入公式"＝D4 * 0.9"→计算离心泵的轴功率($N=N_电 \cdot \eta_电$)；

Ⅲ 在单元格 H4 中输入公式"＝A4 * 996.511 * 9.81 * F4/3600"→计算离心泵的有效功率($N_e=HQ\rho g$)；

Ⅳ 在单元格 I4 输入公式"＝H4/G4"→离心泵的效率$\left(\eta=\frac{N_e}{N}\right)$；

Ⅴ 在单元格 J4 输入公式"＝G4/100"→计算离心泵的轴功率$[N\times 10(\text{kW})]$。

② 串联泵性能曲线

Ⅰ 在单元格 F24 中输入公式"＝(C24－B24) * 1000000/(996.55 * 9.81)＋0.0215"→计算离心泵串联的扬程($H=\frac{p_2-p_1}{\rho g}+\Delta Z$)；

选定 F4:J4 单元格区域，再用鼠标拖动 J4 单元格下的填充柄（单元格右下方的"＋"

号)至 J19,选定 F24 单元格区域,再用鼠标拖动 F24 单元格下的填充柄(单元格右下方的“+”号)至 F34,复制单元格内容,结果见图 4－19。

离心泵性能综合实训

	A	B	C	D	E	F	G	H	I	J
1	单泵									
2	流量	真空表P1	压力表P2	功率	转速	扬程H	功率N	有效功率	效率	功率10N
3	(m3/h)	(MPa)	(MPa)	w	(r/min)	m	w	w	η	kw
4	16.00	-0.034	0.038	1383	2884	7.386647	1244.7	320.934	0.257841	12.447
5	15.78	-0.032	0.049	1378	2878	8.30729	1240.2	355.971	0.287027	12.402
6	14.86	-0.029	0.100	1386	2874	13.21739	1247.4	533.351	0.42757	12.474
7	13.79	-0.026	0.156	1366	2871	18.63895	1229.4	697.966	0.567729	12.294
8	12.47	-0.023	0.219	1386	2869	24.77658	1247.4	838.989	0.67259	12.474
9	11.72	-0.021	0.254	1352	2868	28.15227	1216.8	895.962	0.736326	12.168
10	10.32	-0.018	0.307	1349	2867	33.26695	1214.1	932.269	0.767869	12.141
11	9.32	-0.016	0.331	1325	2871	35.51741	1192.5	898.889	0.753785	11.925
12	8.74	-0.014	0.346	1289	2874	36.84723	1160.1	874.510	0.753823	11.601
13	7.67	-0.012	0.365	1255	2881	38.58623	1129.5	803.667	0.711525	11.295
14	6.90	-0.011	0.376	1235	2886	39.60916	1111.5	742.153	0.667704	11.115
15	5.97	-0.009	0.391	1189	2896	40.93898	1070.1	663.682	0.620205	10.701
16	4.67	-0.007	0.410	1130	2908	42.67797	1017	541.214	0.532167	10.17
17	3.09	-0.006	0.425	1074	2922	44.11009	966.6	370.122	0.382911	9.666
18	2.18	-0.005	0.431	1002	2932	44.62155	901.8	264.149	0.292914	9.018
19	1.08	-0.004	0.444	933	2947	45.84908	839.7	134.463	0.160132	8.397
20										
21	串联									
22	流量	真空表P1	压力表P2	转速		扬程H				
23	(m3/h)	(MPa)	(MPa)	(r/min)		m				
24	16.29	-0.025	0.380	2885		41.64233				
25	14.29	-0.021	0.437	2876		47.06368				
26	13.78	-0.017	0.476	2871		50.64382				
27	11.88	-0.013	0.498	2869		52.48504				
28	9.92	-0.008	0.643	2867		66.80559				
29	8.46	-0.006	0.710	2875		73.45442				
30	7.60	-0.004	0.740	2881		76.31854				
31	5.57	-0.001	0.800	2898		82.14905				
32	3.12	-0.001	0.852	2922		87.46811				
33	1.77	-0.001	0.879	2940		90.22993				
34	0.68	-0.001	0.897	2952		92.07115				
35										

单泵原始数据　中间运算表　最终结果表

图 4－19　选定 F4:J4 复制单元格后的结果图

(3) 运算结果

将“中间运算表”中 A2:A19、E2:E19、F2:F19、I2:I19、J2:J19、A22:A34、D22:D34、F22:F34 单元格区域内容复制到“最终结果表”。

Ⅰ在单元格 F5 中输入公式“=A5＊(2900/E5)”→将离心泵的流量 Q 换算成转速 $n=2\,900$ r/min 下的流量($Q'=Q\dfrac{n'}{n}$);

Ⅱ在单元格 G5 中输入公式“=B5＊(2900/E5)^2”→将离心泵的扬程 H 换算成转速 $n=2\,900$ r/min 下的扬程$\left[H'=H\left(\dfrac{n'}{n}\right)^2\right]$;

Ⅲ在单元格 H5 中输入公式“=C5＊(2900/E5)^3”→将离心泵的轴功率 N 换算成转速 $n=2\,900$ r/min 下的轴功率$\left[N'=N\left(\dfrac{n'}{n}\right)^3\right]$;

Ⅳ在单元格 D25 中输入公式“=A25＊(2900/C25)”→将串联离心泵的流量 Q 换算成转速 $n=2\,900$ r/min 下的流量$\left(Q'=Q\dfrac{n'}{n}\right)$;

Ⅴ在单元格 E25 中输入公式“=B25＊(2900/C25)^2”→将串联离心泵的扬程 H 换算成转速 $n=2\,900$ r/min 下的扬程$\left[H'=H\left(\dfrac{n'}{n}\right)^2\right]$。

选定 F5:I5 单元格区域,再用鼠标拖动 I5 单元格下的填充柄(单元格右下方的"+"号)至 I20,选定 D25:E25 单元格区域,再用鼠标拖动 E25 单元格下的填充柄(单元格右下方的"+"号)至 E35,复制单元格内容,结果见图 4-20。

表格内容(离心泵性能综合实训):

	A	B	C	D	E	F	G	H	I
1					单泵				
2		实际值					n=2900r/min		
3	流量Q	扬程H	功率10N	效率	转速	流量Q	扬程H	功率10N	效率
4	(m3/h)	m	kw	η	(r/min)	(m3/h)	m	kw	η
5	16.00	7.39	12.45	0.26	2884	16.09	7.47	12.66	0.26
6	15.78	8.31	12.40	0.29	2878	15.90	8.43	12.69	0.29
7	14.86	13.22	12.47	0.43	2874	14.99	13.46	12.82	0.43
8	13.79	18.64	12.29	0.57	2871	13.93	19.02	12.67	0.57
9	12.47	24.78	12.47	0.67	2869	12.60	25.31	12.88	0.67
10	11.72	28.15	12.17	0.74	2868	11.85	28.78	12.58	0.74
11	10.32	33.27	12.14	0.77	2867	10.44	34.04	12.57	0.77
12	9.32	35.52	11.93	0.75	2871	9.41	36.24	12.29	0.75
13	8.74	36.85	11.60	0.75	2874	8.82	37.52	11.92	0.75
14	7.67	38.59	11.30	0.71	2881	7.72	39.10	11.52	0.71
15	6.90	39.61	11.12	0.67	2886	6.93	39.99	11.28	0.67
16	5.97	40.94	10.70	0.62	2896	5.98	41.05	10.75	0.62
17	4.67	42.68	10.17	0.53	2908	4.66	42.44	10.09	0.53
18	3.09	44.11	9.67	0.38	2922	3.07	43.45	9.45	0.38
19	2.18	44.62	9.02	0.29	2932	2.17	43.65	8.73	0.29
20	1.08	45.85	8.40	0.16	2947	1.06	44.40	8.00	0.16
21					串联				
22		实际值			n=2900r/min				
23	流量	扬程H	转速	流量	扬程H				
24	(m3/h)	m	(r/min)	(m3/h)	m				
25	16.29	41.64	2885	16.37	42.08				
26	14.29	47.06	2876	14.41	47.85				
27	13.78	50.64	2871	13.92	51.67				
28	11.88	52.49	2869	12.01	53.63				
29	9.92	66.81	2867	10.03	68.35				
30	8.46	73.45	2875	8.53	74.74				
31	7.60	76.32	2881	7.65	77.33				
32	5.57	82.15	2898	5.57	82.26				
33	3.12	87.47	2922	3.10	86.16				
34	1.77	90.23	2940	1.75	87.79				
35	0.68	92.07	2952	0.67	88.86				

单泵原始数据／中间运算表／最终结果表

图 4-20 离心泵性能综合实训最终结果表

实训结果的图形表示——绘制离心泵综合性能曲线。

1. 单泵特性曲线

(1)打开图表向导

在"最终结果表"中选定 F4:I20 单元格区域,点击工具栏上的"图表向导",得到"图表向导-4 步骤之 1-图表类型"对话框,选定标准类型下"XY 散点图"→散点图。

(2)创建特性曲线图

① 点击"下一步",得到"图表向导-4 步骤之 2-图表源数据"对话框。若系列产生在"行",改为系列产生在"列"。

(2)在"图表向导-4 步骤之 2-图表源数据"对话框,选定"系列",点击系列 1 在"名称栏"输入"H—Q",点击系列 2,在"名称栏"输入"Q—N",点击系列 3,在"名称栏"输入"Q—η",点击"下一步",得到"图表向导-4 步骤之 3-图表选项"对话框,在数值 X 值下输入"Q(m³/h)",在数值 Y 值下输入"H(m)或 10 N(kW)"(扬程和功率共用 Y 轴)(图 4-21),下一步→完成→清除网格线和绘图区填充效果(图 4-22)。

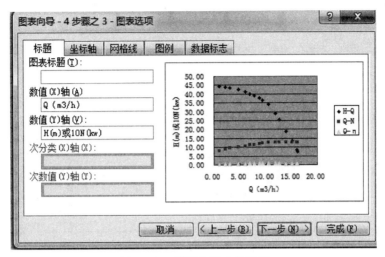

图4-21 图表向导之步骤三

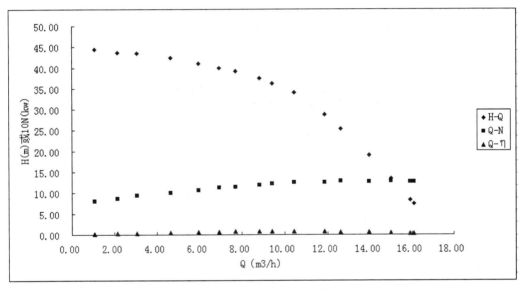

图4-22 单泵特性关系图

(3) 单泵特性关系图的编辑

① 将效率置于次坐标轴

选定▲(效率-流量关系曲线),单击鼠标右键,选择"数据系列格式"→"数据系列格式"对话框→选定"坐标轴"选项→选择"次坐标轴",得到图4-23。

② 添加标题和趋势线

绘图区单击鼠标右键→选择"图表选项"选项→在此数值(Y)轴Y输入η→确定,分别选择H、N、η单击鼠标右键→选择"添加趋势线"选项选择"多项式"选项→阶数填写"4"→确定,得到单泵特性曲线结果图(图4-24)。

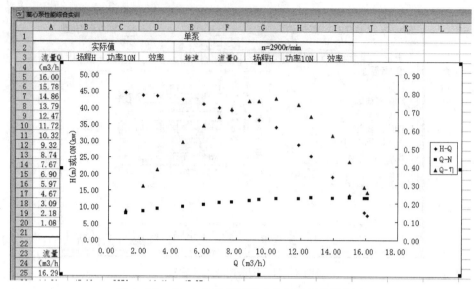

图 4-23 将 η-Q 曲线置于次坐标轴后的结果图

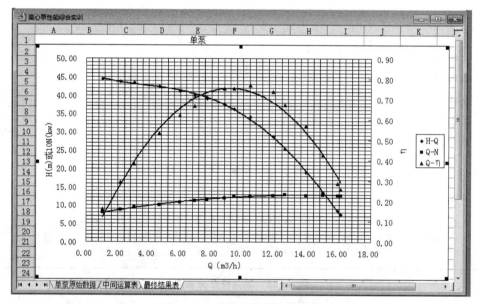

图 4-24 单泵特性曲线结果图

2. 串联泵的特性曲线

（1）打开图表向导

在"最终结果表"中选定 F5：G20 单元格区域，点击工具栏上的"图表向导"，得到"图表向导-4 步骤之 1-图表类型"对话框，选定标准类型下"XY 散点图"→散点图。

（2）创建特性曲线图

① 点击"下一步"，得到"图表向导-4 步骤之 2-图表源数据"对话框。若系列产生在"行"，改为系列产生在"列"。

② 在"图表向导-4 步骤之 2-图表源数据"对话框，选定"系列"，点击系列 1 在"名称

栏"输入"单泵",添加"系列 2",在"名称栏"输入"串联泵",X 值选择"D25 至 D35",回车,Y 值选择"E25 至 E35",回车,点击"下一步",得到"图表向导-4 步骤之 3-图表选项"对话框,在数值 X 值下输入"$Q(\mathrm{m}^3/\mathrm{h})$",在数值 Y 值下输入"$H(\mathrm{m})$",点击"下一步"→完成→清除网格线和绘图区填充效果(图 4-25)。

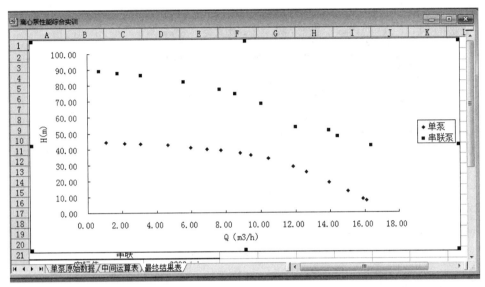

图 4-25　两泵串联的特性曲线图

(3) 串联泵特性关系图的编辑

打开"绘图工具栏"(方法:点击菜单上"视图"→选择"工具栏"→选择"绘图"命令),单击"自选图形"→指向"线条"→再单击"曲线"命令(方法:单击要开始绘制曲线的位置或点,再继续移动鼠标,然后单击要添加曲线的任意位置。若要结束绘制任务,随时双击鼠标),得到最终结果(图 4-26)。

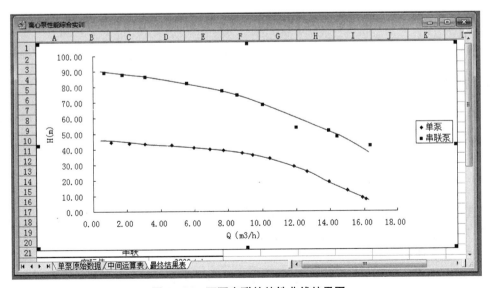

图 4-26　两泵串联的特性曲线结果图

4.2.3 过滤及洗涤综合实训

实训的原始数据,如图 4 - 27 所示。

	A	B	C	D	E	F	G	H	I	J
1	过滤框尺寸:	113×113mm	,	滤框个数:	2	, 圆直径:	53mm			
2	序号	P1=0.06MPa		P2=0.10MPa		P2=0.14MPa				
3		时间(s)	滤液量(ml)	时间(s)	滤液量(ml)	时间(s)	滤液量(ml)			
4	1	29.35	810	42.45	795.00	75.50	790.00			
5	2	33.29	815	45.59	800.00	77.80	795.00			
6	3	36.68	810	48.59	790.00	79.50	790.00			
7	4	40.36	800	52.95	805.00	82.10	790.00			
8	5	43.97	805	56.25	810.00	85.70	795.00			
9	6	49.79	795	58.40	810.00	87.50	800.00			
10	7	54.23	790	62.28	810.00	90.70	810.00			
11	8	59.88	800	65.13	805.00	93.10	805.00			
12										
13										
14										

图 4 - 27 过滤实训原始数据

1. 实训数据处理

(1) 鼠标右击 Sheet2、Sheet3 分别重命为"中间运算表"和"最终结果表",将"原始数据记录表"中 4~11 行内容复制到"中间运算表"中。

(2) 中间运算

Ⅰ在单元格 C3 中输入公式"=2 * 2 * (0.113 * 0.113－0.053^2 * 3.14/4")→计算板框过滤面积 $\left[A=2\times2\times\left(L^2-\dfrac{\pi}{4}D^2\right)\right]$;

Ⅱ在单元格 D3 中输入公式"=B3 * 10^－6/C3"→计算滤液体积 $\left(\Delta q=\dfrac{\Delta V}{A}\right)$;

Ⅲ在单元格 E3 中输入公式"=0＋D3",在单元格 E4 中输入公式"=E3＋D4"→计算滤液的累积量 $\left(q_i=\displaystyle\sum_1^i\Delta q_i\right)$;

Ⅳ在单元格 F3 输入公式"=E3/2",在单元格 F4 输入公式"=(E3＋E4)/2"→计算滤液的平均值 $\left(\overline{q_i}=\dfrac{q_{i-1}+q_i}{2}\right)$;

Ⅴ在单元格 G3 输入公式"=A3/D3"→计算 $\left(\dfrac{\Delta\tau}{\Delta q}\right)$。

选定 D3:G4 单元格区域,再用鼠标拖动 G4 单元格下的填充柄(单元格右下方的"＋"号)至 G30,复制单元格内容,结果见图 4 - 28。

(3) 运算结果

将"中间运算表"中 F3:G30 单元格区域内容复制到"最终结果表"。

	A	B	C	D	E	F	G
1	P1=0.06MPa		过滤面积				
2	时间 (s)	滤液量 (ml)		Δq	q	$q_{平均}$	Δt/Δq
3	29.35	810	0.04226	0.0192	0.0192	0.00958	1531.12
4	33.29	815	0.04226	0.0193	0.0385	0.02881	1726.00
5	36.68	810	0.04226	0.0192	0.0576	0.04804	1913.51
6	40.36	800	0.04226	0.0189	0.0766	0.06709	2131.80
7	43.97	805	0.04226	0.0191	0.0956	0.08608	2308.06
8	49.79	795	0.04226	0.0188	0.1144	0.10502	2646.43
9	54.23	790	0.04226	0.0187	0.1331	0.12377	2900.67
10	59.88	800	0.04226	0.0189	0.1521	0.14258	3162.84
11	P2=0.10MPa						
12	时间 (s)	滤液量 (ml)					
13	42.45	795.00	0.04226	0.0188	0.0188	0.00941	2256.30
14	45.59	800.00	0.04226	0.0189	0.0377	0.02828	2408.05
15	48.59	790.00	0.04226	0.0187	0.0564	0.04709	2599.00
16	52.95	805.00	0.04226	0.0191	0.0755	0.06597	2779.43
17	56.25	810.00	0.04226	0.0192	0.0947	0.08508	2934.43
18	58.40	810.00	0.04226	0.0192	0.1138	0.10425	3046.59
19	62.28	810.00	0.04226	0.0192	0.1330	0.12342	3249.00
20	65.13	805.00	0.04226	0.0191	0.1521	0.14253	3418.78
21	P2=0.14MPa						
22	时间 (s)	滤液量 (ml)					
23	75.50	790.00	0.04226	0.0187	0.0187	0.00935	4038.37
24	77.80	795.00	0.04226	0.0188	0.0375	0.0281	4135.22
25	79.50	790.00	0.04226	0.0187	0.0562	0.04686	4252.32
26	82.10	790.00	0.04226	0.0187	0.0749	0.06555	4391.39
27	85.70	795.00	0.04226	0.0188	0.0937	0.08431	4555.12
28	87.50	800.00	0.04226	0.0189	0.1126	0.10318	4621.72
29	90.70	810.00	0.04226	0.0192	0.1318	0.12223	4731.60
30	93.10	805.00	0.04226	0.0191	0.1509	0.14134	4886.97

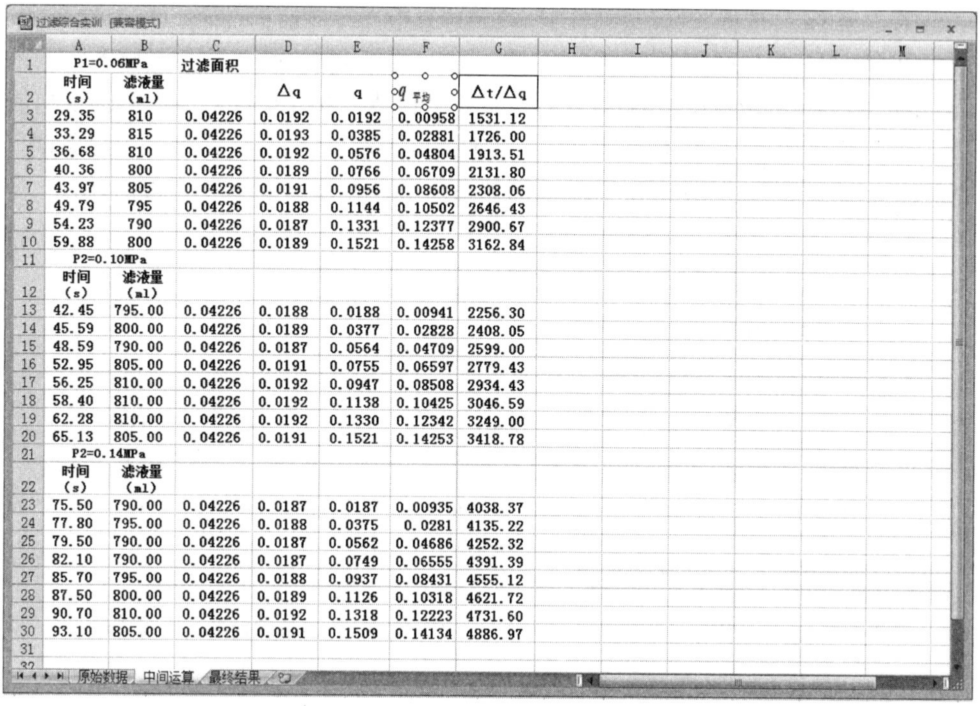

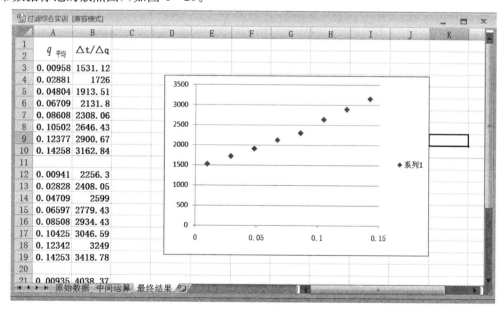

图 4－28　选定 D3:G4 单元格复制

2. 实训结果的图形表示——计算过滤常数

(1) 创建$\dfrac{\Delta\tau}{\Delta q}=\dfrac{2}{K}q+\dfrac{2}{K}q_e$ 图

① 在“最终结果表”中选定 A3:B10 单元格区域，点击菜单栏“插入”，点击散点图(仅带数据标记的散点图)，如图 4－29。

	A	B
1–2	$q_{平均}$	Δt/Δq
3	0.00958	1531.12
4	0.02881	1726
5	0.04804	1913.51
6	0.06709	2131.8
7	0.08608	2308.06
8	0.10502	2646.43
9	0.12377	2900.67
10	0.14258	3162.84
11		
12	0.00941	2256.3
13	0.02828	2408.05
14	0.04709	2599
15	0.06597	2779.43
16	0.08508	2934.43
17	0.10425	3046.59
18	0.12342	3249
19	0.14253	3418.78
20		
21	0.00935	4038.37

图 4－29　散点图

② 右击绘图区,选择"选择数据(E)",得到选择数据源对话框(图 4 – 30),选择"系列 1",点击编辑,得到编辑数据系列对话框(图 4 – 31)在系列名称填写"0.06 MPa",点击确定,点击添加,得到编辑数据系列对话框,在系列名称填写"0.10 MPa",在 X 轴系列值点击选择框,选择 A12 到 A19,回车,在 Y 轴系列值点击选择框,选择 B12 到 B19,回车,然后确定,得到 0.10 MPa 下的 8 个点数据,同理添加 0.14 MPa 下的 8 个点数据,确定,得结果如图 4 – 32。

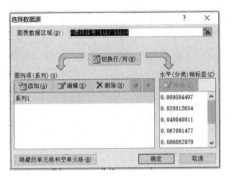

图 4 – 30 选择数据源对话框

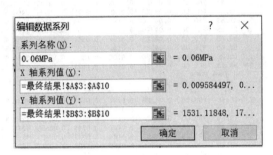

图 4 – 31 编辑数据系列对话框

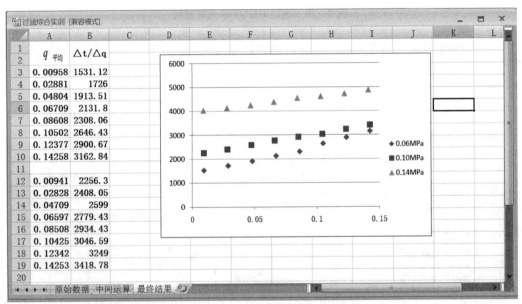

图 4 – 32 $\dfrac{\Delta\tau}{\Delta q}=\dfrac{2}{K}q+\dfrac{2}{K}q_e$ 关系图

(2) $\dfrac{\Delta\tau}{\Delta q}=\dfrac{2}{K}q+\dfrac{2}{K}q_e$ 关系图的编辑

点击绘图区,在菜单栏点击"布局",点击工具栏"坐标轴标题"下拉菜,单点击主要横坐标标题→坐标轴下方标题,更改坐标轴标题为 $q(\mathrm{m^3/m^2})$,点击"坐标轴标题"下拉菜单,点击主要纵坐标标题→旋转过的标题,更改坐标轴标题为 $\triangle t/\triangle q(\mathrm{s/m})$,右击小三角形(0.14 MPa),选择"添加趋势线"命令→"设置趋势线格式"对话框(图 4 - 33)→选择"线性"选项,勾选显示公式和显示 R 平方值,点击"关闭",同理右击小正方形(0.10 MPa)、小菱形(0.06 MPa);选择"添加趋势线"命令→"设置趋势线格式"对话框→选择"线性"选项,勾选显示公式和显示 R 平方值,点击"关闭",得到图 4 - 34。

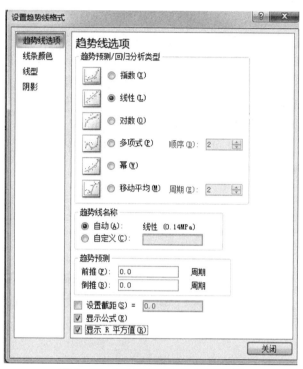

图 4 - 33 "设置趋势线格式"对话框

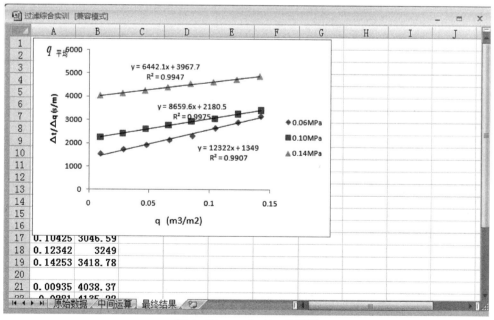

图 4 - 34 q - $\Delta\tau/\Delta q$ 关系图

3. 求恒压过滤常数

Ⅰ 在单元格 D20 中输入"压差(MPa)",在单元格 E20 中输入"斜率",在单元格 F20 中输入"截距",在单元格 G20 中输入"K",在单元格 D21、D22、D23 依次中输入"0.06"、"0.1"、"0.14",在单元格 E21、E22、E23 依次中输入"12322"、"8659.6"、"6422.1",在单元格 F21、F22、F23 依次中输入"1349"、"2180.5"、"3967.7";

Ⅱ 在单元格 G21 中输入公式"=2/E21"→计算过滤常数(K);

Ⅲ 在单元格 H21 中输入公式"=F21/E21"→计算过滤常数(q_e);

Ⅳ 在单元格 I21 输入公式"=H21^2/g21"→计算过滤常数(τ_e);

Ⅴ 在单元格 J21 输入公式"=LN(D21 * 1000000)"→计算[$\ln(P)$];

Ⅵ 在单元格 K21 输入公式"=LN(G21)"→计算[$\ln(K)$]。

选定 G21:K21 单元格区域,再用鼠标拖动 K21 单元格下的填充柄(单元格右下方的"＋"号)至 K23,复制单元格内容,结果如图 4-35。

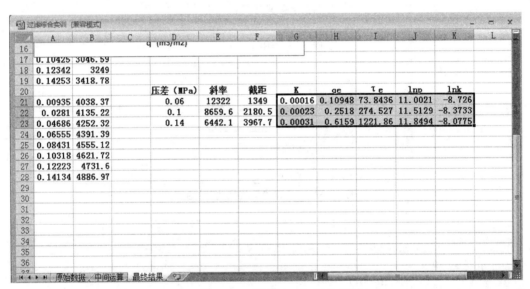

图 4-35 计算 lnp 与 lnK

以 0.06 MPa 为例:

由图 4-34 以 0.06 MPa 图中最下面一条直线,$\dfrac{\Delta\tau}{\Delta q}=\dfrac{2}{K}q+\dfrac{2}{K}q_e$,则

$$\dfrac{2}{K}=12\ 322, \dfrac{2}{K}q_e=1\ 349$$

解得:$K=1.623\times10^{-4}\,\mathrm{m^2/s}$,$q_e=0.109\ 5\ \mathrm{m^3/m^2}$。

计算结果见表 4-1。

表 4 - 1　过滤结果数据表

序号	过滤压差（MPa）	$q-\dfrac{\Delta\tau}{\Delta q}$直线斜率 $2/K$	$q-\dfrac{\Delta\tau}{\Delta q}$直线截距 $2q_e/K$	K（m²/s）	q_e（m³/m²）	τ_e（s）
1	0.6	12 322	1 349	1.62×10^{-4}	0.109 5	74.01
2	0.10	8 659.7	2 180.5	2.31×10^{-4}	0.251 8	274.2
3	0.14	6 442.2	3 967.7	3.10×10^{-4}	0.615 9	1 223.6

注：介质常数 q_e、θ_e 只能以第一组压力(0.06 MPa)为准，即 $q_e=0.109\ 5\text{m}^3/\text{m}^2$，$\theta_e=74.01\ \text{s}$，另外两个压力过滤开始就有滤饼了，测定的数据偏大。

（4）求滤饼的压缩性指数 S

选定 J21:K23 单元格区域，得到图 4 - 36。

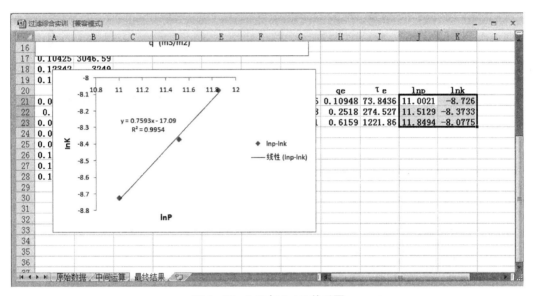

图 4 - 36　$\ln P$ 与 $\ln\Delta P$ 关系图

得压缩性指数 $S=1-0.759\ 3=0.240\ 7$。

4.2.4　精馏综合实训

1. 实训的原始数据

（1）乙醇-正丙醇的气液平衡数据如图 4 - 37 所示。

（2）精馏实训原始数据如图 4 - 38 所示。

℃	y	x	t
0	0	0	97.16
0.126	0.24	0.126	93.85
0.188	0.318	0.188	92.66
0.21	0.339	0.21	91.6
0.358	0.55	0.358	88.32
0.461	0.65	0.461	86.25
0.546	0.711	0.546	84.98
0.6	0.76	0.6	84.13
0.663	0.799	0.663	83.06
0.844	0.914	0.844	80.59
1	1	1	78.38

图 4-37 乙醇-正丙醇的气液平衡数据

全回流	
塔顶nD1	塔顶nD2
1.3566	1.3568
塔底nD1	塔底nD2
1.3757	1.3759
第n-1板nD1	第n-1板nD2
1.3716	1.3716
第n板nD1	第n板nD2
1.373	1.373
部分回流 R=3	
进料nD1	进料nD2
1.3661	1.3662
塔顶nD1	塔顶nD2
1.3561	1.356
塔底nD1	塔底nD2
1.375	1.375

图 4-38 精馏实训原始数据

2. 数据处理

(1) 数据处理的计算过程

① 计算 40℃的乙醇质量分率与折光率的关系曲线

$$W = 60.646 - 44.053n_D$$

② 绘制 x-t 和 x-y 相图

气液相平衡数据拟合乙醇、正丙醇混合液的泡点温度的方程(图 4-39):

$$t = -4.0635x^3 + 14.53x^2 - 29.291x + 97.276$$

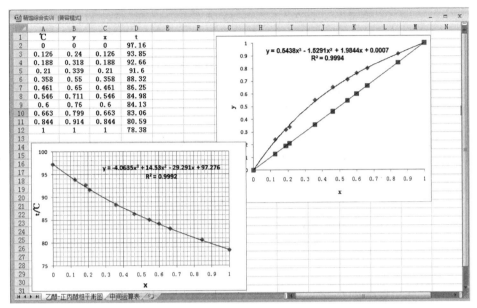

图 4-39 乙醇-正丙醇的 x-t 和 x-y 相图

(3) 中间运算

Ⅰ 在单元格 A2、B2 中输入"塔顶 n_{D1}"、"塔顶 n_{D2}";

Ⅱ 在单元格 A3、B3 中输入"1.3566"、"1.3568"→输入塔顶馏出液的折光率,下同完成数据输入(见图 4-38);

Ⅲ 在单元格 C2 中输入"nD 平均",在单元格 D2 中输入"W％",在单元格 E2 中输入"X_d";

Ⅳ 在单元格 C3 输入公式"=(A3+B3)/2"→计算塔顶馏出液的平均折光率;

Ⅴ 在单元格 D3 输入公式"=60.646-44.053*C3"→计算塔顶馏出液乙醇的质量分率;

Ⅵ 在单元格 E3 输入公式"=(D3/46)/(D3/46+(1-D3)/60)"→计算塔顶馏出液乙醇的摩尔分率。

选定 C3:E3 单元格区域,再用鼠标拖动 E3 单元格下的填充柄(单元格右下方的"+"号)至 E16,复制单元格内容,删除所有"♯VALUE!"全回流操作,塔顶、塔釜、第 $n-1$ 块板、第 n 块板及部分回流时进料、塔顶、塔釜组成结果见图 4-40。

(2) 图解法求全回流的理论板数 N_T

将 x-y 相图复制到程序开始→所有程序→附件中的"画图"(如图 4-41);点击"放大镜",在直线 $y=x$ 上确定(0.904 8, 0.904 8)和(0.048 9, 0.048 9)(在 X 轴上找到 $X=0.904$ 8,选择直线,按住"Shift 键"画直线交对角线 $y=x$ 得点 A,同理得点 B,然后从 A 开始画水平直线交平衡线于 1,再从 1 开始往下画垂直线交对角线 $y=x$,从交点画水平直线交平衡线于 2,再从 2 开始往下画垂直线交 $y=x$,从交点开始画水平线交气液平衡线,重复以上步骤,在直线 $y=x$ 与平衡线之间画阶梯,直至阶梯跨越 B 点为止(图 4-42),解得理论板数 $N_T=7.5$(包括再沸器)。

	A	B	C	D	E	F	G	H
1	全回流							
2	塔顶nD1	塔顶nD2	nD平均	W%	Xd			
3	1.3566	1.3568	1.3567	0.8793	0.9048			
4	塔底nD1	塔底nD2						
5	1.3757	1.3759	1.3758	0.0379	0.0488			
6	第n-1板nD1	第n-1板nD2						
7	1.3716	1.3716	1.3716	0.2229	0.2723			
8	第n板nD1	第n板nD2						
9	1.373	1.373	1.373	0.1612	0.2005			
10	部分回流	R=3						
11	进料nD1	进料nD2						
12	1.3661	1.3662	1.36615	0.4630	0.5293			
13	塔顶nD1	塔顶nD2						
14	1.3561	1.356	1.35605	0.9079	0.9279			
15	塔底nD1	塔底nD2						
16	1.375	1.375	1.375	0.0731	0.0933			
17								
18								
19								
20								
21								
22								
23								

图 4-40　全回流、部分回流各组成结果图

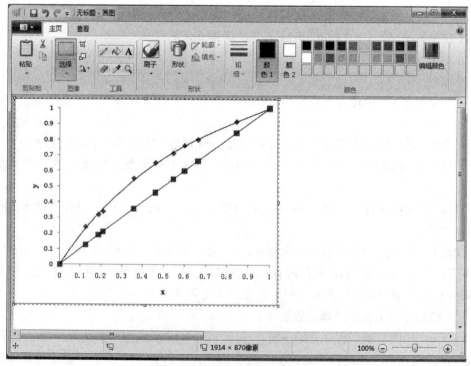

图 4-41　平衡线复制到画图板

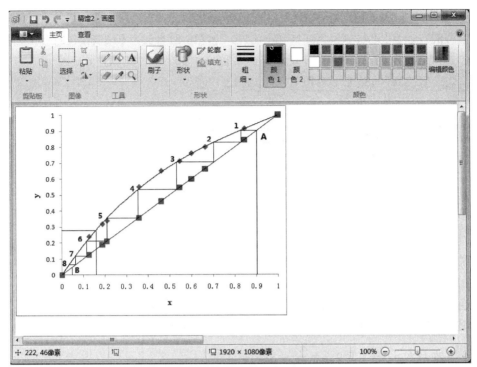

图 4 - 42　求理论板的图解法

（3）求全塔效率

$$全塔效率 E = \frac{N_T}{N_P} \times 100\% = \frac{7.5-1}{16} \times 100\% = 40.63\%。$$

（4）求单板效率

由全回流操作线方程 $y_n = x_{n-1} = 0.272\ 3$，查 $y = x$ 图可知 $x_n^* = 0.16$（见图 4 - 42），第

n 块塔板效率 $E_{ML} = \dfrac{x_{n-1} - x_n}{x_{n-1} - x_n^*} \times 100\% = \dfrac{0.272\ 3 - 0.201\ 7}{0.272\ 3 - 0.16} \times 100\% = 62.8\%。$

（5）部分回流的理论板数 N_T

将进料组成 $x_F = 0.5293$ 代入 $t = -4.063\ 5x^3 + 14.53x^2 - 29.291x + 97.276$，得

泡点温度：$t_S = 85.3℃$

进料温度：$t_F = 28.7$

乙醇：

汽化热：$r_A = -0.004\ 2 \times 85.3^2 - 1.507\ 4 \times 85.3 + 985.14 = 825.99(kJ/kmol)$

摩尔热容：$C_{pA} = 0.000\ 04 \times \left(\dfrac{85.3+28.7}{2}\right)^2 + 0.006\ 2 \times \left(\dfrac{85.3+28.7}{2}\right) + 2.233\ 2$

$$= 2.716\ 5(kJ/kmol.K)$$

正丙醇：

汽化热：$r_B = -0.003\ 1 \times 85.3^2 - 1.184\ 3 \times 85.3 + 839.79 = 716.21(kJ/kmol)$

摩尔热容：

$C_{pB} = -8 \times 10^{-7} \times \left(\dfrac{85.3+28.7}{2}\right)^3 + 0.000\ 1 \times \left(\dfrac{85.3+28.7}{2}\right)^2 + 0.003\ 7 \times \left(\dfrac{85.3+28.7}{2}\right) +$

2.222＝2.609 6 kJ/(kmol.K)

混合液：r_m＝0.529 3×825.99×46＋0.470 7×716.21×60＝40 338.24(kJ/kmol)

C_{pm}＝0.529 3×2.716 5×46＋0.470 7×2.609 6×60＝75.138(kJ/kmol)

$$q＝1＋\frac{75.138×(85.3－28.7)}{40\ 338.24}＝1.105$$

q 线方程：$y＝\dfrac{q}{q-1}x－\dfrac{x_f}{q-1}＝\dfrac{1.105}{1.105-1}x－\dfrac{0.529\ 3}{1.105-1}＝10.5x－5.04$

（5）部分回流的全塔效率

q 线方程：$y＝\dfrac{q}{q-1}x－\dfrac{x_f}{q-1}＝\dfrac{1.105}{1.105-1}x－\dfrac{0.529\ 3}{1.105-1}＝10.5x－5.04$

精馏段操作线：$y＝\dfrac{R}{R+1}x＋\dfrac{x_D}{R+1}＝\dfrac{3}{3+1}x＋\dfrac{0.927\ 8}{3+1}＝0.75x＋0.231\ 9$

联立上两式解得精馏段和提馏段的交点：$x＝0.54$　$y＝0.64$

在 x-y 图中连接(0.927 8,0.927 8)和(0.54,0.64)可得精馏段操作线。

连接(0.54,0.64)和(0.093 29,0.093 29)可得提馏段操作线。

用图解法求 $R＝3$ 的理论板数 $N_T＝8.2$(不包括再沸器)。

全塔效率 $E＝\dfrac{N_T}{N_P}×100\%＝\dfrac{8.2}{10}＝82\%$。

第5章 化工自动化控制实训

5.1 实验要求及安全操作规程

5.1.1 实验前的准备

实验前应复习教科书有关章节,认真研读实验指导书,了解实验目的、项目、方法与步骤,明确实验过程中应注意的问题,并按实验项目准备记录等。

实验前应了解实验装置中的对象、水泵、变频器和所用控制组件的名称、作用及其所在位置,以便于在实验中对它们进行操作和观察。熟悉实验装置面板图,要求做到:由面板上的图形、文字符号能准确找到该设备的实际位置。熟悉工艺管道结构、每个手动阀门的位置及其作用。

认真做好实验前的准备工作,对于培养学生独立工作能力,提高实验质量和保护实验设备都是很重要的。

5.1.2 实验过程的基本程序

(1) 明确实验任务。

(2) 提出实验方案。

(3) 画实验接线图。

(4) 进行实验操作,做好观测和记录。

(5) 整理实验数据,得出结论,撰写实验报告。

在进行本书中的综合实验时,上述程序应尽量让学生独立完成,老师给予必要的指导,以培养学生的实际动手能力,要做好各主题实验,就应做到:**实验前有准备,实验中有条理,实验后有分析**。

5.1.3 实验安全操作规程

(1) 实验之前确保所有电源开关均处于"关"的位置。

(2) 接线或拆线必须在切断电源的情况下进行,接线时要注意电源极性。完成接线后,正式投入运行之前,应严格检查安装、接线是否正确,并请指导老师确认无误后,方能通电。

(3) 在投运之前,请先检查管道及阀门是否已按实验指导书的要求打开,储水箱中是否充水至三分之二以上,以保证磁力驱动泵中充满水,磁力驱动泵无水空转易造成水泵损坏。

（4）在进行温度试验前，请先检查锅炉内胆内水位，至少保证水位超过液位指示玻璃管上面的红线位置，无水空烧易造成电加热管烧坏。

（5）实验之前应进行变送器零位和量程的调整，调整时应注意电位器的调节方向，并分清调零电位器和满量程电位器。

（6）仪表应通电预热 15 分钟后再进行校验。

（7）小心操作，切勿乱扳硬拧，严防损坏仪表。

5.2　THSA-1型过控综合自动化控制系统对象

实验对象总貌图如图 5-1 所示。

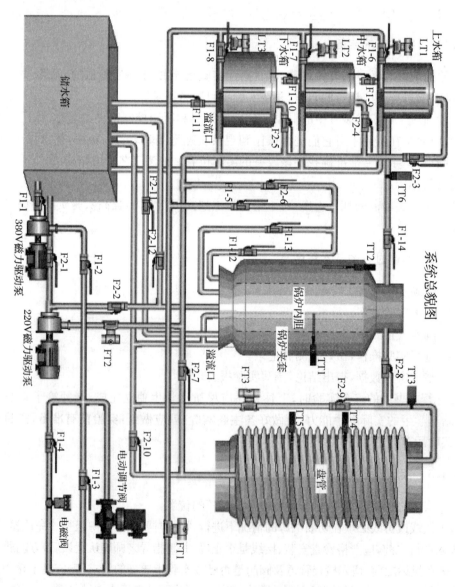

图 5-1　实验对象总貌图

本实验装置主要由水箱、锅炉和盘管三大部分组成。供水系统有两路：一路由三相（380V 恒压供水）磁力驱动泵、电动调节阀、直流电磁阀、涡轮流量计及手动调节阀组成；另一路由变频器、三相磁力驱动泵（220V 变频调速）、涡轮流量计及手动调节阀组成。

5.2.1　被控对象

由不锈钢储水箱、三个串接有机玻璃水箱（上、中、下）、4.5 kW 三相电加热模拟锅炉（由不锈钢锅炉内胆加温筒和封闭式锅炉夹套构成）、盘管和敷塑不锈钢管道等组成。

1. 水箱

包括上水箱、中水箱、下水箱和储水箱。上、中、下水箱采用淡蓝色优质有机玻璃，不但坚实耐用，而且透明度高，便于学生直接观察液位的变化和记录结果。上、中水箱尺寸均为：$D=25\,cm$，$H=20\,cm$；下水箱尺寸为：$D=35\,cm$，$H=20\,cm$。水箱结构独特，由三个槽组成，分别为缓冲槽、工作槽和出水槽，进水时水管的水先流入缓冲槽，出水时工作槽的水经过带燕尾槽的隔板流入出水槽，这样经过缓冲和线性化的处理，工作槽的液位较为稳定，便于观察。水箱底部均接有扩散硅压力传感器与变送器，可对水箱的压力和液位进行检测和变送。上、中、下水箱可以组合成一阶、二阶、三阶单回路液位控制系统和双闭环、三闭环液位串级控制系统。储水箱由不锈钢板制成，尺寸为：长×宽×高＝68 cm×52 cm×43 cm，完全能满足上、中、下水箱的实验供水需要。储水箱内部有两个椭圆形塑料过滤网罩，以防杂物进入水泵和管道。

2. 模拟锅炉

模拟锅炉是利用电加热管加热的常压锅炉，包括加热层（锅炉内胆）和冷却层（锅炉夹套），均由不锈钢精制而成，可利用它进行温度实验。做温度实验时，冷却层的循环水可以使加热层的热量快速散发，使加热层的温度快速下降。冷却层和加热层都装有温度传感器检测其温度，可完成温度的定值控制、串级控制、前馈-反馈控制、解耦控制等实验。

3. 盘管

模拟工业现场的管道输送和滞后环节，长 37 m（43 圈），在盘管上有三个不同的温度检测点，它们的滞后时间常数不同，在实验过程中可根据不同的实验需要选择不同的温度检测点。盘管的出水通过手动阀门的切换既可以流入锅炉内胆，也可以经过涡轮流量计流回储水箱。它可用来完成温度的滞后和流量纯滞后控制实验。

4. 管道及阀门

整个系统管道由敷塑不锈钢管连接而成，所有的手动阀门均采用优质球阀，彻底避免了管道系统生锈的可能性。有效提高了实验装置的使用年限。其中储水箱底部有一个出水阀，当水箱需要更换水时，把球阀打开将水直接排出。

5.2.2　检测装置

1. 压力传感器、变送器

三个压力传感器分别用来对上、中、下三个水箱的液位进行检测，其量程为 0～5KP，精度为 0.5 级。采用工业用的扩散硅压力变送器,带不锈钢隔离膜片,同时采用信号隔离技术,对传感器温度漂移跟随补偿。采用标准二线制传输方式,工作时需提供 24V 直流电源,输出:4~20 mA DC。

2. 温度传感器

装置中采用了六个 Pt100 铂热电阻温度传感器,分别用来检测锅炉内胆、锅炉夹套、盘管(有 3 个测试点)以及上水箱出口的水温。Pt100 测温范围:-200~+420℃。经过调节器的温度变送器,可将温度信号转换成 4~20 mA 直流电流信号。Pt100 传感器精度高,热补偿性较好。

3. 流量传感器、变送器

三个涡轮流量计分别用来对由电动调节阀控制的动力支路、由变频器控制的动力支路及盘管出口处的流量进行检测。它的优点是测量精度高,反应快。采用标准二线制传输方式,工作时需提供 24V 直流电源。流量范围:0~1.2 m³/h;精度:1.0%;输出:4~20 mA DC。

5.2.3 执行机构

1. 电动调节阀

采用智能直行程电动调节阀,用来对控制回路的流量进行调节。电动调节阀型号为:QSVP - 16K。具有精度高、技术先进、体积小、重量轻、推动力大、功能强、控制单元与电动执行机构一体化、可靠性高、操作方便等优点,电源为单相 220V,控制信号为 4~20 mA DC 或 1~5 V DC,输出为 4~20 mA DC 的阀位信号,使用和校正非常方便。

2. 水泵

本装置采用磁力驱动泵,型号为 16CQ - 8P,流量为 30 L/min,扬程为 8 m,功率为 180 W。泵体完全采用不锈钢材料,以防止生锈,使用寿命长。本装置采用两只磁力驱动泵,一只为三相 380V 恒压驱动,另一只为三相变频 220V 输出驱动。

3. 电磁阀

在本装置中作为电动调节阀的旁路,起到阶跃干扰的作用。电磁阀型号:2 W - 160 - 25;工作压力:最小压力为 0 kg/cm²,最大压力为 7 kg/cm²;工作温度:-5~80℃;工作电压:24 V DC。

4. 三相电加热管

由三根 1.5 kW 电加热管星形连接而成,用来对锅炉内胆内的水进行加温,每根加热管的电阻值约为 50 Ω 左右。

5.3 单回路控制系统实验

5.3.1 单回路控制系统的概述

如图 5 - 2 为单回路控制系统方框图的一般形式,它是由被控对象、执行器、调节器和测量变送器组成一个单闭环控制系统。系统的给定量是某一定值,要求系统的被控制量稳定至给定量。由于这种系统结构简单,性能较好,调试方便等优点,故在工业生产中已被广泛应用。

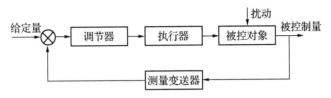

图 5 - 2　单回路控制系统方框图

5.3.2　单容液位定值控制系统

1. 实验目的

(1) 了解单闭环液位控制系统的结构与组成。

(2) 掌握单闭环液位控制系统调节器参数的整定。

(3) 研究调节器相关参数的变化对系统动态性能的影响。

2. 实验设备

(1) THJ - 3 型高级过程控制系统装置。

(2) 计算机、MCGS 组态软件、RS232 - 485 转换器 1 只、串口线 1 根。

(3) 万用表 1 只。

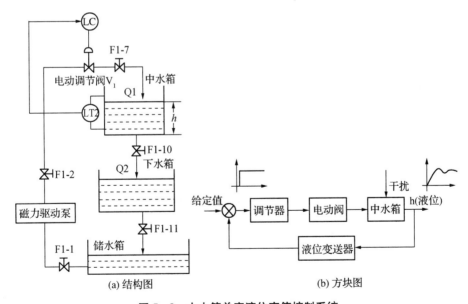

图 5 - 3　中水箱单容液位定值控制系统

3. 实验原理

本实验系统的被控对象为中水箱,其液位高度作为系统的被控制量。系统的给定信号为一定值,它要求被控制量上水箱的液位在稳态时等于给定值。由反馈控制的原理可知,应把中水箱的液位经传感器检测后的信号作为反馈信号。图 5-3(a)为本实验系统的结构图,图 5-3(b)为控制系统的方框图。为了实现系统在阶跃给定和阶跃扰动作用下无静差,系统的调节器应为 PI 或 PID。

4. 实验内容与步骤

(1) 将"SA-12 智能调节仪控制"挂件挂到屏上,按照图 5-4 所示的控制屏接线图连接实验系统。将"LT2 中水箱液位"钮子开关拨到"ON"的位置。

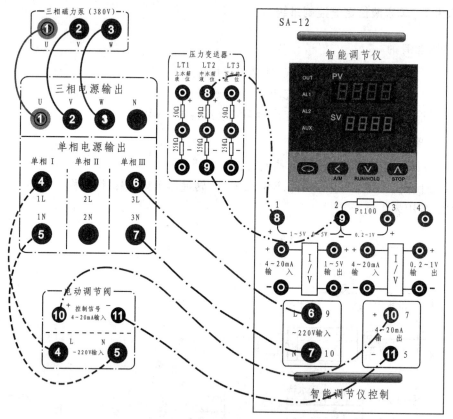

图 5-4　智能仪表控制单容液位定值控制实验接线图

(2) 接通总电源和相关仪表的电源。

(3) 打开阀 F1-1、F1-2、F1-7、F1-11 且全开,将中水箱出水阀门 F1-10 开至适当开度,其余阀门均关闭。

(4) 选用单回路控制系统实验中所述的某种调节器参数的整定方法,整定好调节器的相关参数。

(5) 设置好系统的给定值后,用手动操作调节器的输出,使电动调节阀给中水箱打水,待其液位达到给定量所要求的值,且基本稳定不变时,把调节器切换为自动,使系统投入自动运行状态。

（6）启动计算机，运行 MCGS 组态软件，并进行下列实验：

① 当系统稳定运行后，突加阶跃扰动（将给定量增加 5%～15%），观察并记录系统的输出响应曲线；

② 待系统进入稳态后，适量改变阀 F1－6 的开度，以作为系统的扰动，观察并记录在阶跃扰动作用下液位的变化过程。

（7）适量改变 PI 的参数，用计算机记录不同参数时系统的响应曲线。

5．实验报告

（1）用实验方法确定调节器的相关参数。

（2）列表记录，在上述参数下求得阶跃响应的动、静态性能指标。

（3）列表记录，在上述参数下求得系统在阶跃扰动作用下响应曲线的动、静态性能指标。

（4）变比例度 δ 和积分时间 T_1 对系统的性能产生什么影响？

参考参数：$SV=10$；$P=20$；$I=50$；$D=0$；$CF=0$；$ADDR=1$；$Sn=33$；$diH=50$；$diI=0$；快。

5.3.3　单闭环流量定值控制

1．实验目的

（1）了解单闭环流量定值控制系统的组成。

（2）应用阶跃响应曲线法整定调节器的参数。

（3）研究调节器中相关参数的变化对系统性能的影响。

2．实验设备

同前。

3．实验原理

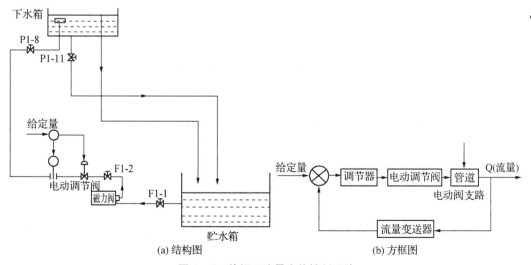

(a) 结构图　　　　　　　　　　　　　(b) 方框图

图 5－5　单闭环流量定值控制系统

图 5-5 为单闭环流量控制系统的结构图。系统的被控对象为管道,流经管道中的液体流量 Q 作为被控制量。基于系统的控制任务是维持被控制量恒定不变,即在稳态时,它总等于给定值。因此需把流量 Q 经检测变送后的信号作为系统的反馈量,并采用 PI 调节器。

基于被控对象是一个时间常数较小的惯性环节,故本系统调节器的参数宜用阶跃响应曲线法确定。

4. 实验内容与步骤

(1) 按图 5-6 要求,完成实验系统的接线。

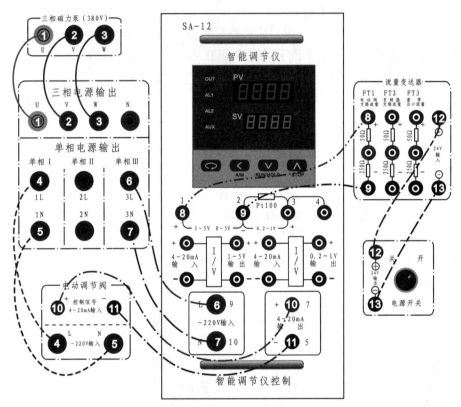

图 5-6　智能仪表控制单闭环流量定值控制实验接线图

(2) 接通总电源和相关仪表的电源。

(3) 按经验数据预先设置好副调节器的比例度。

(4) 本实验选择电动阀支路流量作为被控对象。将阀门 F1-1、F1-2、F1-8、F1-11 全开,其余阀门均关闭;将"FT1 电动阀支路流量"钮子开关拨到"ON"的位置。

(5) 根据用阶跃响应曲线法求得的 K、T 和 τ,查本章中的表四确定 PI 调节器的参数 δ 和周期 T_i。

(6) 设置流量的给定值后,手动操作调节器的输出,通过电动调节阀支路给下水箱打水。等流量 Q 趋于给定值且不变后,把调节器由手动切换为自动,使系统进入自动运行状态。

(7) 打开计算机,运行 MCGS 组态软件,并进行实验。当系统稳定运行后,突加阶跃扰动(将给定量增加 5%~15%),观察并记录系统的输出响应曲线。

(8) 通过反复多次调节 PI 的参数,使系统具有较满意的动态性能指标。用计算机记录此时系统的动态响应曲线。

5. 实验报告要求

(1) 画出单闭环流量定值控制实验的结构框图。

(2) 用实验方法确定调节器的相关参数,写出整定过程。

(3) 根据实验数据和曲线,分析系统在阶跃扰动作用下的静、动态性能。

(4) 比较不同 PI 参数对系统性能产生的影响。

(5) 分析 P、PI、PD、PID 四种控制方式对本实验系统的作用。

6. 思考题

(1) 消除系统的余差为什么采用 PI 调节器,而不采用纯积分器?

(2) 为什么本系统调节器参数的整定要用阶跃响应曲线法,而不用临界比例度法和阻尼振荡法?

5.3.4　锅炉内胆动态(静态)水温定值控制

1. 实验目的

(1) 了解单回路温度控制系统的组成与工作原理。

(2) 研究 P、PI、PD 和 PID 四种调节器分别对温度系统的控制作用。

(3) 了解 PID 参数自整定的方法及参数整定在整个系统中的重要性。

(4) 分析锅炉内胆动态水温与静态水温在控制效果上有何不同之处?

2. 实验设备

(1) THJ-2 型高级过程控制系统实验装置。

(2) 计算机、上位机 MCGS 组态软件、RS232-485 转换器 1 只、串口线 1 根。

(3) 万用表 1 只。

3. 实验原理

图 5-7 为一个单回路锅炉内胆动态水温控制系统结构示意图,其中锅炉内胆为动态循环水,变频器、磁力泵与锅炉内胆组成循环水系统。而被控的参数为锅炉内胆水温,即要求锅炉内胆水温等于给定值。实验前先通过变频器、磁力泵支路给锅炉内胆打满水,然后关闭锅炉内胆的进水阀门 F1-13。待系统投入运行以后,变频器-磁力泵再以固定的小流量使锅炉内胆的水处于循环状态。在内胆水为静态时,由于没有循环水加以快速热交换,而三相电加热管功率为 4.5 kW,使内胆水温上升相对快速,散热过程又相对比较缓慢,而且调节的效果受对象特性和环境的限制,导致系统的动态性能较差,即超调大,调节时间长。但当改变为循环水系统后,便于热交换及加速了散热能力,相比于静态温度控制实验,在控制的动态精度,快速性方面有了很大的提高。系统采用的调节器为工业上常用 AI 智能调节仪。

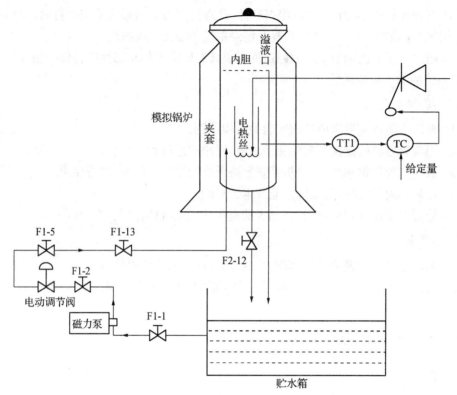

图 5-7　锅炉内胆动态水温控制系统的结构示意图

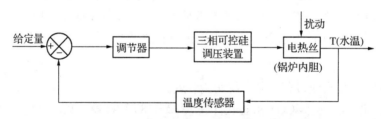

图 5-8　锅炉内胆动态水温控制系统的方框图

4. 实验内容与步骤

(1) 按图 5-9 要求,完成实验系统的接线。

(2) 接通总电源和相关仪表的电源。

(3) 打开阀 F1-1、F1-2、F1-5 和 F1-13,关闭其他与本实验无关的阀。用变频器-磁力泵支路给锅炉内胆打满水。待实验投入运行以后,变频器-磁力泵再以固定的小流量使锅炉内胆的水处于循环状态。

(4) 手动操作调节器输出,用计算机记录锅炉内胆中水温的响应曲线,并由该曲线求得 K、T 和 τ 值,据此查表确定 PI 调节器的参数 δ 和 T_I,并整定之。

(5) 设置好温度的给定值,先用手操作调节器的输出,通过三相移相调压模块给锅炉内胆加热,等锅炉水温趋于给定值且不变后,把调节器由手动切换为自动,使系统进入自动运行状态。

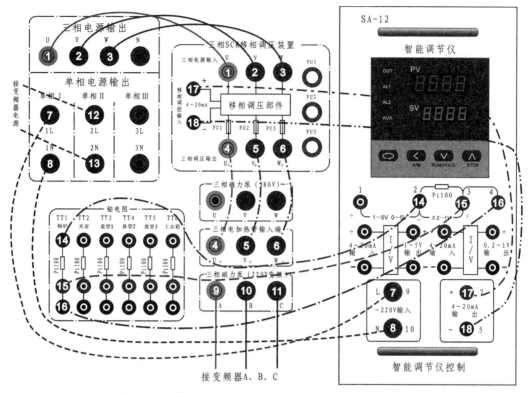

图 5-9　智能仪表控制锅炉内胆动态(静态)水温系统接线图

（6）打开计算机,运行 MCGS 组态软件,并进行实验。当系统稳定运行后,突加阶跃扰动(将给定量增加 5%～15%),观察并记录系统的输出响应曲线。

（7）通过反复多次调节 PI 的参数,使系统具有较满意的动态性能指标。用计算机记录此时系统的动态响应曲线。

5. 实验报告

（1）用实验方法整定 PI 调节器的参数。

（2）作出比例 P 控制时,不同 δ 值下的阶跃响应曲线,并记下它们的余差 e_{ss}。

（3）比例积分调节器(PI)控制：

① 在比例调节控制实验的基础上,加上积分作用"I",即把"I"(积分)设置为一参数,根据不同的情况,设置不同的大小。观察被控制量能否回到原设定值的位置,以验证系统在 PI 调节器控制下,系统的阶跃扰动无余差产生。

② 固定比例 P 值(中等大小),然后改变调节器的积分时间常数 T_I 值,观察加入阶跃扰动后被调量的输出波形和响应时间的快慢。

③ 固定 T_I 于某一中等大小的值,然后改变比例度 δ 的大小,观察阶跃扰动后被调量的动态波形和响应时间的快慢。

（4）分析 δ 和 T_I 值改变时,各给系统动态性能产生什么影响。

6. 思考题

（1）在温度控制系统中，为什么用 PD 和 PID 控制，系统的性能并不比用 PI 控制时有明显的改善？

（2）什么内胆动态水的温度控制比静态水时的温度控制更容易稳定，动态性能更好？

5.4 复杂控制系统实验

5.4.1 三闭环液位串级控制系统

1. 实验目的

（1）熟悉三闭环液位串级控制系统的结构与组成。

（2）掌握三闭环液位串级控制系统的投运与参数的整定方法。

（3）研究阶跃扰动分别作用于副对象和主对象时对系统主控制量的影响。

（4）主、副调节器参数的改变对系统性能的影响。

2. 实验设备

同前。

3. 实验原理

本实验系统是由上、中、下三个水箱串联连接组成，下水箱的液位 H1 为系统的主控制量，其余两个水箱的液位 H2 和 H3 均为辅助控制量。与前面的双回路液位控制系统相比，本系统多了一个内回路，其目的是减小上水箱的时间常数，以加快系统的响应。

本系统的控制目的，不仅要使下水箱的液位 H1 等于给定量所要求的值，而且当扰动出现在上、中水箱时，由于它们的时间常数小于下水箱，故在下水箱的液位未发生明显变化前，扰动所产生的影响已通过内回路的控制及时地被消除。当然，扰动若作用于下水箱，系统的被控制量 H1 必然要受其影响，但由于本系统有两个内回路，因而大大减小了上、中水箱的时间常数，使它比具有上、中、下三个水箱串接的单回路系统动态响应快得多。图 5-10 为该系统的方框图，图 5-11 为三闭环串级控制系统的结构图。

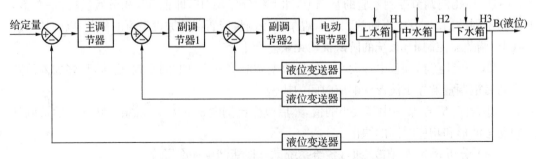

图 5-10　三回路液位串级控制系统的方框图

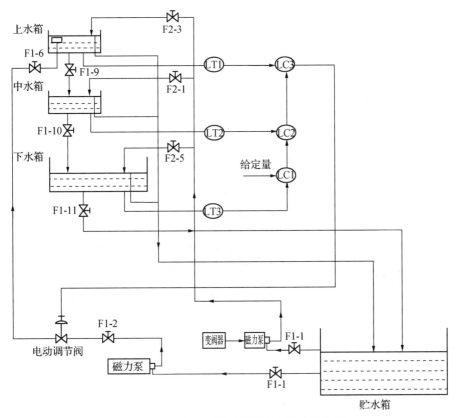

图 5-11 三闭环液位串级控制系统的结构图

4. 实验内容与步骤

(1) 按图 5-12 所示的要求,接好实验系统相关的连接线。

(2) 按通总电源和相关仪表的电源。

(3) 打开阀 F1-1、F1-2、F1-6、F1-9、F1-10 和 F1-11,且要求阀 F1-9 的开度略大于阀 F1-10 的开度,阀 F1-10 的开度略大于阀 F1-11 的开度。

(4) 为保证本系统无静差,故主调节器采用 PI 控制;两个副调节器均可采用比例控制,它们的比例度可参考实验"水箱液位的串级控制系统"来设定。

(5) 调节主调节器的比例度,使之由大逐渐减小,直到系统的输出响应出现 4∶1 衰减度为止,记下此时的比例度 δ_S 和周期 T_S,据此,按经验表计算出主调节器的比例度 δ 和积分时间常数 T_I。

(6) 用手动操作主调节器的输出,使电动调节阀给上、中、下三只水箱送水。为使系统能较快地进入平衡状态,要求当下水箱的液位 H3 等于给定值时,三个水箱间的液位关系必须满足 H1<H2<H3。当下水箱的液位 H3 趋近于给定值,且上、中水箱的液位也基本不变时,把主调节器由手动切为自动,使系统进入自动运行状态。

(7) 打开计算机,运行 MCGS 组态软件,并进行如下实验:

① 当系统稳定运行后,突加给定的增量(其值一般为给定值的 10% 左右),观察并记录液位 H1 的响应曲线。

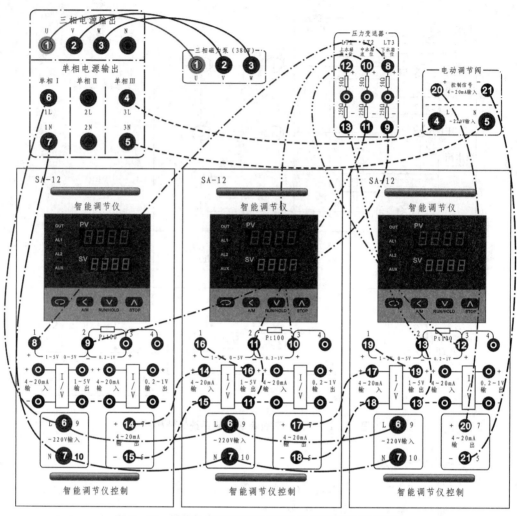

图 5-12　智能仪表控制三闭环液位串级控制实验接线图

② 增大或减小阀 F1-6 的开度,观察并记录液位 H1 的变化曲线。

③ 开启变频器。

a. 适量开放阀 F2-3,观察并记录液位 H1 的变化曲线。

b. 关闭阀 F2-3,适量开放阀 F2-4,观察并记录液位 H1 的变化曲线。

c. 关闭阀 F2-4,适量开放阀 F2-5,观察并记录液位 H1 的变化曲线。

（8）通过反复对主、副调节器参数的调节,使系统的输出响应具有较满意的动、静态性能。记录相应调节器的参数和响应曲线。

5. 实验报告

（1）画出本实验系统的方框图。

（2）按 4:1 衰减曲线法确定主调节器的参数,并把最终调试的参数一并列表表示。

（3）分析扰动分别作用于三个对象时,对系统输出响应的影响。

（4）试分析三闭环串级系统比双闭环串级系统的优越性。

5.4.2 双闭环流量比值控制系统

1. 实验目的

（1）了解双闭环比值控制系统的原理与结构组成。

（2）掌握双闭环流量比值控制系统的参数整定与投运方法。

（3）分析双闭环比值控制与单闭环比值控制有何不同。

2. 实验设备。

同前。

3. 实验原理

本实验是双闭环流量比值控制系统。其实验系统结构图如图 5-13 所示。该系统中有两条支路：一路是来自于电动阀支路的流量 Q_1，它是一个主流量；另一路是来自于变频器-磁力泵支路的流量 Q_2，它是系统的副流量。要求副流量 Q_2 能跟随主流量 Q_1 的变化而变化，而且两者间保持一个定值的比例关系，即 $Q_2/Q_1 = K$。

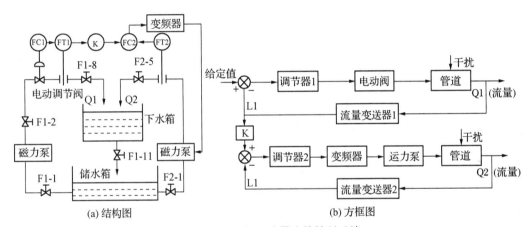

(a) 结构图 　　　　　　　　(b) 方框图

图 5-13　双闭环流量比值控制系统

由图 5-13 中可以看出双闭环流量比值控制系统是由一个定值控制的主流量回路和一个跟随主流量变化的副流量控制回路组成，主流量回路能克服主流量扰动，实现其定值控制。副流量控制回路能抑制作用于副回路中的扰动，当扰动消除后，主副流量都回复到原设定值上，其比值不变。显然，双闭环流量控制系统的总流量是固定不变的。

4. 比值系数的计算

设流量变送器的输出电流与输入流量间呈线性关系，即当流量 Q 由 $0 \sim Q_{max}$ 变化时，相应变送器的输出电流为 $4 \sim 20\ mA$。由此可知，任一瞬时主流量 Q_1 和副流量 Q_2 所对应变送器的输出电流分别为：

$$I_1 = \frac{Q_1}{Q_{1max}} \times 16 + 4 \tag{5-1}$$

$$I_2 = \frac{Q_2}{Q_{2max}} \times 16 + 4 \tag{5-2}$$

式中：Q_{1max} 和 Q_{2max} 分别为 Q_1 和 Q_2 最大流量值，即涡轮流量计测量上限。由于两只涡轮流量计完全相同，所以有 $Q_{1max}=Q_{2max}$。

设工艺要求 $Q_2/Q_1=K$，则式(5-1)、式(5-2)可改写为：

$$Q_1=\frac{(I_1-4)}{16}Q_{1max} \tag{5-3}$$

$$Q_2=\frac{(I_2-4)}{16}Q_{2max} \tag{5-4}$$

于是求得：

$$\frac{Q_2}{Q_1}=\frac{I_2-4}{I_1-4}\times\frac{Q_{2max}}{Q_{1max}}=\frac{I_2-4}{I_1-4} \quad K_F=\frac{u_1-u_0}{F_1-F_0} \tag{5-5}$$

折算成仪表的比值系数 K' 为

$$K'=K\times\frac{Q_{1max}}{Q_{2max}}=K \tag{5-6}$$

5. 实验内容与步骤

本实验选择电动阀支路和变频器支路组成流量比值控制系统。实验之前先将储水箱中贮足水量，然后将阀门 F1-1、F1-2、F1-8、F1-11、F2-1、F2-5 全开，其余阀门均关闭。

(1) 将两个 SA-12 挂件挂到屏上，并将挂件的通讯线插头插入屏内 RS485 通讯口上，将控制屏右侧 RS485 通讯线通过 RS485/232 转换器连接到计算机串口 2，并按照图 5-14 所示的控制屏接线图连接实验系统。将"FT1 电动阀支路流量"钮子开关拨到"ON"的位置，将"FT2 变频器支路流量"钮子开关拨到"OFF"的位置。

(2) 本实验采用两只智能仪表，其中控制主流量的调节仪 1 运行在"手动"状态，即主流量控制回路开环，而控制副流量的调节仪 2 则处于"自动"状态，即副流量控制回路闭环运行。

(3) 接通总电源空气开关和钥匙开关，打开 24 V 开关电源，给涡轮流量计上电，按下启动按钮，合上单相Ⅰ、单相Ⅲ空气开关，给智能仪表及电动调节阀上电。

(4) 打开上位机 MCGS 组态环境，打开"智能仪表控制系统"工程，然后进入 MCGS 运行环境，在主菜单中点击"实验十七、单闭环流量比值控制系统"，进入实验十七的监控界面。

(5) 在上位机监控界面中将智能仪表 1 设置为"手动"输出，并将输出值设置为一个合适的值。此操作也可通过调节仪表实现。

(6) 合上单相Ⅱ和三相电源空气开关，变频器及磁力驱动泵上电打水，适当增加/减少智能仪表的输出量，使电动阀支路流量平衡于设定值。用万用表测量比值器的输入电压 U_{in} 和输出电压 U_{out}，并调节比值器上的电位器，使得

$$K'=\frac{U_{in}-1}{U_{out}-1} \tag{5-7}$$

(7) 选择 PI 控制规律，并按照单回路调节器参数的整定方法整定副流量回路的调节器参数，并按整定后的 PI 参数进行副流量调节仪 2 的参数设置，同时将智能仪表 2 投入

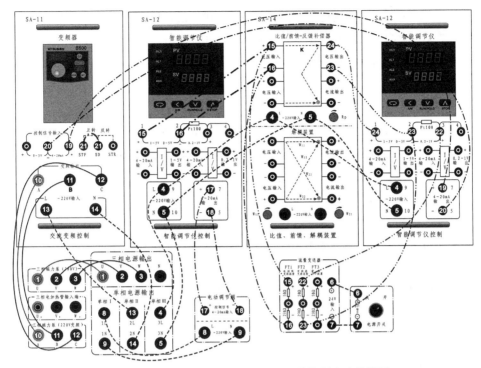

图 5 - 14　智能仪表控制单闭环流量比值控制实验接线图

自动运行。

（8）待变频器支路流量稳定于给定值后，通过以下几种方式加干扰：

① 突增（或突减）仪表 1 输出值的大小，使其有一个正（或负）阶跃增量的变化；

② 将中水箱进水阀 F2 - 4 开至适当开度（副流量扰动）；

③ 将电动调节阀的旁路阀 F1 - 3 或 F1 - 4（同电磁阀）开至适当开度；

④ 将中水箱进水阀 F1 - 7 开至适当开度。

以上几种干扰均要求扰动量为控制量的 5％～15％，干扰过大可能造成水箱中水溢出或系统不稳定。流量的响应过程曲线将如图 5 - 15 所示。

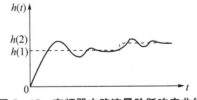

图 5 - 15　变频器支路流量阶跃响应曲线

（9）分别适量改变调节仪 2 的 P 及 I 参数，重复步骤（8），用计算机记录不同参数时系统的阶跃响应曲线。

（10）适量改变比值器的比例系数 K'，观察副流量 Q_2 的变化，并记录相应的动态曲线。

6．实验报告

（1）画出双闭环流量比值控制系统的结构框图。

（2）根据实验要求，实测比值器的比值系数，并与设计值进行比较。

（3）列表表示主动量 Q_1 变化与从动量 Q_2 之间的关系。

（4）根据扰动分别作用于主、副流量时系统输出的响应曲线，分析系统在阶跃扰动作用下的静、动态性能。

7. 思考题

（1）本实验在哪种情况下，主动量 Q_1 与从动量 Q_2 之比等于比值器的仪表系数？

（2）双闭环流量比值控制系统与单闭环流量控制系统相比有哪些优点？

5.4.3 下水箱液位前馈-反馈控制系统

1. 实验目的

（1）通过本实验进一步了解液位前馈-反馈控制系统的结构与原理。

（2）掌握前馈补偿器的设计与调试方法。

（3）掌握前馈-反馈控制系统参数的整定与投运方法。

2. 实验设备

同前。

3. 实验原理

本实验的被控制量为下水箱的液位 h，主扰动量为变频器支路的流量。本实验要求下水箱液位稳定至给定值，将压力传感器 LT3 检测到的下水箱液位信号作为反馈信号，在与给定量比较后的差值通过调节器控制电动调节阀的开度，以达到控制下水箱液位的目的。扰动量经过前馈补偿器后直接叠加在调节器的输出，以抵消扰动对被控对象的影响。本实验系统结构图和方框图如图 5-16 所示。

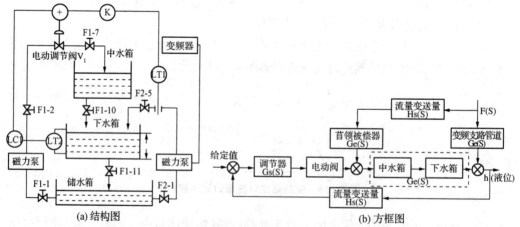

(a) 结构图　　　　(b) 方框图

图 5-16　下水箱液位前馈-反馈控制系统

由图可知，扰动 $F(S)$ 得到全补偿的条件为

$$F(S)G_f(S) + F(S)G_F(S)G_0(S) = 0$$

$$G_F(S) = -\frac{G_f(S)}{G_0(S)} \tag{5-8}$$

上式给出的条件由于受到物理实验条件的限制,显然只能近似地得到满足,即前馈控制不能全部消除扰动对被控制量的影响,但如果它能去掉扰动对被控制量的大部分影响,则认为前馈控制已起到了应有的作用。为使补偿器简单起见,$G_F(S)$用比例器来实现,其值按公式来计算。

4. 静态放大系数 K_F 的整定方法

(1) 开环整定法

开环整定法是在系统断开反馈回路的情况下,仅采用静态前馈作用来克服对被控参数影响的一种整定法。整定时,K_F由小到大调节,观察前馈补偿的作用,直至被控参数回到给定值上,即直至完全补偿为止。此时的静态参数即为最佳的整定参数值 K_F,实际上 K_F 值符合下式关系,即

$$K_F = \frac{K_f}{K_0} \tag{5-9}$$

式中:K_f、K_0分别为扰动通道、控制通道的静态放大系数。

开环整定法适用于在系统中其他扰动不占主要地位的场合,不然有较大偏差。

(2) 前馈-反馈整定法

在图 5-17 所示系统反馈回路整定好的基础上,先合上开关 K,使系统为前馈-反馈控制系统,然后由小到大调节 K_F 值,可得到在扰动 $f(t)$ 作用下如图 5-18 所示的一系列响应曲线,其中图 5-18(b)所示的曲线补偿效果最好。

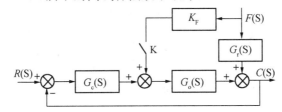

图 5-17　前馈-反馈系统参数整定方框图

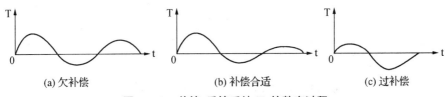

| (a) 欠补偿 | (b) 补偿合适 | (c) 过补偿 |

图 5-18　前馈-反馈系统 K_F 的整定过程

(3) 利用反馈系统整定 K_F 值

待图 5-18 所示系统运行正常后,打开开关 K,则系统成为反馈控制。

① 待系统稳定运行,并使被控参数等于给定值时,记录相应的扰动量 F_0 和调节器输出 u_0。

② 人为改变前馈扰动,使 F_0 变为 F_1,待系统进入稳态,且被控参数等于给定值时,

记录此时调节器的输出值 u_1。

③ 按下式计算 K_F 值：

$$K_F = \frac{u_1 - u_0}{F_1 - F_0} \qquad (5-10)$$

5. 实验内容与步骤

本实验选择中水箱和下水箱串联作为被控对象，实验之前先将储水箱中贮足水量，然后将阀门 F1-1、F1-2、F1-7、F2-1、F2-5 全开，将阀门 F1-10、F1-11 开至适当开度（阀 F1-10＞F1-11），其余阀门都关闭。

（1）将挂件 SA-11、SA-22、SA-23 挂件挂到屏上，并将挂件上的通讯线接头插入屏内相应的 RS485 通讯口上，将控制屏右侧 RS485 通讯线通过 RS485/232 转换器连接到计算机串口 2，并按照图 5-19 所示的控制屏接线图连接实验系统。将"FT2 变频器支路流量"、"LT3 下水箱液位"钮子开关拨到"ON"的位置。

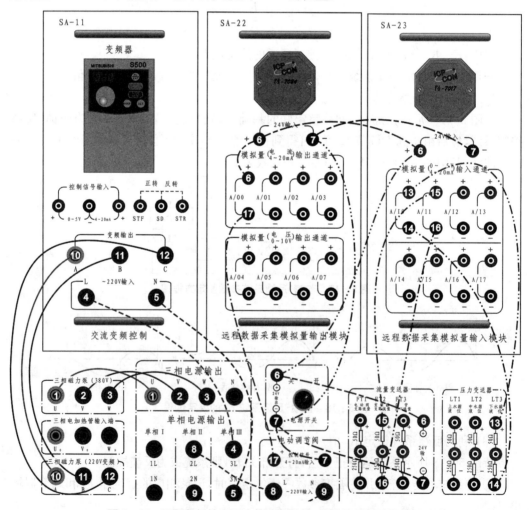

图 5-19 远程数据控制下水箱液位前馈-反馈控制实验接线图

（2）接通总电源空气开关和钥匙开关，打开 24 V 开关电源，给智能采集模块、涡轮流量计及压力变送器上电，按下启动按钮，合上单相Ⅱ空气开关，给电动调节阀上电。

（3）打开上位机 MCGS 组态环境，打开"远程数据采集系统"工程，然后进入 MCGS 运行环境，在主菜单中点击"实验十八、下水箱液位前馈-反馈控制"，进入实验十八的监控界面。

（4）在上位机监控界面中将智能仪表设置为"手动"输出，并将输出值设置为一个合适的值，此操作也可通过调节仪表实现。

（5）合上三相电源空气开关，磁力驱动泵上电打水，适当增加/减少智能仪表的输出量，使下水箱的液位平衡于设定值。

（6）按单回路的整定方法整定调节器参数，并按整定得到的参数进行调节器设定。按前面静态放大系数的整定方法整定前馈放大系数 K_F。静态放大系数的设置方法可用万用表量得比值器输入输出电压之比即可。

（7）待液位稳定于给定值时，将调节器切换到"自动"状态，待液位平衡后，打开阀门 F2-4 或 F2-5，合上单相Ⅱ电源空气开关启动变频器支路以较小频率给中水箱（或下水箱）打水加干扰（要求扰动量为控制量的 5%～15%，干扰过大可能造成水箱中水溢出或系统不稳定），记录下水箱液位的响应过程曲线。

（8）将前馈补偿去掉，即构成双容液位定值控制系统，重复步骤（7），用计算机记录系统的响应曲线，比较该曲线与加前馈补偿的实验曲线有什么不同。

6．实验报告要求

（1）画出下水箱液位前馈-反馈控制实验的结构框图。

（2）用实验方法确定前馈补偿器的静态放大系数，写出整定过程。

（3）根据实验数据和曲线，分析系统在相同扰动作用下，加入前馈补偿与不加前馈补偿的动态性能。

（4）根据所得的实验结果，对前馈补偿器在系统中所起的作用作出评述。

7．思考题

（1）对一种扰动设计的前馈补偿装置，对其他形式的扰动是否也适用？

（2）有了前馈补偿器后，试问反馈控制系统部分是否还具有抗扰动的功能？

5.4.4　流量纯滞后控制系统

1．实验目的

（1）通过本实验，进一步认识传输纯滞后的形成，及其对系统动态性能的影响。

（2）掌握纯滞后控制系统用常规 PID 调节器的参数整定方法。

2．实验设备

（1）THJ-2 高级过程控制系统实验装置。

（2）计算机、上位机 MCGS 软件、RS232-485 转换器 1 只、串口线 1 根。

（3）万用表 1 只。

3．实验原理

本实验系统结构图和方框图如图 5-20 所示。本实验的被控制量为盘管出水口流量

Q,要求它等于系统的给定值,将盘管出口涡轮流量计检测到的流量信号作为反馈信号,在与给定量比较后的差值通过调节器控制三相交流变频器的输出电压,以达到控制盘管出口流量的目的。

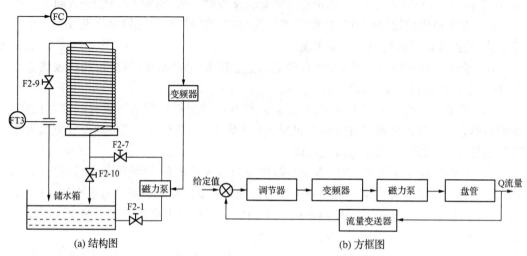

图 5－20　盘管出口流量纯滞后控制系统

显然本实验系统中管道的传输滞后较为明显,因此系统的控制难度要比一般的单回路反馈控制系统大。为了获得满意的控制效果,系统的调节器应选择 PI 控制,并且 PI 调节器的比例度 δ 和积分时间常数 T_I 应设得比较大。

4. 实验内容与步骤

(1) 根据图 5－21 完成实验系统的接线。

(2) 接通总电源和相关仪表的电源。

(3) 打开阀 F2－1、F2－7、F2－9;关闭 F2－2、F2－10、F2－8。

(4) 按单回路参数的整定法,初步整定 PID 调节器的参数。

(5) 设置系统的给定值,并令调节器工作于自动状态,通过变频器与泵向盘管送水。

(6) 根据上位机记录的输出响应曲线,对 PID 调节器的参数作进一步修正,以进一步提高系统的动态性能。

(7) 系统进入稳态后,令给定值突变一个增量(阶跃扰动),观察并记录输出量的响应曲线。

5. 实验报告

(1) 根据图 5－21 画出系统的控制方框图。

(2) 根据输出的阶跃响应曲线,确定纯滞后的时间 τ。

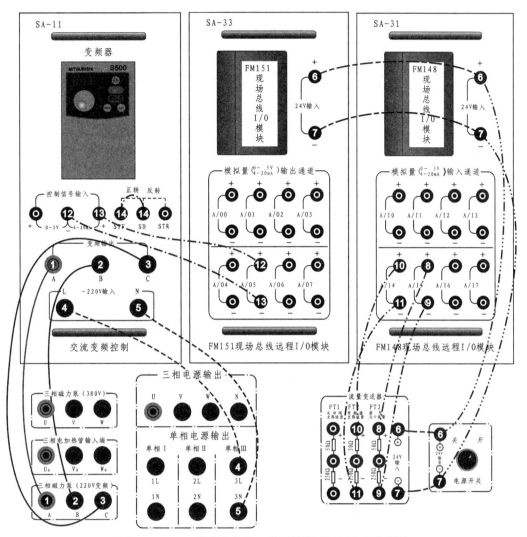

图 5 - 21　DCS 控制盘管出口流量纯滞后控制实验接线图

6. 思考题

(1) 试分析纯滞后环节对系统动态性能的影响。

(2) 纯滞后环节的引入对系统的稳态精度是否有影响?

第6章 乙酸乙酯生产中试实训

6.1 概述及安全事项

化工专业技能操作实训装置 UTS 系列产品是以化工原理八大单元为基础背景,结合高校实训课程教学大纲要求而成功开发的。该系列产品在设计中尽力贴近工厂装置的原则:① 重点考虑装置的安全性、科学性、环保性、实用性、资源的可循环利用;② 选用多种形式的设备、仪表、阀门、管件等,以拓展教学范围,丰富教学内容;③ 配置不同控制系统(常规控制与 DCS 控制)。可满足化工工艺类、化工机械类和过程控制类专业学生认识实习、实训操作的要求。体现工厂情景化、操作实际化、控制网络化(DCS)、故障模拟真实化等。

6.1.1 工艺危险

(1) 乙酸能与氧化剂发生强烈反应,与氢氧化钠、氢氧化钾等反应剧烈。稀释后对金属有腐蚀性。

(2) 要求穿戴劳保用品,戴化学安全防护眼镜,浓度较高的乙酸具有腐蚀性,能导致皮肤烧伤,眼睛永久失明以及黏膜发炎,因此需要适当的防护。上述烧伤或水泡不一定马上出现,很大部分情况是暴露后几个小时出现。

(3) 乳胶手套不能起保护作用,所以在处理乙酸的时候应该带上特制的手套,例如丁腈橡胶手套。

(4) 浓缩乙酸在实训室中燃烧比较困难,但是当环境温度达到39℃的时候,它便具有可燃的威胁,在此温度以上,乙酸可与空气混合爆炸(爆炸极限 4%~17%体积浓度)。

(5) 因为强烈的刺激性气味及腐蚀性蒸汽,操作浓度超过 25%的乙酸要在眼罩下进行。稀乙酸溶液,例如醋,是无害的。然而,摄入高浓度的乙酸溶液是有害人及动物健康的。

(6) 灭火方法,用雾状水、干粉、抗醇泡沫、二氧化碳灭火,用水保持火场中容器冷却,用雾状水驱散蒸气,赶走泄漏液体,使之稀释成不燃性混合物,并用水喷淋去堵漏。

(7) 泄漏处理:切断火源,穿戴好防护眼镜、防毒面具和耐酸工作服,用大量水冲洗溢漏物,使之流入航道,被很快稀释,从而减少对人体的危害。

(8) 皮肤接触先用水冲洗,再用肥皂彻底洗涤;眼睛受刺激用水冲洗,再用干布拭擦,严重的须送医院诊治,并淋浴更衣,不要将工作服带入生活区,切勿吸入蒸汽;不慎与眼睛接触后,请立即用大量清水冲洗并征求医生意见,若发生事故或感不适,立即就医。(如可能,出示其标签)若不采取适当的预防措施,将造成严重的人身伤害、伤亡或重大的损失。

（9）为了防止触电或者产生错误动作和故障,在确认安装完成之前,请不要接通电源。接通电源后,请不要触摸端子,否则会有触电危险。装置在接通电源的状态中,不要把水溅到控制柜的仪表以及端子排上,否则会有漏电、触电或火灾的危险。切断电源并挂上禁止通电警示牌后,才可以进行设备单元的拆卸或检修,否则会有触电危险。

6.1.2　注意事项

（1）化工类实训应在良好的通风环境下进行。

（2）实训物料请勿直接排入生活地沟。

（3）使用装置前,首先检查本装置的外部供电系统,本装置供电电压为 380 V AC,频率 50 Hz,功率 32 kW。

（4）高浓度的乙酸具有腐蚀性,能导致皮肤烧伤、眼睛失明以及粘膜发炎,学生在操作时应佩带好护目镜、防毒面具、耐酸工作服和丁腈橡胶手套。

（5）请勿将运转设备长时间闭阀运行。

（6）外部供电意外停电时请切断装置总电源,以防重新通电时运转设备突然启动而产生危险。

（7）如遇到意外情况,请立即切断电源。

（8）每次停车后请及时切断总电源,并将装置内的物料排放干净。

（9）注意定期对运转设备进行保养,尤其是长时间未使用的情况下,以保证装置的正常使用。

6.2　装置说明

6.2.1　工业背景

乙酸乙酯是醋酸的一种重要下游产品,具有优异的溶解性、快干性,在工业中主要用作生产涂料、粘合剂、乙基纤维素、人造革以及人造纤维等的溶剂,作为提取剂用于医药、有机酸的产品生产等,用途十分广泛,发展前景看好。

乙酸乙酯综合生产实训装置是石油化工企业酯类产品制备的重要装置之一,其工艺主要有三类,即国内常用的乙酸乙酯直接酯化法、欧美常用的乙醛缩合法以及乙醇一步法。本装置选用乙酸乙酯直接酯化法,其反应原理为:以乙酸乙酯直接酯化法工艺为基础,以乙醇、乙酸为原料,固体酸为催化剂,由乙酸乙酯反应和产品分离两部分组成的生产过程实训操作。反应工段以反应段、精馏系统为主体,配套有原料罐、提馏段、反应段、精馏段、轻相罐、重相罐等设备;产品分离工段以萃取精馏(筛板塔)分离乙酸乙酯和萃取剂分离提纯(填料塔)为主体,配套有冷凝器、产品罐、残液灌等设备。

主要特点:在 DCS 基础上配置独立 SIS 控制单元,对于涉及剧毒、易燃易爆的化工装置培训具有较强针对性,可以增强学生关于安全仪表的概念和意识,培养学生在出现重大事故时如何应对处理。在正常工艺生产过程中,SIS 系统处于静态运行监视作用,由 DCS 进行工艺控制,只有当过程变量超出预期值,SIS 系统检测到该值并自动激活,可自动地完成预先设定的流程动作。

6.2.2 工艺流程图

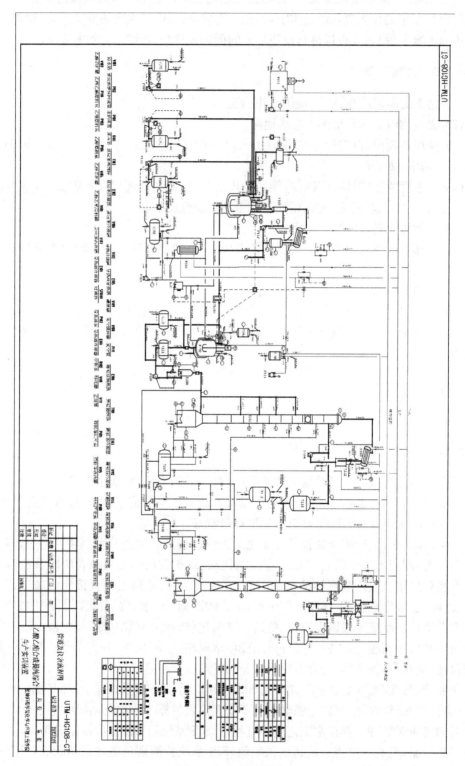

图 6-1 工艺流程图

6.2.3　工艺流程说明

1. 酯化反应部分

乙酸和乙醇由原料罐(V103、V104)经乙酸、乙醇进料泵(P103、P104)打入反应釜(R101)中,催化剂磷钼酸由反应釜(R101)顶的加料斗加入反应釜(R101)中。打开反应釜(R101)的搅拌电机,调节至适当转速,然后打开加热开关,使反应釜(R101)夹套温度控制在 130～140℃,反应釜内温度控制在 80～90℃左右,进行酯化反应。形成的蒸汽经反应釜顶蒸馏柱(E101)冷凝,回流反应 0.5～1 小时,提高反应转化率。再经反应釜蒸馏柱(E102)冷凝,冷凝液流到反应釜冷凝罐(V106)中,打开反应釜冷凝罐(V106)底部的出料阀门,通过回流泵 P112 使液体流到中和釜(R101)或冷凝罐(V106)、中和釜(R102)。

2. 中和部分

由反应釜冷凝液罐(V106)来的物料加入中和釜(R102)中,同时由碱液罐(V109)将碳酸钠饱和溶液加入中和釜(R102)中,与溶液中的乙酸发生中和反应,水、醋酸钠和碳酸钠溶液作为重相先从釜底排入重相罐(V111)中,注意观察视镜界面,出现分液层以后,关闭重相罐的入口阀,开启轻相罐的入口阀,然后将上层的乙酸乙酯、乙醇和微量的水再从釜底排入轻相罐(V110)中。

3. 萃取精馏操作

先将萃取剂乙二醇加入填料塔残液罐(V116)中,由填料塔进料泵(P107)打入筛板塔(T101),流入塔釜后,经筛板塔残液泵(P105)打回到残液罐(V110)中,再打入筛板塔中不断地循环。待塔釜液位稳定后,开启待塔釜加热,待萃取液温度上升到 90℃以上时,由筛板塔原料泵(P106)将轻相罐(V110)中的物料打入筛板塔(T101)由最高进料口进料,进行萃取精馏。进入塔体的原料和萃取剂乙二醇接触后,原料中的乙醇和水由乙二醇带入塔底,塔顶轻组分乙酸乙酯经筛板塔顶冷凝器(E103)冷却后流入筛板塔冷凝液罐V112,一部分经筛板塔顶回流管路流入塔顶,一部分流入筛板塔产品罐(V114)。塔底重组分乙二醇、乙醇和少量水由筛板塔底进入筛板塔残液罐(V115)。

4. 萃取剂回收操作

由筛板塔残液罐(V115)来的物料经萃取剂泵(P106)打入填料塔(T102)进料口,流入塔釜,此时开始加热塔釜,温度达到 120℃时进行精馏操作。塔顶轻组分乙醇和水经填料塔冷凝器(E104)冷凝后入填料塔冷凝罐(V117),一部分经填料塔顶回流管路流入塔顶,一部分流入填料塔产品罐(V118)。塔底重组分乙二醇由填料塔底进入填料塔残液罐(V116),可循环使用。

6.3　生产技术指标

在化工生产中,对各工艺变量有一定的控制要求。有些工艺变量对产品的数量和质量起着决定性的作用。有些工艺变量虽不直接影响产品的数量和质量,然而保持其平稳却是使生产获得良好控制的前提。例如,精馏塔的温度对精馏效果起很重要的作用。

先进的控制策略在化工生产过程的推广应用,能够有效提高生产过程的平稳性和产品质量的合格率,对于降低生产成本、节能减排降耗、提升企业的经济效益具有重要意义。

6.3.1 各项工艺操作指标

1. 温度控制

反应精釜内温度:85~95℃;

塔顶蒸汽温度:70~75℃;

顶冷凝液温度:≤60℃;

原料预热器温度:≤70℃;

筛板塔预热器温度:70~75℃(具体根据原料的浓度来调整);

分离塔塔釜温度:85~95℃(具体根据产品的浓度、物料来调整);

乙酸乙酯分离塔塔釜温度:92~98℃,不宜超过105℃;

萃取剂再生塔塔釜温度:105~115℃(具体根据产品的浓度调整)。

2. 流量控制

乙醇进料流量:~10 L/h;

乙酸进料流量:~10 L/h;

分离塔进料流量:4~6 L/h;

乙酸乙酯分离塔进料流量:4~8 L/h;

萃取剂进料流量:6~12 L/h。

3. 液位控制

乙酸乙酯分离塔釜液位:150~200 mm,报警:L 低位=50 mm;

萃取剂再生塔塔釜液位:100~150 mm,报警:L 低位=50 mm。

4. 压力控制

常压下操作塔压力控制:0~+10 kPa;

负压操作系统压力不宜超过-30 kPa,最大不得超过-50 kPa。

6.3.2 装置联调

装置联调也称水试,是用水、空气等介质,代替生产物料所进行的一种模拟生产状态的试车。目的是为了检验生产装置连续通过物料的性能,此时,可以对水进行加热或降温,观察仪表是否能准确地指示流量、温度、压力、液位等数据,以及设备的运转是否正常等情况。

此操作在装置初次开车时很关键,平常的实训操作中,可以根据具体情况,操作其中的某些步骤或不操作。

6.3.3 原辅材料及产品指标

1. 原料指标

表 6-1 原料指标

项 目	质量指标	
	乙醇	乙酸
外观	无色透明液体,有酒的气味和刺激性辛辣味	无色透明液体,具有强烈刺激性气味
沸点(℃)	78	117.9
熔点(℃)	−114	16.7
密度(g/cm³)	0.789 3	1.049 2
闪点(℃)	14	57
水溶性(g/100 mL)	任意混溶	任意混溶

2. 萃取剂(乙二醇)指标

表 6-2 萃取剂指标

项 目	质量指标
外观	无色、无臭、有甜味、黏稠液体
沸点(℃)	197.5
熔点(℃)	−13.2℃
密度(g/cm³)	1.11
闪点(℃)	110
水溶性(g/100 mL)	任意混溶

3. 产品(乙酸乙酯)指标

表 6-3 产品指标

项 目	质量指标
外观	无色透明液体,具有水果香气
相对分子质量	88.11
密度(g/cm³)	0.901
沸点(℃)	77.1
熔点(℃)	−83.6
燃点(℃)	425
闪点(℃)	−4
水溶性(g/100 mL)	8.5

4. 工业乙酸乙酯指标

本装置产品为透明液体,无悬浮杂质。质量应符合国家工业乙酸乙酯标准"GB/T3728-2007"中合格品的要求。

表 6-4 工业乙酸乙酯指标

项目	优等品	一等品	合格品
乙酸乙酯的质量分数/%≥	99.7	99.5	99.0
乙醇的质量分数/%≤	0.10	0.20	0.50
水的质量分数/%≤	0.05	0.10	
酸的质量分数(以 CH_3COOH 计)/%≤	0.004	0.005	
色度/Hazen 单位(铂-钴色号)≤	10		
密度(ρ_{20})/(g/cm^3)	0.897~0.902		
蒸发残渣的质量分数≤	0.001	0.005	
气味[a]	符合特征气味,无异味,无残留气味		
A 为可选项目			

6.4 实训操作

实训操作之前,请仔细阅读实训装置操作规程,以便完成实训操作。

注意:开车前应检查所有设备、阀门、仪表所处状态。

6.4.1 开车前准备

(1) 由相关操作人员组成装置检查小组,对本装置所有设备、管道、阀门、仪表、电气、照明、分析、保温等按工艺流程图要求和专业技术要求进行检查。

(2) 检查所有仪表是否处于正常状态。

(3) 检查所有设备是否处于正常状态。

(4) 试电:

① 检查外部供电系统,确保控制柜上所有开关均处于关闭状态;

② 开启外部供电系统总电源开关;

③ 打开控制柜上空气开关;

④ 打开装置仪表电源总开关,打开仪表电源开关,查看所有仪表是否上电,指示是否正常;

⑤ 将各阀门顺时针旋转操作到关的状态。

(5) 准备原料:将乙酸及乙醇通过原料罐进料阀加入到原料罐,到其液位 2/3 处。

注意:原料罐进料前必须检查原料罐底部排污阀是否关闭。

(6) 催化剂装填:用扳手等工具将反应精馏塔上段法兰拆卸下来,移至框架边上,从上段将催化剂加入到中间反应段。

注意:在拆装、装填催化剂过程中必须佩带口罩、丁腈橡胶手套、安全服等防护用品。

(7) 开启公用系统:开启循环水泵、凉水塔,冷却水循环备用。

6.4.2　开车

首先检查一楼、二楼所有设备放空是否开启,确保每个放空都是开启状态,其次检测每个设备排污是否关闭。

1. 冷却器操作法

(1) 投用前检查

确认冷却器封头、法兰、螺栓无松动、无缺损;工艺介质流程正确、管线无泄漏;冷却水旁路阀门处于关闭状态。

(2) 投用运行

打开冷却水入口阀门和出口阀门,通过转子流量计调节冷却水流量。确认冷却水系统投用正常,无泄漏,打开反应釜冷凝罐放空阀,接收液体,注意观察产品受液罐液位计,确定是否有产品流出。

投用后确认:冷凝器使用过程中要经常检查系统投用是否正常,有无泄漏。

2. 离心泵操作法

(1) 投用前检查

确认机泵地脚螺栓无松动,无缺损;泵的润滑油杯、油标和过滤网齐全、完好;加相应标号的合格润滑油,至油位 1/2～2/3 处;泵接管法兰螺栓无松动,无缺损;电动机开关处于关闭状态;泵的出口和入口阀关闭;压力表安装好、盘车均匀灵活。

(2) 开泵

关闭泵的出口阀,在控制柜上启动电动机,调节出口阀门,保持冷却水泵(P101)出口压力为 0.1 MPa。

启动后确认:泵的出口压力,电动机电流在正常范围内;泵的振动正常;轴承温度正常;润滑油液面正常;泵无泄漏,出口压力稳定;电动机的电流正常。

(3) 停泵

关闭泵出口阀;在控制柜上停电动机。

注意事项:如果出现异常泄漏、振动超标、异味、异常声响、火花、轴承温度超高或冒烟、电流持续超高等情况立即停泵,联系检修至完好,重复初始状态操作。

3. 齿轮泵操作法

(1) 投用前检查

确认泵的入口阀、出口阀、旁路阀关闭;泵地脚螺栓、接管法兰螺栓无松动,无缺损;电动机处于停止状态;泵盘车均匀灵活,旋转方向正确。

(2) 开泵

打开齿轮泵入口阀,打开齿轮泵旁路阀,启动齿轮泵;打开反应釜进料管线球阀,打开齿轮泵出口阀,关闭齿轮泵旁路阀,使用齿轮泵进料,通过变频器调整流量。

（3）停泵

当加料量达到所需，打开旁路阀，关闭反应釜进料阀，关闭齿轮泵出口阀，关闭齿轮泵，关闭旁路阀。

4. 反应釜操作

（1）投用前检查

确认反应釜（R101）状况完好，静密封点无泄漏；确认反应釜（R101）法兰、螺丝无松动、缺损；确认反应釜（R101）各阀门灵活好用，各阀门、机泵处于关停状态；确认反应釜（R101）相连管线、冷凝器、釜顶受液罐等连接状况；确认流量计、压力表等完好。

（2）向乙酸、乙醇贮罐加料

确认乙酸原料罐（V103）和乙醇原料罐（V104）放空阀处于开启状态，打开加料斗阀门，经加料斗分别向原料罐中加入乙酸和乙醇，加料量不要超过原料罐容积的2/3，加料完毕后关闭加料口阀门。

（3）向反应釜（R101）中进乙酸、乙醇

分别打开乙酸原料泵（P103）和乙醇原料泵（P104）的入口阀、旁路阀，在控制柜上启动乙酸原料泵（P103）、乙醇原料泵（P104），使乙酸、乙醇回流。打开反应釜（R101）进料管线上球阀，打开乙酸、乙醇原料泵（P103、P104）出口阀，向反应釜进料，同时关闭旁路阀。通过C3000控制乙酸原料泵（P103）和乙醇原料泵（P104）的进料流量，控制乙酸进料量为10 L，乙醇进料量为8～10 L。乙酸加料完毕时打开乙酸原料泵（P103）旁路阀，关闭乙酸原料泵（P103）出口阀，在控制柜上关闭乙酸原料泵（P103），关闭乙酸原料泵（P103）旁路阀、入口阀。乙醇加料完毕时打开乙醇原料泵（P104）旁路阀，关闭乙醇原料泵（P104）出口阀，在控制柜上关闭乙醇原料泵（P104），关闭乙醇原料泵（P103）旁路阀、入口阀。

（4）向反应釜（R101）中加催化剂

打开反应釜（R101）顶加料斗球阀，加入溶解在乙醇中的132g磷钼酸，用少量乙醇冲洗加料斗，关闭加料斗球阀。

（5）反应釜（R101）运行

确认反应釜（R101）夹套进水阀门打开，反应釜顶冷凝罐（V105）至反应釜回流阀关闭，反应釜冷凝罐（V106）去轻相罐（V110）阀门关闭，反应釜顶冷凝罐（V106）放空阀关闭。在控制柜上开启反应釜（R101）电机，C3000手动控制电机转速至50%。开启冷却水泵，在控制柜上开启反应釜（R101）加热开关，C3000手动设置反应釜夹套加热功率，使釜内温度缓慢升到80℃后投自动。观察夹套和反应釜内温度，当釜内温度为65℃左右时，打开反应釜冷凝器（E102）冷却水进口阀门，调整反应釜冷凝器（E102）冷却水流量，使蒸汽被全部冷凝，保持反应釜内温度控制在80～90℃左右，反应釜（R101）夹套温度控制在130～140℃，进行酯化反应。保持回流反应0.5～1小时。

打开反应釜顶冷凝罐（V106）放空阀，使产品经反应釜蒸馏柱（T103）、反应釜冷凝器（E102）冷凝后进入反应釜顶冷凝罐（V106），观察冷凝液罐V106液位100 mm时开启泵P112，进行全回流操作。冷凝结束后关闭反应釜夹套加热开关。等到反应釜（R101）内温度降到接近室温时，关闭反应釜搅拌电机，关闭冷却水泵，关闭反应釜顶冷凝罐（V106）放空阀，从反应釜顶冷凝罐（V105）底部取样，分析乙酸乙酯、乙酸、乙醇含量，若乙酸含量＞

5%,物料直接进入中和釜;若乙酸含量<5%,打开反应釜顶冷凝罐(V106)进轻相罐(V110)阀门,将物料排入轻相罐(V110)中。

(6) 日常巡检及注意事项

乙酸原料罐(V103)、乙醇原料罐(V104)上的放空阀必须一直打开,防止乙酸、乙醇挥发,产生压力,在加料时造成危险。

反应釜(R101)加热时,夹套加热功率不要开得太大,防止夹套和反应釜内温差太大,加热速度太快不易控制。

检查反应釜(R101)设备状况,注意静密封点泄漏情况;检查消防设备,做到妥善保管。

5. 中和釜操作

(1) 投用前检查

确认中和釜法兰、螺丝无松动,缺损;确认中和釜各阀门灵活好用,各阀门、机泵处于关停状态;确认中和釜相连管线、碱液罐等连接状况。

(2) 向碱液罐(V109)中加料

打开碱液罐(V109)放空阀,打开碱液罐(V109)加料斗阀门,经加料斗加入配好的碳酸钠饱和溶液,当液位计刻度为 250 mm 时,关闭加料斗阀门。

(3) 向中和釜(R102)进料

打开中和釜(R102)放空阀,打开反应釜顶冷凝罐(V106)至中和釜(R102)球阀,向中和釜加入物料。打开碱液罐(V109)至中和釜(R102)球阀,向中和釜(R102)加入饱和碳酸钠溶液,通过碱液罐(V109)液位差控制碱液加入量过量,关闭中和釜(R102)放空阀。

(4) 中和釜运行

在控制柜上打开中和釜(R102)搅拌电机,C3000 手动控制电机转速为 50%,搅拌反应约半小时,在控制柜上停搅拌电机,静置 3 小时。稍开中和釜(R102)入重相罐(V111)球阀,使中和后物料缓慢向下流动,观察中和釜(R102)下部视镜,当出现分层时,保持重相罐(V111)入口球阀打开一段时间,使中和釜(R102)中重相完全进入重相罐(V111)。关闭重相罐(V111)入口球阀,打开轻相罐(V110)入口球阀,接收轻组分至轻相罐(V110)。

6. 筛板塔操作

(1) 投用前检查

确认筛板塔法兰连接牢固,螺丝无松动、缺损;确认筛板塔物料出入口阀门灵活好用且处于关闭状态;检查筛板塔塔顶冷凝器、冷凝罐及其管线连接状况;确认筛板塔冷凝器封头连接牢固,螺丝无松动、缺损,冷却水,物料出入口连接牢固;确认各阀门处于关闭状态;确认塔釜、残液罐、塔顶产品罐、冷凝罐液面计完好;确认压力表、温度指示正确。

(2) 筛板塔萃取精馏(T101)操作

打开萃取剂罐(V113)放空阀,从萃取剂罐 V113 的加料斗加入乙二醇,液位计指示4/5。打开筛板残液罐(V115)至萃取剂泵(P106)进口阀门,开启萃取剂泵(P106)至萃取剂进料管线出口,开筛板塔(T101)上萃取剂进料阀门。在控制柜上开启填料塔进料泵

(P107),手动调节进料流量。若萃取剂罐(V113)液位过低,从加料斗上补加部分乙二醇至液位计一半。在控制柜上打开筛板塔(T101)加热开关,在 DCS 上手动控制加热功率约 50%,使筛板塔(T101)塔釜缓慢升温到 100℃。注意观察各塔节和塔顶温度,温度在70℃以上,且稳定一段时间后准备投料。

在 DCS 上开启筛板塔顶冷凝器(E103)冷却水调节阀,C3000 控制流量在 0.3 m³/h。开启轻相罐(V110)至筛板塔原料泵(P105)入口阀门,开启筛板塔(T101)最高进料口阀门,在控制柜上开启筛板塔原料泵(P105),手动调节进料流量,观察轻相罐(V110)液位计示数,接近最底刻度时在控制柜上停筛板塔原料泵(P105),关闭筛板塔(T101)最高进料口阀门,关闭轻相罐(V110)至筛板塔原料泵(P105)入口阀门。

筛板塔冷凝液罐(V112)液位计指示为 1/2 时,打开筛板塔冷凝液罐(V112)下部回流阀门,调解回流管线上玻璃转子流量计的流量。观察筛板塔冷凝罐(V112)液位,保持 1/2不变。筛板塔冷凝器(V112)液位计指示为 1/2 时,打开筛板塔冷凝器(V112)下部回流阀门,调解回流管线上玻璃转子流量计的流量。观察筛板塔冷凝器(V112),保持 1/2 不变。在 C3000 上观察各塔板温度,当温度保持恒定时,开启筛板回流泵 P08 至筛板塔顶产品罐(V112)阀门,调解管线上玻璃转子流量计的流量,保持筛板塔冷凝罐(V112)液位保持1/2 不变。塔底液通过液位调节阀进行调节。等到塔顶温度明显上升时,关闭开启筛板回流泵 P08 至筛板塔顶产品罐(V112)阀门,关闭筛板塔冷凝器(V112)至筛板塔顶回流管路阀门。在 C3000 手动将筛板塔(T101)加热功率变为 0,在控制柜上停筛板塔塔釜加热开关,等到筛板塔(T101)冷却至 60℃左右时,关闭筛板塔顶冷凝器(E103)冷却水。在控制柜上停萃取剂泵(P106),打开筛板塔底罐(V114)放空阀,开筛板塔(T101)底部至筛板塔残液罐(V115)球阀,使残液进入筛板塔残液罐(V115),关闭筛板塔(T101)底部至筛板塔残液罐(V115)球阀。

(3)日常巡检及注意事项

检查筛板塔系统有无泄漏情况;检查筛板塔各层温度、压力、液位是否正常。

7. 填料塔操作

(1)投用前检查

确认填料塔法兰连接牢固,螺丝无松动、缺损;确认填料塔物料出入口阀门灵活好用且处于关闭状态;检查填料塔塔顶冷却器、塔顶回流泵、回流罐及其管线连接状况;确认填料塔冷却器封头连接牢固,螺丝无松动、缺损,冷却水,物料出入口连接牢固;确认各阀门处于关闭状态;确认塔釜、塔底罐、塔顶馏出液罐、回流罐液面计完好;确认压力表、温度指示正确。

(2)填料塔(T501)操作

打开填料塔釜进料阀,开启填料塔进料泵(P107),使筛板塔残液打入填料塔釜,使塔釜容积达到 2/3 液位时,打开塔釜加热开关,调节到适当的加热功率,注意观察塔釜的温度 130℃左右。打开塔顶冷凝水阀门,调节塔顶冷凝器的冷却水流量至合适的值。等到塔顶温度到达 80℃左右时,未分离的乙醇、水与乙二醇一起从塔顶蒸出,冷却后进入填料塔冷凝液罐(V117)中。待罐内的液位到一定高度后,打开冷凝液罐至塔顶回流管路中的阀门,是塔顶产品全部流回到填料塔。液位稳定后,打开冷凝液罐至填料塔产品罐的阀门,使冷凝液进入填料塔产品罐,注意调节了解回流比,使冷凝液罐液位基本保持不变。待塔顶温度稳定开启侧线出料阀,控制流量 $2 \sim 3$ L/h,0.5 小时实训结束后,关闭进料泵,关闭塔釜加热电源。待塔顶温度接近室温后,关闭冷却水泵。待塔釜内液体冷却后,将里面的液体回收。关闭控制柜电源,最后关闭总电源。

6.4.3　停车操作

1. 反应釜停车

(1) 停电加热系统,停进料。

(2) 待反应釜液体温度接近常温,关闭冷凝水阀门;关闭冷却水泵。

2. 精馏塔停车

(1) 系统停止加料,停止原料加热器,停原料液泵,关闭原料液进、出口阀。

(2) 停止塔釜加热器,关回流阀和产品进口阀。

(3) 当塔顶温度下降,无冷凝液馏出后,关闭塔顶冷凝器冷却水进水阀,停冷却水。

(4) 当塔底物料冷却后,开精馏塔底排污阀和残液罐排污阀,放出塔釜和残液内物料,残液罐内的物料需加碱性物质进行中和后方可排放。

(5) 停控制台、仪表盘电源。

(6) 做好操作记录。

3. 减压精馏停车

(1) 系统停止加料,停止原料加热器,停原料液泵,关闭原料液进、出口阀。

(2) 停止塔釜加热器,关回流阀和产品进口阀。

(3) 当塔顶温度下降,无冷凝液馏出后,关闭塔顶冷凝器冷却水进水阀,停冷却水。

(4) 当系统温度降到 40℃ 左右,缓慢开启真空缓冲罐放空阀门,破除真空,系统回复至常压状态(注意先开放空阀)。

(5) 当塔底物料冷却后,开精馏塔底排污阀和残液罐排污阀,放出塔釜和残液内物料。

(6) 停控制台、仪表盘电源。

(7) 做好操作记录。

6.4.4　正常操作注意事项

(1) 系统采用自来水作试漏检验时,系统加水速度应缓慢,系统高点排气阀应打开,密切监视系统压力,严禁超压。

(2) 精馏塔釜加热应逐步增加加热电压,使塔釜温度缓慢上升,升温速度过快,宜造成大量轻、重组分同时蒸发到塔釜内,延长塔系统达到平衡时间。

(3) 精馏塔塔釜初始进料时进料速度不宜过快,防止塔系统进料速度过快、满塔。

(4) 系统全回流时应控制回流流量和冷凝流量基本相等,保持分液回流液槽一定液位。

(5) 减压精馏时,系统真空度不宜过高,控制在 $(-0.02 \sim -0.04)$ MPa,真空度控制采用间歇启动真空泵方式,当系统真空度高于 -0.04 MPa 时,停真空泵;当系统真空度低于

—0.02 MPa 时,启动真空泵。

(6) 在系统进行连续精馏时,应保证进料流量和采出流量基本相等,各处流量计操作应互相配合,默契操作,保持整个精馏过程的操作稳定。

(7) 调节冷凝器冷却水流量,保证出冷凝器塔顶液相在 30℃～40℃间。

(8) 实训结束时,应用水清洗管路和设备,保持实训室的清洁。

6.4.5　设备维护及检修

(1) 泵的开、停,正常操作及日常维护。

(2) 系统运行结束后,相关操作人员应对设备进行维护,保持现场、设备、管路、阀门清洁,方可以离开现场。

(3) 定期组织学生进行系统检修演练。

6.4.6　紧急停工方法

(1) 各产品不合格,产品罐排污阀打开。

(2) 确认导热油加热处于停止状态。

(3) 确认原料泵处于停止状态。

(4) 确认高位槽进料切断阀处于关闭状态。

(5) 确认冷却水切断阀处于开启状态。

(6) 确认反应釜和中和釜的安全阀处于正常状态。

6.4.7　主要操作条件

表 6－5　主要操作条件

工　序	项　目	单　位	指　标
酯化反应	乙酸用量	L	5
	乙醇用量	L	10
	催化剂用量	g	132
	釜内反应温度	℃	80
	夹套温度	℃	130～140
	反应压力	MPa	常压
	反应时间	h	2～3
中和反应釜	反应温度	℃	常温
	反应压力	MPa	常压
	反应时间	h	0.5
	静置时间	h	3
	塔釜温度	℃	100
	塔釜液位	℃	200

（续表）

工　序	项　目	单　位	指　标
筛板塔	进料位置	/	最高进料口
	萃取剂进料位置	/	最高进料口
填料塔	塔釜温度	℃	120
	塔釜液位	℃	200
	进料位置	/	塔釜进料

6.4.8　阀门编号

表6-6　反应中和工段阀门编号

阀门编号	名　称	阀门编号	名　称
VA001	乙酸原料罐放空阀	VA022	反应釜夹套放空阀
VA002	乙酸原料罐加料阀	VA023	凉水塔进料阀
VA003	乙酸原料罐排污阀	VA024	凉水塔排污阀
VA004	乙酸原料泵进口阀	VA025	水循环泵进口阀
VA005	乙酸原料泵出口阀	VA026	水循环泵出口阀
VA006	乙醇原料罐加料阀	VA027	高位槽进料阀
VA007	乙醇原料罐放空阀	VA028	高位槽放空阀
VA008	乙醇原料罐排污阀	VA029	高位槽排污阀
VA009	乙醇原料泵进口阀	VA030	高位槽出料阀
VA010	乙醇原料泵出口阀	VA031	反应釜加料阀
VA011	乙酸乙酯原料罐加料阀	VA032	反应釜内放空阀
VA012	乙酸乙酯原料罐放空阀	VA033	反应釜内排污阀
VA013	乙酸乙酯原料罐进料阀	VA034	反应釜内物料出口阀
VA014	乙酸乙酯原料罐排污阀	VA035	调节阀FV105进口阀
VA015	乙酸乙酯原料泵进口阀	VA036	调节阀FV105旁路阀
VA016	乙酸乙酯原料泵出口阀	VA037	调节阀FV105出口阀
VA017	反应釜釜内氮气进口阀	VA038	反应釜冷凝罐放空阀
VA018	反应釜内乙酸乙酯进料阀	VA039	反应釜冷凝液罐出口阀
VA019	反应釜内乙醇进料阀	VA040	反应釜蒸馏柱回流泵出口阀
VA020	反应釜内乙酸进料阀	VA041	反应釜冷凝液罐物料去中和釜出口阀
VA021	反应釜内高位槽进料阀	VA042	反应釜冷凝液罐取样阀Ⅰ
VA043	反应釜冷凝液罐取样阀Ⅱ	VA064	真空缓冲罐排污阀

（续表）

阀门编号	名　称	阀门编号	名　称
VA044	导热油储罐放空阀	VA065	碱液槽加料阀
VA045	导热油储罐加料阀	VA066	碱液槽放空阀
VA046	导热油出储罐热回流进口阀	VA067	碱液槽排污阀
VA047	导热油储罐排污阀	VA068	碱液槽物料出口阀
VA048	导热油泵进口阀	VA069	中和釜碱液进口阀
VA049	导热油泵出口阀	VA070	中和釜氮气进口阀
VA050	导热油泵支路阀	VA071	中和釜物料进口阀
VA051	导热油泵循环进口阀	VA072	轻相罐轻相物料进口阀
VA052	导热油冷却器热油进口阀	VA073	中和釜内物料出口阀
VA053	中和釜夹套导热油进口阀	VA074	中和釜物料取样阀
VA054	反应釜夹套导热油进口阀	VA075	轻相罐物料进口阀
VA055	中和釜夹套导热油出口阀	VA076	轻相罐放空阀
VA056	反应釜夹套导热油出口阀	VA077	重相罐物料进口阀
VA057	调节阀 FV106 进口阀	VA078	重相罐放空阀
VA058	调节阀 FV106 旁路阀	VA079	轻相储罐排污阀
VA059	调节阀 FV106 出口阀	VA080	轻相储罐物料出口阀
VA060	反应釜冷凝液罐抽真空阀	VA081	重相罐排污阀
VA061	真空缓冲罐空气进口阀	VA082	重相罐物料出口阀
VA062	真空缓冲罐放空阀	VA083	筛板塔塔釜进料阀
VA063	真空泵空气进口阀	VA084	筛板塔第 18 块塔板进料阀

表 6-7　精制分离工段阀门编号

阀门编号	名　称	阀门编号	名　称
VA127	筛板塔进料泵出口阀	VA139	填料塔冷凝液罐抽真空阀
VA128	填料塔进料阀	VA140	填料塔冷凝液罐物料出口阀
VA129	筛板塔萃取剂进料阀	VA141	填料塔回流泵出口阀
VA130	萃取剂切换阀	VA142	填料塔产品罐进口阀
VA131	填料塔塔釜排污阀	VA143	填料塔产品罐放空阀
VA132	填料塔塔釜进料阀	VA144	填料塔产品罐抽真空阀
VA133	填料塔中段进料阀	VA145	填料塔产品罐排污阀
VA134	填料塔上段进料阀	VA146	中和釜夹套放空阀
VA135	调节阀 FV115 进口阀	VA147	中和釜内放空阀

（续表）

阀门编号	名 称	阀门编号	名 称
VA136	调节阀 FV115 旁路阀		
VA137	调节阀 FV115 出口阀		
VA138	填料塔冷凝液罐放空阀		

6.4.9 C3000 操作说明

1. 器件名称：C3000 过程控制器

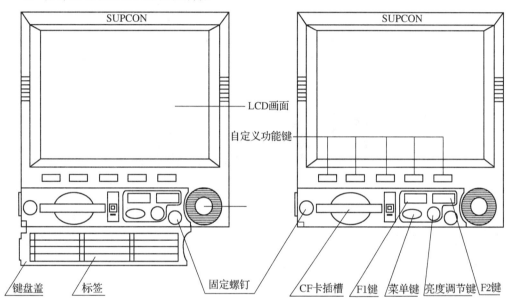

图 6 - 2 C3000 过程控制器外观图

2. 器件功能：显示控制实训参数

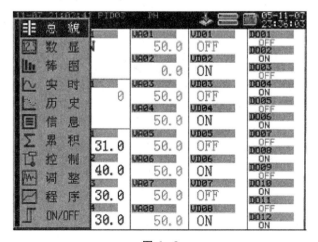

图 6 - 3

3. 实训常用操作方式

(1)"总电源"—打开(三相指示灯,全亮);"仪表开关"—"开";仪表设定:在任意监控画面,长按旋钮,弹出导航菜单将旋钮键向下旋转至"控制"项,按下旋钮键,即可进入控制回路。

(2)通过旋钮选择要操作的控制回路,如位号 FICX01(回路位号画面位置图 6-4,X 根据装置不同编号为 1~4,如 FIC104),被选中的回路位号将以反色显示。

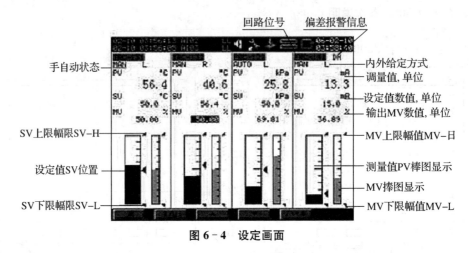

图 6-4 设定画面

① 手动控制:若回路中"手自动状态"项显示"MAN",此时为手动控制,此时通过 ▲ 、 ▼ 键改变"MVA6"值(即调节开度),至实训需要的流量,在按 ▲ 、 ▼ 的同时按下 ◢ 键,可快速改变数值。等流量逐渐稳定在实训流量时,可以转为自动状态。

② 自动控制:需长按 A/M> 切换回路至自动状态,自动状态时回路中"手自动状态"项显示"AUTO",此时通过 ▲ 、 ▼ 键改变"SVA6"值(即设定变量),至实训需要的流量,在按 ▲ 、 ▼ 的同时按下 ◢ 键,可快速改变数值。

(3)待"PVA6"即测量值稳定后,长按旋钮,弹出导航菜单,选择"总貌"项,返回实训画面记录数据。

(4)重复以上操作步骤,即可不断改变实训参数。

6.5　异常现象及处理

表 6-8　异常现象及处理

序号	异常现象	原因分析	处理方法
1	泵启动时不出水	电机接反电源 启动前泵内未充满水 叶轮密封环间隙太大 入口法兰漏气 地脚螺丝松动	重新接电源线 排净泵内空气 调整密封环 消除漏气缺陷 紧固地脚螺丝
2	泵运行中发生振动	原料水槽供水不足 泵壳内气体未排净或有汽化现象 轴承盖紧力不够,使轴瓦跳动	补充原料水槽内拧水 排尽气体重新启动泵 调整轴承盖紧力为适度
3	泵运行中异常声音	叶轮、轴承松动 轴承损坏或径向紧力过大 电机有故障	紧固松动部件 更新轴承调整紧力适度 检修电机
4	压力表读数过低(压力表正常)	泵内有空气或漏气严重 轴封严重磨损 系统需水量大	排尽泵内空气或堵漏 更换轴封 启动备用泵

第7章 工艺生产仿真实训

7.1 甲醇工艺 3D 虚拟现实认识实习仿真

仿真工艺"认识实习"仿真培训系统软件主要包括漫游动画、专属知识点卡片和通用知识点卡片三个部分组成,如图 7-1、图 7-2 和图 7-3 所示。

图 7-1 漫游动画

图 7-2 专属知识点卡片

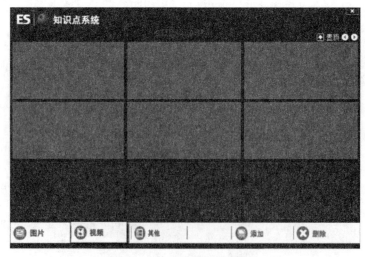

图 7-3 通用知识点卡片

7.1.1　软件介绍

1. 漫游动画

漫游动画主要是以厂区录像的形式,配以录音,加之以管线的流动方向来展现某工厂某工段的工艺,让使用者更直接更鲜明地对该工艺有了一个更直观的了解,以达到让使用者在最短时间内掌握该工艺的目的。

图 7-4　漫游-设备区总貌

图 7-5　漫游-管线流动

图 7-6　漫游-区域功能介绍

2. 专属知识点

专属知识点主要是指某设备在某个特定工段中的特定作用。主要包括设备位号、设备名称、设备类型与功能,并配有"学习更多"功能,链接到通用知识点。

专属知识点只需在运行的情况下,鼠标左键双击需要弹出专属知识点的设备即可。举例说明如下:

图 7-7 专属知识点功能介绍

"E101":指该设备在该工序的设备位号;

"硝基苯预热器":指该设备在该工序的设备名称;

"预热器":指该设备的具体类型;

"加热硝基苯":指该设备在该工序的具体功能;

学习更多:此键链接到通用知识点(具体通用知识点使用见 7.3)。

3. 通用知识点

通用知识点主要是以视频、图片、文档的形式来对某一设备的原理、结构以及分类等进行详细的说明与演示,目的是让使用者在了解某一设备特定作用的情况下,对与其有关的知识点进行一个扩展性了解,以达到丰富其知识面的目的。为满足用户的不同需求,通用知识点的添加与删除也可由用户自行完成。

若无专属知识点,则系统自行弹出通用知识点。通用知识点与专属知识点使用方法一致。只需在运行的情况下,鼠标左键双击需要弹出通用知识点的设备即可。

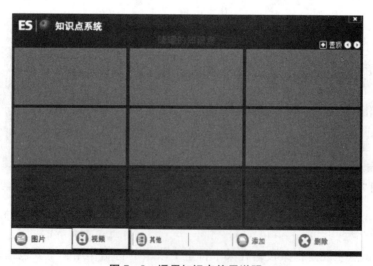

图 7-8 通用知识点使用说明

具体操作步骤如下:

(1) 鼠标单击 添加 按钮,弹出如图 7-9 所示界面。

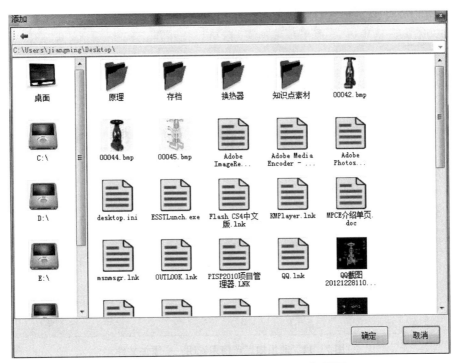

图 7 - 9　通用知识点使用说明——添加界面

（2）选中要添加文件所在磁盘，如图 7 - 10 所示选择"E:\"。

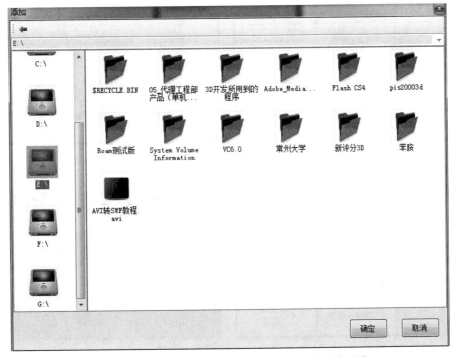

图 7 - 10　通用知识点使用说明——添加文件所在磁盘

（3）选中所要添加的文件，如图7－11所示。

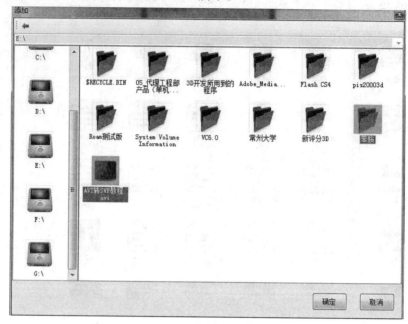

图7－11　通用知识点使用说明——添加文件

（4）选择完成后，点击"确定"即可完成添加。添加完成后，如图7－12～图7－15所示。

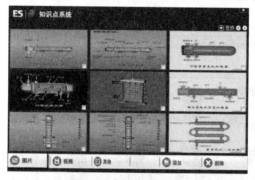
图7－12　通用知识点界面预览——图片添加1

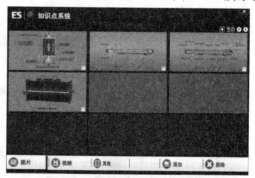
图7－13　通用知识点界面预览——图片添加2

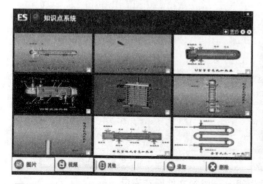
图7－14　通用知识点界面预览——视频添加1

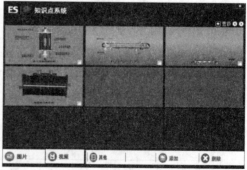
图7－15　通用知识点界面预览——视频添加2

如遇到多页情况,则鼠标点击 按钮进行左右翻页。

如想要将某张图片或某个视频置于最前面,则可勾选该图片,点击 按钮进行置顶操作。如需删除,则点击"复选框",然后点击删除即可,如图7-16所示。

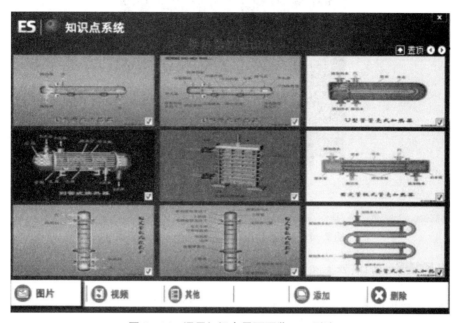

图7-16 通用知识点界面预览——删除

添加完成后,若要浏览图片鼠标左键单击缩略图,即可弹出大图,如图7-17所示。

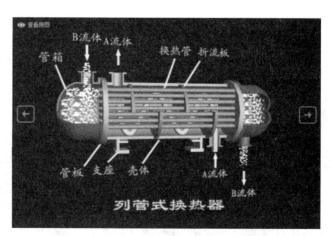

图7-17 通用知识点界面预览——图片预览

点击 按钮,即可查看原图,如图7-18所示。

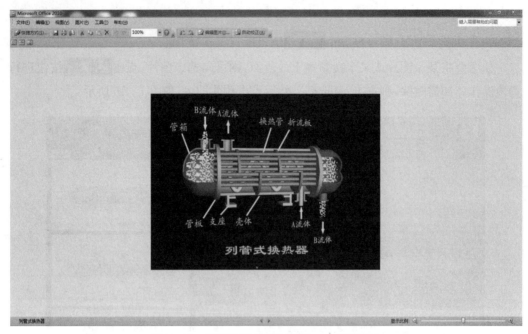

图 7-18　通用知识点界面预览——查看原图

单击 ◀ ▶ 键按钮,在大图中进行左右翻页操作。

7.1.2　培训内容

为满足多工种、多专业工人(学生)对知识面的不同需求,通用流化床装置 3D 仿真工艺"认识实习"仿真培训系统软件分为两个工序,分别为"工艺类相关"与"安全类相关",如图 7-19 所示。

图 7-19　认识实习工况工序分类

"工艺类相关"工序,主要包括本工艺的流程介绍,本工艺设备在该工艺中的作用(以专属知识点的形式出现),本设备以及其相关设备的具体功能、作用、原理以及文档介绍(以通用知识点的形式出现)。

"安全类相关"工序主要以动画、对话、浏览、朗读以及任务下发等形式来对与化工生产安全方面相关的内容进行介绍与描述。

7.1.3　软件功能介绍

1. 启动方式

双击 PISPNETRun. exe 运行工程。

2. 主场景

在主场景中,操作者可控制角色移动、浏览场景、操作设备等。操作结果可通过数据库与PISP仿真软件关联,经过数学模型计算,将数据变化情况在DCS系统或是在3D现场仪表上显示出来。

注:在3D主场景中所有需要点击的操作(如阀门、仪表、电话、中控界面、思考题等)都为左键双击,退出均为右键单击。

3. 移动方式

(1) 按住W、S、A、D键可控制当前角色向前后左右移动。

(2) 按住Q、E键可进行左转弯与右转弯。

(3) 点击R键或功能钮中"走跑切换"按钮可控制角色进行走、跑切换。

(4) 鼠标右键点击一个地点,当前角色可瞬移到该位置。

4. 视野调整

操作者(如某A)在操作软件过程中,所能看到的场景都是由摄像机来拍摄,摄像机跟随当前控制角色(如值班长)。所谓视野调整,即摄像机位置的调整。

(1) 按住鼠标左键在屏幕上向左或向右拖动,可调整操作者视野即摄像机位置向左转或是向右转,但当前角色并不跟随场景转动。

(2) 按住鼠标左键在屏幕上向上或向下拖动,可调整操作者视野即摄像机位置向上转或是向下,相当于抬头或低头的动作。滑动鼠标滚轮向前或是向后转动,可调整摄像机与角色之间的距离变化。

5. 操作阀门

当控制角色移动到目标阀门附近时,鼠标悬停在阀门上,此阀门会闪烁,代表可以操作阀门;如果距离较远,即使将鼠标悬停在阀门位置,阀门也不会闪烁,代表距离太远,不能操作。阀门操作信息在小地图上方区域即时显示,同时显示在消息框中。

(1) 左键双击闪烁阀门,可进入操作界面,切换到阀门近景。

(2) 在操作界面上方有操作框,点击后进行开关操作,同时阀门手轮或手柄会相应转动。

(3) 按住上下左右方向键,可调整摄像机以当前阀门为中心进行上下左右的旋转。

(4) 滑动鼠标滚轮,可调整摄像机与当前阀门的距离。

(5) 单击右键,退出阀门操作界面。

6. 仪表

当控制角色移动到目标仪表附近时,鼠标悬停在仪表上,此仪表会闪烁,代表可以查看仪表;如果距离较远,即使将鼠标悬停在仪表位置,仪表也不会闪烁,代表距离太远,不能查看。

(1) 左键双击闪烁仪表,可进入查看界面,切换到仪表近景。

(2) 在查看界面上方有提示框,提示当前仪表数值,与仪表面板数值对应。

(3) 按住上下左右方向键,可调整摄像机以当前仪表为中心进行上下左右的旋转。

(4) 滑动鼠标滚轮,可调整摄像机与当前仪表的距离。

(5) 单击右键,退出仪表操作界面。

7. 拾取物品

鼠标双击可拾取的物品,则该物品装备到装备栏中,个别物品也可直接装备到角色身上。

8. 学习安全条例

采用鼠标直接点击方式,走近中控室墙上的安全条例展板,点击展板后,镜头自动切换到以当前展板为中心,能够看清详细内容,并在展板上有最小化,关闭按钮,完成一次点击操作,代表学习一个条例内容完毕。

9. 佩戴防毒面具

采用鼠标直接点击方式,走近中控室墙另一侧的储物柜,双击储物柜上所摆放的防毒面具,即可佩戴防毒面具。根据不同毒性,选择不同颜色滤毒罐的防毒面具佩带。

10. 佩戴安全帽

采用鼠标直接点击方式,走近中控室墙另一侧的储物柜,双击储物柜上所摆放的安全帽,即可佩戴安全帽。

7.1.4　人物栏介绍

(1)　人物栏中最左侧角色头像为当前控制的角色头像。

图 7-20　人物栏介绍

(2) 在自由操作状态下,中间区域为所有可操作角色列表,通过鼠标左键点击角色名称切换当前角色。每个角色有不同的代表,如现场工人为紫色,值班长为橙色等,每个角色名称上方为该角色生命值条,正常为绿色,随着生命值逐渐减少,生命值条逐渐变短并变为黄色,生命值减少到一定值,生命值条变为红色,同时此角色头像变灰,不能继续操作此角色。

(3) 右侧区域为切换按钮,当此处显示为 « 工具箱 时,点击后可切换到工具箱选择界面,当此处为 « 角色 时,点击后可切换到人物栏界面。

7.1.5 工具箱介绍

工具箱中显示当前角色已佩戴或选择的工具。工具箱可与人物栏互相切换。

点击角色头像位置,或是点击 « 装备栏 可弹出装备栏,不需使用的工具可放在右侧装备区域中。

图 7-21 工具箱介绍

7.1.6 功能钮介绍

功能钮共分为两页,可通过点击右下方 图标在两页之间切换。

图 7-22 功能钮介绍

1. 切换功能

:左键点击"切换"功能钮,当前画面由 3D 现场图切换到 DCS 系统。

2. 消息功能

(1) ▢▢消息 :左键点击"消息"功能钮,弹出消息框,再点击一次,消息框退出。消息框中包含的内容有角色之间的对话、操作设备记录等。所有消息在主场景区会即时显示,同时显示在消息框中。

(2) ▢个人 :点击此按钮,可显示出与当前角色相关的信息。

(3) ▢全部 :点击此按钮,可显示出与所有角色相关的信息。

(4) ▢ :点击此按钮,可显示出操作设备的信息。

(5) ▢ :点击此按钮,可显示出通过对讲机和对话框选择后发送的对话信息。

(6) ▢ :点击此按钮,可显示出手动写入的对话信息及系统弹出的提示信息。

(7) ▢ :点击此按钮,可将 ▢、▢、▢ 中的信息全部显示。

3. 大地图功能

▢▢大地图 :左键点击"大地图"功能钮,弹出大地图,再点击一次,大地图退出。

7.2　甲醇工艺 3D 虚拟现实生产实习仿真

7.2.1　煤制甲醇工艺简介

本软件是根据某化工厂甲醇项目开发的,本工段采用四塔(3+1)精馏工艺,包括预塔、加压塔、常压塔及甲醇回收塔。预塔的主要目的是除去粗甲醇中溶解的气体(如 CO_2、CO、H_2 等)及低沸点组分(如二甲醚、甲酸甲酯),加压塔及常压塔的目的是除去水及高沸点杂质(如异丁基油),同时获得高纯度的优质甲醇产品。另外,为了减少废水排放,增设甲醇回收塔,进一步回收甲醇,减少废水中甲醇的含量。

1. 工艺特点

三塔精馏加回收塔工艺流程的主要特点是热能的合理利用,采用双效精馏方法,将加压塔塔顶气相的冷凝潜热用作常压塔塔釜再沸器热源。

2. 废热回收

(1) 将转化工段的转化气作为加压塔再沸器热源。

(2) 加压塔辅助再沸器、预塔再沸器冷凝水用来预热进料粗甲醇。

(3) 加压塔塔釜出料与加压塔进料充分换热。

3. 流程简述

从甲醇合成工厂来的粗甲醇进入粗甲醇预热器(E701)与预塔再沸器(E702)、加压塔再沸器(E706B)和回收塔再沸器(E714)来的冷凝水进行换热后进入预塔(T701),经 T701 分离后,塔顶气相为二甲醚、甲酸甲酯、二氧化碳、甲醇等蒸汽,经二级冷凝后,不凝气通过火炬排放,冷凝液中补充脱盐水返回 T701 作为回流液,塔釜为甲醇水溶液,经

P703 增压后用加压塔(T702)塔釜出料液在 E705 中进行预热,然后进入 T702。经 T702 分离后,塔顶气相为甲醇蒸汽,与常压塔(T703)塔釜液换热后部分返回 T702 塔回流,部分采出作为精甲醇产品,经 E707 冷却后送中间罐区产品罐,塔釜出料液在 E705 中与进料换热后作为 E703 塔的进料。在 T703 中甲醇与轻重组分以及水得以彻底分离,塔顶气相为含微量不凝气的甲醇蒸汽,经冷凝后,不凝气通过火炬排放,冷凝液部分返回 T703 塔回流,部分采出作为精甲醇产品,经 E710 冷却后送中间罐区产品罐,塔下部侧线采出杂醇油作为回收塔(T704)的进料。塔釜出料液为含微量甲醇的水,经 P709 增压后送污水处理厂。经 T704 分离后,塔顶产品为精甲醇,经 E715 冷却后部分返回 T704 回流,部分送精甲醇罐,塔中部侧线采出异丁基油送中间罐区副产品罐,底部的少量废水与 T703 塔底废水合并。

4. 复杂控制方案说明

本工段复杂控制回路主要是串级回路的使用,使用了液位与流量串级回路和温度与流量串级回路。

串级回路:是在简单调节系统基础上发展起来的。在结构上,串级回路调节系统有两个闭合回路。主、副调节器串联,主调节器的输出为副调节器的给定值,系统通过副调节器的输出操纵调节阀动作,实现对主参数的定值调节。所以在串级回路调节系统中,主回路是定值调节系统,副回路是随动系统。

具体实例:

预塔 T701 的塔釜温度控制 TIC7005 和再沸器热物流进料 FIC7005 构成一串级回路。温度调节器的输出值同时是流量调节器的给定值,即流量调节器 FIC7005 的 SP 值由温度调节器 TIC7005 的输出 OP 值控制,TIC7005.OP 的变化使 FIC7005.SP 产生相应的变化。

5. 主要设备

表 7-1　工段主要设备一览表

位　号	设　备	位　号	设　备
E701	粗甲醇预热器	E707	精甲醇冷却器
E702	预塔再沸器	E708	冷凝再沸器
E703	预塔一级冷凝器	E713	加压塔二冷
T701	预塔	T702	加压塔
P702A/B	预塔回流泵	V705	加压塔回流罐
P703A/B	预后泵	P704A/B	加压塔回流泵
V703	预塔回流罐	E709	常压塔冷凝器
E705	加压塔预热器	E710	精甲醇冷却器
E706A	加压塔蒸汽再沸器	E716	废水冷却器
E706B	加压塔转化气再沸器	T703	常压塔

（续表）

位　号	设　备	位　号	设　备
V706	常压塔回流罐	E715	回收塔冷凝器
P705A/B	常压塔回流泵	T704	回收塔
P706A/B	回收塔进料泵	V707	回收塔回流罐
P709A/B	废液泵	P711A/B	回收塔回流泵
E714	回收塔再沸器		

7.2.2　甲醇精制工段操作规程

1. 冷态开车操作规程

装置冷态开工状态为所有装置处于常温、常压下，各调节阀处于手动关闭状态，各手操阀处于关闭状态，可以直接进冷物流。

（1）开车前准备

① 打开预塔一级冷凝器 E703 和二级冷凝器的冷却水阀。

② 打开加压塔冷凝器 E713 和 E707 的冷却水阀门。

③ 打开常压塔冷凝器 E709、E710 和 E716 的冷却水阀门。

④ 打开回收塔冷凝器 E715 的冷却水阀。

⑤ 打开加压塔的 N_2 进料阀，充压至 0.65 atm，关闭 N_2 进口阀。

（2）预塔、加压塔和常压塔开车

① 开粗甲醇预热器 E701 的进口阀门 VA7001（>50%），向预塔 T701 进料。

② 待塔顶压力大于 0.02 MPa 时，调节预塔排气阀 FV7003，使塔顶压力维持在 0.03 MPa 左右。

③ 预塔 T701 塔底液位超过 80% 后，打开泵 P703A 的入口阀，启动泵。

④ 再打开泵出口阀，启动预后泵。

⑤ 手动打开调节阀 FV7002（>50%），向加压塔 T702 进料。

⑥ 当加压塔 T702 塔底液位超过 60% 后，手动打开塔釜液位调节阀 FV7007（>50%），向常压塔 T703 进料。

⑦ 通过调节蒸汽阀 FV7005 开度，给预塔再沸器 E702 加热；通过调节阀门 PV7007 的开度，使加压塔回流罐压力维持在 0.65 MPa；通过调节 FV7014 开度，给加压塔再沸器 E706B 加热；通过调节 TV7027 开度，给加压塔再沸器 E706A 加热。

⑧ 通过调节阀门 HV7001 的开度，使常压塔回流罐压力维持在 0.01 MPa。

⑨ 当预塔回流罐有液体产生时，开脱盐水阀 VA7005，冷凝液中补充脱盐水，开预塔回流泵 P702A 入口阀，启动泵，开泵出口阀，启动回流泵。

⑩ 通过调节阀 FV7004（开度>40%）开度控制回流量，维持回流罐 V703 液位在 40% 以上。

⑪ 当加压塔回流罐有液体产生时，开加压塔回流泵 P704A 入口阀，启动泵，开泵出

口阀,启动回流泵。调节阀 FV7013(开度>40%)开度控制回流量,维持回流罐 V705 液位在 40%以上。

⑫ 回流罐 V705 液位无法维持时,逐渐打开 LV7014,打开 VA7052,采出塔顶产品。

⑬ 当常压塔回流罐有液体产生时,开常压塔回流泵 P705A 入口阀,启动泵,开泵出口阀。调节阀 FV7022(开度>40%),维持回流罐 V706 液位在 40%以上。

⑭ 回流罐 V706 液位无法维持时,逐渐打开 FV7024,采出塔顶产品。

⑮ 维持常压塔塔釜液位在 80%左右。

(3) 回收塔开车

① 常压塔侧线采出杂醇油作为回收塔 T704 进料,打开侧线采出阀 VD7029 - VD7032,开回收塔进料泵 P706A 入口阀,启动泵,开泵出口阀。调节阀 FV7023(开度> 40%)开度控制采出量,打开回收塔进料阀 VD7033 - VD7037。

② 待塔 T704 塔底液位超过 50%后,手动打开流量调节阀 FV7035,与 T703 塔底污水合并。

③ 通过调节蒸汽阀 FV7031 开度,给再沸器 E714 加热。

④ 通过调节阀 VA7046 的开度,使回收塔压力维持在 0.01 MPa。

⑤ 当回流罐有液体产生时,开回流泵 P711A 入口阀,启动泵,开泵出口阀,调节阀 FV7032(开度>40%),维持回流罐 V707 液位在 40%以上。

⑥ 回流罐 V707 液位无法维持时,逐渐打开 FV7036,采出塔顶产品。

(4) 调节至正常

① 通过调整 PIC7003 开度,使预塔 PIC7003 达到正常值。

② 调节 FV7001,进料温度稳定至正常值。

③ 逐步调整预塔回流量 FIC7004 至正常值。

④ 逐步调整塔釜出料量 FIC7002 至正常值。

⑤ 通过调整加热蒸汽量 FIC7005 控制预塔塔釜温度 TIC7005 至正常值。

⑥ 通过调节 PIC7007 开度,使加压塔压力稳定。

⑦ 逐步调整加压塔回流量 FIC7013 至正常值。

⑧ 开 LIC7014 和 FIC7007 出料,注意加压塔回流罐、塔釜液位。

⑨ 通过调整加热蒸汽量 FIC7014 和 TIC7027 控制加压塔塔釜温度 TIC7027 至正常值。

⑩ 开 LIC7024 和 LIC7021 出料,注意常压塔回流罐、塔釜液位。

⑪ 开 FIC7036 和 FIC7035 出料,注意回收塔回流罐、塔釜液位。

⑫ 通过调整加热蒸汽量 FIC7031 控制回收塔塔釜温度 TIC7065 至正常值。

⑬ 将各控制回路投自动,各参数稳定并与工艺设计值吻合后,投产品采出串级。

2. 正常操作规程

正常工况下的工艺参数如下:

(1) 进料温度 TIC7001 投自动,设定值为 72℃。

(2) 预塔塔顶压力 PIC7003 投自动,设定值为 0.03 MPa。

(3) 预塔塔顶回流量 FIC7004 设为串级,设定值为 16 690 kg/h,LIC7005 设自动,设定值为 50%。

（4）预塔塔釜采出量 FIC7002 设为串级,设定值为 35 176 kg/h,LIC7001 设自动,设定值为 50%。

（5）预塔加热蒸气量 FIC7005 设为串级,设定值为 11 200 kg/h,TIC7005 设自动,设定值为 77.4℃。

（6）加压塔加热蒸气量 FIC7014 设为串级,设定值为 15 000 kg/h,TIC7027 设自动,设定值为 134.8℃。

（7）加压塔顶压力 PIC7007 投自动,设定值为 0.65 MPa。

（8）加压塔塔顶回流量 FIC7013 投自动,设定值为 37 413 kg/h。

（9）加压塔回流罐液位 LIC7014 投自动,设定值为 50%。

（10）加压塔塔釜采出量 FIC7007 设为串级,设定值为 22 747 kg/h,LIC7011 设自动,设定值为 50%。

（11）常压塔塔顶回流量 FIC7022 投自动,设定值为 27 621 kg/h。

（12）常压塔回流罐液位 LIC7024 投自动,设定值为 50%。

（13）常压塔塔釜液位 LIC7021 投自动,设定值为 50%。

（14）常压塔侧线采出量 FIC7023 投自动,设定值为 658 kg/h。

（15）回收塔加热蒸气量 FIC7031 设为串级,设定值为 700 kg/h,TIC7065 投自动,设定值为 107℃。

（16）回收塔塔顶回流量 FIC7032 投自动,设定值为 1 188 kg/h。

（17）回收塔塔顶采出量 FIC7036 投串级,设定值为 135 kg/h,LIC7016 投自动,设定值为 50%。

（18）回收塔塔釜采出量 FIC7035 设为串级,设定值为 346 kg/h,LIC7031 设自动,设定值为 50%。

（19）回收塔侧线采出量 FIC7034 投自动,设定值为 175 kg/h。

3. 停车操作规程

（1）预塔停车

① 手动逐步关小进料阀 VA7001,使进料降至正常进料量的 70%。

② 在降负荷过程中,尽量通过 FV7002 排出塔釜产品,使 LIC7001 降至 30% 左右。

③ 关闭调节阀 VA7001,停预塔进料。

④ 关闭阀门 FV7005,停预塔再沸器的加热蒸汽。

⑤ 手动关闭 FV7002,停止产品采出。

⑥ 打开塔釜泄液阀 VA7012,排不合格产品,并控制塔釜降低液位。

⑦ 关闭脱盐水阀门 VA7005。

⑧ 停进料和再沸器后,回流罐中的液体全部通过回流泵打入塔,以降低塔内温度。

⑨ 当回流罐液位降至 5%,停回流,关闭调节阀 FV7004。

⑩ 当塔釜液位降至 5%,关闭泄液阀 VA7012。

⑪ 当塔压降至常压后,关闭 FV7003。

⑫ 预塔温度降至 30℃ 左右时,关冷凝器冷凝水。

（2）预塔停车

① 加压塔采出精甲醇 VA7052 改去粗甲醇贮槽 VA7053。

② 尽量通过 LV7014 排出回流罐中的液体产品，至回流罐液位 LIC7014 在 20％左右。

③ 尽量通过 FV7007 排出塔釜产品，使 LIC7011 降至 30％左右。

④ 关闭阀门 FV7014 和 TV7027，停加压塔再沸器的加热蒸汽。

⑤ 手动关闭 LV7014 和 FV7007，停止产品采出。

⑥ 打开塔釜泄液阀 VA7023，排不合格产品，并控制塔釜降低液位。

⑦ 停进料和再沸器后，回流罐中的液体全部通过回流泵打入塔，以降低塔内温度。

⑧ 当回流罐液位降至 5％，停回流，关闭调节阀 FV7013。

⑨ 当塔釜液位降至 5％，关闭泄液阀 VA7023。

⑩ 当塔压降至常压后，关闭 PV7007。

⑪ 加压塔温度降至 30℃左右时，关冷凝器冷凝水。

（3）常压塔停车

① 常压塔采出精甲醇 VA7054 改去粗甲醇贮槽 VA7055。

② 尽量通过 FV7024 排出回流罐中的液体产品，至回流罐液位 LIC7024 在 20％左右。

③ 尽量通过 FV7021 排出塔釜产品，使 LIC7021 降至 30％左右。

④ 手动关闭 FV7024，停止产品采出。

⑤ 打开塔釜泄液阀 VA7035，排不合格产品，并控制塔釜降低液位。

⑥ 停进料和再沸器后，回流罐中的液体全部通过回流泵打入塔，以降低塔内温度。

⑦ 当回流罐液位降至 5％，停回流，关闭调节阀 FV7022。

⑧ 当塔釜液位降至 5％，关闭泄液阀 VA7035。

⑨ 当塔压降至常压后，关闭 HV7001。

⑩ 关闭侧线采出阀 FV7023。

⑪ 常压塔温度降至 30℃左右时，关冷凝器冷凝水。

（4）回收塔停车

① 回收塔采出精甲醇 VA7056 改去粗甲醇贮槽 VA7057。

② 尽量通过 FV7036 排出回流罐中的液体产品，至回流罐液位 LIC7016 在 20％左右。

③ 尽量通过 FV7035 排出塔釜产品，使 LIC7031 降至 30％左右。

④ 手动关闭 FV7036 和 FV7035，停止产品采出。

⑤ 停进料和再沸器后，回流罐中的液体全部通过回流泵打入塔，以降低塔内温度。

⑥ 当回流罐液位降至 5％，停回流，关闭调节阀 FV7032。

⑦ 当塔釜液位降至 5％，关闭泄液阀 FV7035。

⑧ 当塔压降至常压后，关闭 VA7046。

⑨ 关闭侧线采出阀 FV7034。

⑩ 回收塔温度降至 30℃左右时，关冷凝器冷凝水。

⑪ 关闭 FV7021。

4. 仪表一览表

（1）预塔

表 7-2　预塔仪表一览表

位　号	说　明	类　型	正常值	工程单位
FI7001	T701 进料量	AI	33 201	kg/h
FI7003	T701 脱盐水流量	AI	2 300	kg/h
FIC7002	T701 塔釜采出量控制	PID	35 176	kg/h
FIC7004	T701 塔顶回流量控制	PID	16 690	kg/h
FIC7005	T701 加热蒸汽量控制	PID	11 200	kg/h
TIC7001	T701 进料温度控制	PID	72	℃
TI7075	E701 热侧出口温度	AI	95	℃
TI7002	T701 塔顶温度	AI	73.9	℃
TI7003	T701 Ⅰ与Ⅱ填料间温度	AI	75.5	℃
TI7004	T701 Ⅱ与Ⅲ填料间温度	AI	76	℃
TI7005	T701 塔釜温度控制	PID	77.4	℃
TI7007	E703 出料温度	AI	70	℃
TI7010	T701 回流液温度	AI	68.2	℃
PI7001	T701 塔顶压力	AI	0.03	MPa
PIC7003	T701 塔顶气相压力控制	PID	0.03	MPa
PI7002	T701 塔釜压力	AI	0.038	MPa
PI7004	P703A/B 出口压力	AI	1.27	MPa
PI7010	P702A/B 出口压力	AI	0.49	MPa
LIC7005	V703 液位控制	PID	50	％
LIC7001	T701 塔釜液位控制	PID	50	％

（2）加压塔

表 7-3　加压塔仪表一览表

位　号	说　明	类　型	正常值	工程单位
FIC7007	T702 塔釜采出量控制	PID	22 747	kg/h
FIC7013	T702 塔顶回流量控制	PID	37 413	kg/h
FIC7014	E706B 蒸汽流量控制	PID	15 000	kg/h
FI7011	T702 塔顶采出量	AI	12 430	kg/h
TI7021	T702 进料温度	AI	116.2	℃

（续表）

位　号	说　明	类　型	正常值	工程单位
TI7022	T702 塔顶温度	AI	128.1	℃
TI7023	T702 Ⅰ 与 Ⅱ 填料间温度	AI	128.2	℃
TI7024	T702 Ⅱ 与 Ⅲ 填料间温度	AI	128.4	℃
TI7025	T702 Ⅱ 与 Ⅲ 填料间温度	AI	128.6	℃
TI7026	T702 Ⅱ 与 Ⅲ 填料间温度	AI	132	℃
TIC7027	T702 塔釜温度控制	PID	134.8	℃
TI7051	E713 热侧出口温度	AI	127	℃
TI7032	T702 回流液温度	AI	125	℃
TI7029	E707 热侧出口温度	AI	40	℃
PI7005	T702 塔顶压力	AI	0.70	MPa
PIC7007	T702 塔顶气相压力控制	PID	0.65	MPa
PI7011	P704A/B 出口压力	AI	1.18	MPa
PI7006	T702 塔釜压力	AI	0.71	MPa
LIC7014	V705 液位控制	PID	50	％
LIC7011	T702 塔釜液位控制	PID	50	％

（3）常压塔

表 7-4　常压塔仪表一览表

位　号	说　明	类　型	正常值	工程单位
FIC7022	T703 塔顶回流量控制	PID	27 621	kg/h
FI7021	T703 塔顶采出量	AI	13 950	kg/h
FIC7023	T703 侧线采出异丁基油量控制	PID	658	kg/h
TI7041	T703 塔顶温度	AI	66.6	℃
TI7042	T703 Ⅰ 与 Ⅱ 填料间温度	AI	67	℃
TI7043	T703 Ⅱ 与 Ⅲ 填料间温度	AI	67.7	℃
TI7044	T703 Ⅲ 与 Ⅳ 填料间温度	AI	68.3	℃
TI7045	T703 Ⅳ 与 Ⅴ 填料间温度	AI	69.1	℃
TI7046	T703 Ⅴ 填料与塔盘间温度	AI	73.3	℃
TI7047	T703 塔釜温度控制	AI	107	℃
TI7048	T703 回流液温度	AI	50	℃

（续表）

位 号	说 明	类 型	正常值	工程单位
TI7049	E709 热侧出口温度	AI	52	℃
TI7052	E710 热侧出口温度	AI	40	℃
TI7053	E709 入口温度	AI	66.6	℃
PI7008	T703 塔顶压力	AI	0.01	MPa
PI7024	V706 平衡管线压力	AI	0.01	MPa
PI7012	P705A/B 出口压力	AI	0.64	MPa
PI7013	P706A/B 出口压力	AI	0.54	MPa
PI7020	P709A/B 出口压力	AI	0.32	MPa
PI7009	T703 塔釜压力	AI	0.03	MPa
LIC7024	V706 液位控制	PID	50	%
LIC7021	T703 塔釜液位控制	PID	50	%

（4）回收塔

表 7-5　回收塔仪表一览表

位 号	说 明	类 型	正常值	工程单位
FIC7032	T704 塔顶回流量控制	PID	1 188	kg/h
FIC7036	T704 塔顶采出量	PID	135	kg/h
FIC7034	T704 侧线采出异丁基油量控制	PID	175	kg/h
FIC7031	E714 蒸汽流量控制	PID	700	kg/h
FIC7035	T704 塔釜采出量控制	PID	347	kg/h
TI7061	T704 进料温度	PID	87.6	℃
TI7062	T704 塔顶温度	AI	66.6	℃
TI7063	T704 Ⅰ与Ⅱ填料间温度	AI	67.4	℃
TI7064	T704 第Ⅱ层填料与塔盘间温度	AI	68.8	℃
TI7056	T704 第 14 与 15 间温度	AI	89	℃
TI7055	T704 第 10 与 11 间温度	AI	95	℃
TI7054	T704 塔盘 6、7 间温度	AI	106	℃
TI7065	T704 塔釜温度控制	AI	107	℃
TI7066	T704 回流液温度	AI	45	℃
TI7072	E715 壳程出口温度	AI	47	℃
PI7021	T704 塔顶压力	AI	0.01	MPa
PI7033	P711A/B 出口压力	AI	0.44	MPa

（续表）

位　号	说　明	类　型	正常值	工程单位
PI7022	T704 塔釜压力	AI	0.03	MPa
LIC7016	V707 液位控制	PID	50	%
LIC7031	T704 塔釜液位控制	PID	50	%

5. 报警说明

表 7 - 6　报警一览表

序号	模入点名称	模入点描述	报警类型
1	FI7001	预塔 T701 进料量	LOW
2	FI7003	预塔 T701 脱盐水流量	HI
3	FI7002	预塔 T701 塔釜采出量	HI
4	FI7004	预塔 T701 塔顶回流量	HI
5	FI7005	预塔 T701 加热蒸汽量	HI
6	TI7001	预塔 T701 进料温度	LOW
7	TI7075	E701 热侧出口温度	LOW
8	TI7002	预塔 T701 塔顶温度	HI
9	TI7003	预塔 T701 Ⅰ 与 Ⅱ 填料间温度	HI
10	TI7004	预塔 T701 Ⅱ 与 Ⅲ 填料间温度	HI
11	TI7005	预塔 T701 塔釜温度	HI
12	TI7007	E703 出料温度	HI
13	TI7010	预塔 T701 回流液温度	HI
14	PI7001	预塔 T701 塔顶压力	LOW
15	PI7010	预塔回流泵 P702A/B 出口压力	LOW
16	LI7005	预塔回流罐 V703 液位	HI
17	LI7001	预塔 T701 塔釜液位	LOW
18	FI7007	加压塔 T702 塔釜采出量	HI
19	FI7013	加压塔 T702 塔顶回流量	HI
20	FI7014	加压塔转化气再沸器 E706B 蒸汽流量	HI
21	FI7011	加压塔 T702 塔顶采出量	LOW
22	TI7021	加压塔 T702 进料温度	LOW
23	TI7022	加压塔 T702 塔顶温度	HI
24	TI7026	加压塔 T702 Ⅱ 与 Ⅲ 填料间温度	HI
25	TI7051	加压塔二冷 E713 热侧出口温度	HI

（续表）

序号	模入点名称	模入点描述	报警类型
26	TI7032	加压塔 T702 回流液温度	HI
27	PI7005	加压塔 T702 塔顶压力	LOW
28	LI7014	加压塔回流罐 V705 液位	HI
29	LI7011	加压塔 T702 塔釜液位	LOW
30	LI7027	转化器第二分离器 V709 液位	HI
31	FI7022	常压塔 T703 塔顶回流量控制	HI
32	FI7021	常压塔 T703 塔顶采出量	LOW
33	FI7023	常压塔 T703 侧线采出异丁基油量	HI
34	TI7041	常压塔 T703 塔顶温度	HI
35	TI7045	常压塔 T703 Ⅳ 与 Ⅴ 填料间温度	HI
36	TI7046	常压塔 T703 Ⅴ 填料与塔盘间温度	HI
37	TI7047	常压塔 T703 塔釜温度控制	HI
38	TI7048	常压塔 T703 回流液温度	HI
39	TI7049	常压塔冷凝器 E709 热侧出口温度	HI
40	TI7052	精甲醇冷却器 E710 热侧出口温度	HI
41	TI7053	常压塔冷凝器 E709 入口温度	HI
42	PI7008	常压塔 T703 塔顶压力	LOW
43	PI7024	常压塔回流罐 V706 平衡管线压力	LOW
44	LI7024	常压塔回流罐 V706 液位控制	HI
45	LI7021	常压塔 T703 塔釜液位控制	LOW
46	FI7032	回收塔 T704 塔顶回流量控制	HI
47	FI7036	回收塔 T704 塔顶采出量	LOW
48	FI7034	回收塔 T704 侧线采出异丁基油量控制	HI
49	FI7031	回收塔再沸器 E714 蒸汽流量控制	HI
50	FI7035	回收塔 T704 塔釜采出量控制	HI
51	TI7061	回收塔 T704 进料温度	LOW
52	TI7062	回收塔 T704 塔顶温度	HI
53	TI7063	回收塔 T704 Ⅰ 与 Ⅱ 填料间温度	HI
54	TI7064	回收塔 T704 第 Ⅱ 层填料与塔盘间温度	HI
55	TI7056	回收塔 T704 第 14 与 15 间温度	HI
56	TI7055	回收塔 T704 第 10 与 11 间温度	HI

（续表）

序号	模入点名称	模入点描述	报警类型
57	TI7054	回收塔 T704 塔盘 6、7 间温度	HI
58	TI7065	回收塔 T704 塔釜温度控制	HI
59	TI7066	回收塔 T704 回流液温度	HI
60	TI7072	回收塔冷凝器 E715 壳程出口温度	HI
61	PI7021	回收塔 T704 塔顶压力	LOW
62	LI7016	回收塔回流罐 V707 液位控制	HI
63	LI7031	回收塔 T704 塔釜液位控制	LOW
64	LI7012	异丁基油中间罐 V708 液位	HI

7.2.3　事故操作规程

1. 回流控制阀 FV7004 阀卡

原因:回流控制阀 FV7004 阀卡。

现象:回流量减小,塔顶温度上升,压力增大。

处理:打开旁路阀 VA7009,保持回流。

回流控制阀 FV7004 阀卡:将 FIC7004 设为手动模式;打开旁通阀 VA7009,保持回流。

质量指标:预塔塔顶温度;预塔塔釜温度;回流罐液位;V703 回流量。

2. 回流泵 P702A 故障

原因:回流泵 P702A 泵坏。

现象:P702A 断电,回流中断,塔顶压力、温度上升。

处理:启动备用泵 P702B。

回流泵 P702A 故障:开备用泵入口阀 VD7008;启动备用泵 P702B;开备用泵出口阀 VD7007;关泵出口阀 VD7005;停泵 P702A;关泵入口阀 VD7006。

3. 回流罐 V703 液位超高

原因:回流罐 V703 液位超高。

现象:V703 液位超高,塔温度下降。

处理:启动备用泵 P702B。

回流罐液位超高:该过程历时 0 秒;打开泵 P702B 前阀 VD7008;启动泵 P702B;打开泵 P702B 后阀 VD7007;将 FIC7004 设为手动模式。

当 V703 液位接近正常液位时,关闭泵 P702B 后阀 VD7007;关闭泵 P702B;关闭泵 P702B 前阀 VD7008;及时调整阀 FV7004,使 FIC7004 流量稳定在 16 690 kg/h 左右;回流罐液位 LIC7005 稳定在 50%;LIC7005 稳定在 50% 后,将 FIC7004 设为串级。

4. 甲醇精制罐区泄漏着火事故应急预案

原因:罐区储罐发生泄漏着火。

现象:发生着火,火势逐渐严重。

处理:启动应急预案。

表 7-7　罐区泄漏应急预案

发现泄漏,紧急停车	播放疏散警报
	报警
	现场工人,请返回工具间
	现场工人,请佩戴防毒面具
	现场工人,请佩戴安全帽
	现场工人,请佩戴手套
	现场工人,请检查储罐区的现场情况
	现场工人,请汇报现场情况
	值班长,请对现场工人发布倒灌指令
	现场工人打开着火点附近的消防水炮
	现场工人,请关闭常压塔精甲醇冷却器 E710 去精甲醇储罐控制阀 VA7054
	现场工人,请打开常压塔精甲醇冷却器 E710 去粗甲醇储罐控制阀 VA7055
	现场工人,请关闭加压塔精甲醇冷却器 E707 去精甲醇储罐控制阀 VA7052
	现场工人,请打开加压塔精甲醇冷却器 E707 去粗甲醇储罐控制阀 VA7053
	现场工人,请关闭回收塔回流泵出口去精甲醇储罐控制阀门 VA7056
	现场工人,请打开回收塔回流泵出口去粗甲醇储罐控制阀门 VA7057
	现场工人,请打开储罐排料阀 VA7310
	现场工人,请打开储罐排料阀 VA7311
	现场工人,请打开储罐排料阀 VA7312
	现场工人,请打开储罐排料阀 VA7313
	现场工人,请逃生到安全位置
	现场工人向值班长汇报情况,完成倒灌,并开启储罐的排料阀门。
	值班长,请拨打安全生产监督部门电话
	值班长,请按下警报器,拉响警报
	值班长,请呼叫救援队员开始进行救援处理。
救援队员准备工作	警戒队员 A,请到工具间
	警戒队员 A,请佩戴防毒面具
	警戒队员 A,请佩戴警戒带
	警戒队员 A,请佩戴安全帽
	警戒队员 A,请佩戴手套

（续表）

救援队员准备工作	警戒队员 B,请到工具间	
	警戒队员 B,请佩戴防毒面具	
	警戒队员 B,请佩戴警戒带	
	警戒队员 B,请佩戴安全帽	
	警戒队员 B,请佩戴手套	
	救援队员 C,请来到工具间	
	救援队员 C,请佩戴防毒面具	
	救援队员 C,请佩戴安全帽	
	救援队员 C,请佩戴手套	
	救援队员 D,请来到工具间	
	救援队员 D,请佩戴防毒面具	
	救援队员 D,请佩戴安全帽	
	救援队员 D,请佩戴手套	
救援队员进行救援	警戒队员 A,请前往设备区左侧路口	
	警戒队员 B,请前往设备区左侧路口	
	警戒队员 A,请使用警戒绳设置安全区	
	报告值班长,设置警戒区完毕	
	救援队员 D,请前往事故发生装置附近消防水炮处	
	救援队员 D,请使用消防水炮对旁边储罐进行保护	
引导消防车及紧急救援	值班长,请拨打火警电话	
	值班长,请对警戒队员 A 发出指令	
	警戒队员 A,请到大门口引导消防车进入现场	
	值班长,请对警戒队员 B 发出指令	
	警戒队员 B,请前往现场,查看附近有无中毒人员	
	警戒队员 B,请向值班长汇报现场有中毒人员	
	值班长,请对警戒队员 B 发布指令	
	值班长,请拨打急救中心电话	
	警戒队员 B,请将中毒人员移动到救护车上	
	值班长,请对救援队员发布撤离现场指令	
	警戒队员 A,请移动到中控室左侧安全位置	
	警戒队员 B,请移动到中控室左侧安全位置	
	救援队员 C,请移动到中控室左侧安全位置	
	救援队员 D,请移动到中控室左侧安全位置	

5. 甲醇精制预塔塔釜漏液应急预案

原因:预塔塔釜发生泄漏。

现象:塔釜发生漏液,但未发生着火。

处理:启动应急预案。

表 7-8　预塔塔釜漏液应急预案

发现泄漏	值班长对外操员 1 发出查看预塔塔釜是否漏液的指令
	外操员 1,请返回工具间
	外操员 1,请佩戴防毒面具
	外操员 1,请佩戴安全帽
	外操员 1,请佩戴手套
	外操员 1 前往预塔 T701 塔釜附近查看是否发生漏液
	外操员 1 向值班长汇报现场情况
	外操员 1 打开预塔塔釜附近的消防水炮
应急处理	值班长拨打安全生产监督部门电话,汇报现场情况
	值班长对外操员 4 发布指令:检测有害气体扩散范围,设置警戒区域
	外操员 4 前往工具间
	外操员 4,请佩戴防毒面具
	外操员 4,请佩戴安全帽
	外操员 4,请佩戴手套
	外操员 4,请佩戴巡检仪
	外操员 4,请佩戴警戒带
	外操员 4 到泄漏现场附近进行有害气体扩散范围检测
	外操员 4 放置警戒带,隔离扩散区域
	外操员 2,请返回工具间
	外操员 2,请佩戴防毒面具
	外操员 2,请佩戴安全帽
	外操员 2,请佩戴手套
	外操员 2 关闭原料进口阀门 VA603
	内操员在 DCS 上关闭再沸器蒸汽进口阀,即设置 FIC7005 为自动且 SP 量为 0
	值班长对外操员 3 发出指令:停泵 P701A
	外操员 3,请返回工具间
	外操员 3,请佩戴防毒面具
	外操员 3,请佩戴安全帽

（续表）

应急处理	外操员 3,请佩戴手套
	外操员 3 到现场关闭泵 P701A 出口阀门 VD7066
	外操员 3 到现场进行停泵 P701A 操作
	外操员 3 关闭泵 P703A 的出口阀 VD7004
	外操员 3 停泵 P703A
	外操员 1 从泵 P703A 前端的入口附近对泄漏处进行补水
	正确选择消防水管类型
	正确连接消防水管
	未正确选择消防水管类型
	内操员在 DCS 上调节压力控制 PIC7003,设置为 0 MPa,并投自动
	外操员 2 打开预塔塔釜排净阀 VA7012
	外操员 4 关闭常压塔精甲醇冷却器 E701 去精甲醇储罐控制阀 VA7054
	外操员 4 打开常压塔精甲醇冷却器 E701 去粗甲醇储罐控制阀 VA7055
	外操员 4 关闭加压塔精甲醇冷却器 E707 去精甲醇储罐控制阀 VA7052
	外操员 4 打开加压塔精甲醇冷却器 E707 去粗甲醇储罐控制阀 VA7053
	外操员 4 关闭回收塔回流泵出口去精甲醇储罐控制阀 VA7056
	外操员 4 打开回收塔回流泵出口去粗甲醇储罐控制阀 VA7057
	内操员降低加压塔再沸器蒸汽进气阀门开度(开度不大于 30%)
	值班长给安全生产监督部门打电话,请求进行维修

7.3 氯碱生产工艺仿真

7.3.1 工艺流程简介

1. 工艺原理

（1）配水溶盐原理

① 配水就是收集各种溶盐水,主要收集连续供应的脱氯和脱硝淡盐水;另外收集阶段供应的电解碱性废水、蒸发冷凝液、氢气洗涤液等,需要用压缩空气搅拌均匀。

② 溶盐又称为化盐。原盐的溶解度随温度的变化而引起的变化不大,但温度升高可加快其溶解速度,而且原盐溶解需要吸收一部分熔解热,原盐本身的温度也比较低,所以需将配水加热到一定的温度(60℃左右),再进入溶盐桶溶盐才能保证盐水的温度。

（2）盐水中的杂质对电解的影响

① Ca^{2+}、Mg^{2+} 的影响:电解过程中,Ca^{2+}、Mg^{2+} 将与阴极电解产物 NaOH 发生化学反应,生成 $Ca(OH)_2$ 和 $Mg(OH)_2$ 沉淀物,不仅消耗生成的碱,而且这些沉淀物会堵塞离

子膜孔隙,降低离子膜的渗透性,导致电流效率下降,槽电压升高,破坏了电解槽的正常运行。

② SO_4^{2-} 的影响:盐水中 SO_4^{2-} 含量较高时,会阻碍 Cl^- 放电,SO_4^{2-} 在阳极放电产生氧气,消耗电能,降低电流效率;导致氯气内含氧升高,氯气纯度降低。

③ NH_4^+ 和有机铵的影响:在电解槽阳极液 pH 为 2~4 的条件下,将产生 NCl_3 气体。氯气中 NCl_3 气体浓度超过 30 g/L 时,有爆炸危险,危及安全生产。

$$NH + HClO \longrightarrow NCl_3 + H_2O$$

④ Fe^{3+} 及其他重金属离子的影响:在电解过程中也会在阴极附近和 OH^- 生成 $Fe(OH)_3$、$Mn(OH)_2$、$Gr(OH)_3$ 等沉淀,堵塞离子膜;另外 Fe^{3+}、Mn^{2+}、Gr^{3+}、Ni^{3+} 等多价金属离子对阳极活性有相当大的影响,沉积在阳极表面,形成不导电的氧化物,使阳极涂层的活性降低,增加电耗。

⑤ 游离氯(ClO^-)的影响:ClO^- 的腐蚀性极强,有较强的氧化性,会腐蚀 HVM 膜的丙烯支撑网,一旦进入螯合树脂塔,会迅速氧化树脂的活性基团,造成树脂永久中毒。

⑥ 机械杂质的影响:如果不溶性的泥沙等机械杂质随盐水进入电解槽,同样会堵塞离子膜孔隙,降低渗透性,使电解槽运行恶化,造成离子膜电阻增加。

(3) 盐水精制原理

盐水中的化学杂质可用化学方法处理,先加精制剂使其生成溶解度很小的沉淀,然后和机械杂质一起用沉降、过滤的方法除去。

① 除 Ca^{2+}:向盐水中加入碳酸钠(纯碱),使生成碳酸钙沉淀:

$$Ca^{2+} + CO_3^{2-} = CaCO_3 \downarrow$$

为了除净 Ca^{2+},Na_2CO_3 的加入量必须超过反应式的理论需要量,一般控制 Na_2CO_3 过量 0.4~0.6 g/L;Ca^{2+} 与 CO_3^{2-} 的反应速度较慢,在 50℃左右约需要半小时反应时间。

② 除 Mg^{2+}:向盐水中加入 NaOH 溶液,使生成 $Mg(OH)_2$ 沉淀:

$$Mg^{2+} + 2OH^- = Mg(OH)_2 \downarrow$$

为了除净 Mg^{2+},NaOH 的加入量必须超过反应式的理论需要量,一般控制 NaOH 过量为 0.2~0.4 g/L;该反应速度快,几乎瞬间完成,但生成物为絮状沉淀,不易沉降。

③ 除 SO_4^{2-}:向盐水中加入 $BaCl_2$ 溶液,使生成 $BaSO_4$ 沉淀:

$$SO_4^{2-} + Ba^{2+} = BaSO_4 \downarrow$$

加入 $BaCL_2$ 不宜过量,否则 Ba^{2+} 的存在将增加离子交换树脂(螯合树脂)的负荷,而且 Ba^{2+} 易和电解产物生成 $Ba(OH)_2$ 沉淀,堵塞离子膜;一般以控制盐水中的 Na_2SO_4 含量小于 7 g/L 为宜。该反应速度较快,但生成的 $BaSO_4$ 沉淀颗粒细小,黏度较大,不易沉降。

④ 除有机物及 NH_4^+:盐水中加入 NaClO 可以将盐水中菌藻类、腐质酸等天然有机物氧化分解成为小分子,最终通过三氯化铁的吸附和共沉淀作用在预处理器中预先除去;若盐水中含有 NH_4^+,主要以 NH_3(铵盐)形式存在,与 NaClO 反应生成 NH_2Cl 或 $NHCl_2$ 气体,用压缩空气吹除。

$$NH_3 + Cl_2 \longrightarrow NH_2Cl + HCl$$

$$NH_3 + 2Cl_2 \longrightarrow NHCl_2 + 2HCl$$

⑤ 除 ClO^-：在除有机物和 NH_4^+ 时，有可能导致 ClO^- 超标，淡盐水中也有可能夹带 ClO^-，加 Na_2SO_3 溶液即可除去。

$$ClO^- + Na_2SO_3 \longrightarrow Na_2SO_4 + Cl^-$$

该反应既要保证 ClO^- 的全部脱除，又要防止 Na_2SO_3 的过量。否则，过量的 Na_2SO_3 在盐水中会逐渐被氧化为 Na_2SO_4，导致盐水中 SO_4^{2-} 超标。

（4）上浮与沉降原理

盐水精制过程中产生的 $Mg(OH)_2$ 为絮状沉淀，一旦进入凯膜过滤器，就会附着在膜上，由于其黏性较大，很难被返洗，逐渐形成一层 $Mg(OH)_2$ 沉淀膜，导致凯膜过滤周期缩短，过滤效率下降，因而必须在盐水进入凯膜过滤器之前将 $Mg(OH)_2$ 除去。该工艺设计的预处理器，采用上浮与沉降同时进行的办法，首先让粗盐水通过加压溶气罐，罐内通入压缩空气，在压力作用下，粗盐水溶解了一定量的空气，在进入预处理器之前加 $FeCl_3$ 溶液，当粗盐水进入预处理器后压力突然下降，粗盐水中的空气析出产生大量的气泡，在凝聚剂的作用下与 $Mg(OH)_2$ 形成密度较小的颗粒与气泡一起上浮，通过上排泥口定期排放；大部分 $Mg(OH)_2$ 与凝聚剂形成较沉颗粒和机械杂质沉降形成沉泥，通过下排泥口定期排放。

（5）凯膜过滤器工作原理

凯膜是采用厚度仅微米（$0.8 \sim 1~\mu m$）级的膨体聚四氟薄膜与 $2 \sim 3~mm$ 厚的聚丙烯、聚酯无纺布复合制成的滤袋，内有钢性支撑体。流体在小于 $0.1~MPa$ 压力下经过滤袋而实现固液分离，得到几乎不含固态物质的液体，工作过程如下：

① 过滤：过滤时一次盐水（浊液）经过薄膜滤芯进入封头的上腔，清液从清液出口流出，液体中的固体物全部被截留在薄膜滤芯表面，形成滤饼。

② 返洗：以秒计的瞬时反流形成反清洗，将滤饼全部从滤芯表面去除，沉积在过滤器底部。

③ 排泥：返洗后滤芯表面的盐泥大部分沉积在过滤器的锥形底部，当达到一定量时，打开下面的排泥阀，盐泥从底部迅速排出。

④ 连续运行：在生产实际运行中，过滤与返洗按设定的时间交替进行，盐泥排放也按设定时间定期排放，靠时间程序控制器和柔性内胆的挠性阀实现上述三步的自动、连续运行。

⑤ 凯膜酸洗：过滤器运行一段时间后，膜表面上将会附着一层 $CaCO_3$、$Mg(OH)_2$ 的沉淀物或机械杂质，堵塞膜孔，影响膜过滤效率，需要用 15％盐酸浸泡凯膜，溶解膜表面及膜孔中的沉淀物。

（6）盐泥压滤原理

盐泥压滤的设备是厢式板框压滤机，它的过滤机构由滤板、滤布组成，滤板两面覆盖着滤布，两滤布中间有进料通道。当滤板压紧后，物料进入滤板的滤室内，固体颗粒被截留在滤室内，滤液则穿过滤布顺着滤板沟槽进入出液通道，排出机外。

2. 装置流程

（1）配水及溶盐流程

来自公用工程的生产上水、来自电解工序的碱性废水、来自蒸发固碱的冷凝水、来自电解工序的脱氯淡盐水、来自氯氢处理工序的氢气冷凝液、来自澄清桶的脱硝淡盐水以及来自盐泥压滤机压下的滤液，都进入配水槽（D103），用来自公用工程的压缩空气充分搅拌，使各组分混合均匀。

溶盐水从配水槽出来，经溶盐桶给料泵（P101A/B）送至化盐水换热器（E101），然后进入溶盐桶（D104A/B/C），溶盐后的粗盐水溢流进入粗盐水槽（D105），用粗盐水泵（P102A/B）送至前反应槽 A（D106A），在连通进入前反应槽 B（D106B）。粗盐水槽液位信号 LT1005—LICA1005 控制溶盐桶给料泵出口调节阀 LV1005，前反应桶 B 液位信号 LT1006B—LICA1006B 控制粗盐水泵频率 RAT—P102A/B；溶盐桶出口总管温度信号 TE1001—TICA1001 控制循环水进化盐水换热器调节阀，当化盐水温度较高时，化盐水换热器用来自公用工程的循环上水冷却，循环回水回到公用工程；温度较低时用来自公用工程的低压蒸汽加热，冷凝水流入地沟。

（2）加压溶气及预处理流程

从前反应桶 B 出来的粗盐水进入加压泵（P103A/B），泵出口盐水进气水混合器（M101A/B/C/D），然后 M101A/B/C/D 的盐水进加压溶气罐（D108），溶气罐液位信号 LT1008—LICA1008 控制加压泵频率 RAT—P103A/B。来自公用工程的工艺空气分别进入空气缓冲罐（D109），再进气水混合器（A～D），与盐水混合进入加压溶气罐。出加压溶气罐的盐水经文丘里混合器进入预处理器（D110），出预处理器的清液自流进入后反应桶 A（D111A），再溢流进入后反应桶 B（D111B），最后流入进液高位槽（D112）。

（3）盐水精制及精制流程

来自废气处理工序的 NaClO 溶液与生产上水经过管道混合器进入 NaClO 高位槽（D107），自流进入前反应桶 A（根据现场流量计 FIA1005 调节流量）；来自电解工序的 32% NaOH 进入前反应桶 A（根据现场流量计 FIA1006 调节流量）。

BaCl$_2$ 溶液进入 1$^{\#}$ 折流槽（D101，通过现场流量计 FIA1001 调节流量），与电解来的脱氯淡盐水混合后进入澄清桶（D102），澄清桶清液流回配水槽，BaSO$_4$ 盐泥进入 BaSO$_4$ 盐泥池（D120）。

Na$_2$CO$_3$ 溶液进入后反应槽 A，Na$_2$CO$_3$ 加入量与进预处理器盐水流量联锁控制：通过盐水流量 FT1008—FICA1008（FV1008）控制 Na$_2$CO$_3$ 流量 FT1010—FICA1010（FV1010）。

FeCl$_3$ 溶液至文丘里混合器（通过流量信号 FT1009—FICA1009 控制调节阀 FV1009）。

来自电解工序的 6% Na$_2$SO$_3$ 溶液进入 Na$_2$SO$_3$ 高位槽（D116），从底部自流进入 2$^{\#}$ 折流槽（D115）（通过流量计 FI111 调节流量）。

（4）凯膜过滤流程

进液高位槽出来盐水通过 KV1006 阀进入凯膜过滤器（S101A～I，9 台），过滤不合格盐水从回流口流回前反应桶 A，过滤合格盐水从清液出口进入 2$^{\#}$ 折流槽，与 Na$_2$SO$_3$ 溶液混合，最后进入过滤盐水贮槽（D117），用过滤盐水泵（P106A/B）送至离子膜电解工序。

返洗时,返洗盐水通过 KV1001 阀及配套的缓冲罐进入返洗盐水槽(D113);或用底部手动放液阀将盐水放入返洗盐水槽,通过返洗盐水泵(P104A/B)送回后反应槽 A 重复过滤。

排泥时,通过上排泥阀 KV1002 或下排泥阀 KV1005,将盐泥排入渣池(D118)。

酸洗时,盐酸来自氯化氢合成及高纯盐酸工序,进入酸洗液贮槽(D114),通过酸洗液泵(P105)送至凯膜过滤器,通过 KV1003 阀控制进酸液,KV1004 阀控制下酸液。

（5）泥浆流程

预处理器、进液高位槽、9 台凯膜过滤器的泥浆均进入渣池,经引水罐(D119)通过盐泥泵(P107A/B)送入盐泥压滤机(L101A),压滤清液进入滤液槽(D122),通过滤液泵(P109A/B)送回配水槽,滤饼送出界区。盐泥压滤机设有冲洗用的生产上水管和吹干用的空气管,均来自公用工程。

澄清桶底部排出盐泥进 $BaSO_4$ 盐泥池(D120),经引水罐(D121)通过 $BaSO_4$ 泵(P108A/B)送入 $BaSO_4$ 盐泥压滤机(L102A.B),压滤清液进滤液槽,滤饼作为产品销售。

说明:每台泵或每组泵出口均有回流管。

7.3.2　设备列表

表 7 - 9　氯碱生产设备

序号	设备位号	设备名称	序号	设备位号	设备名称
1	D101	1♯折流槽	19	D119	引水罐
2	D102	澄清槽	20	D120	$BaSO_4$ 盐泥池
3	D103	配水槽	21	D121	引水罐
4	D104A/B/C	溶盐桶	22	D122	滤液槽
5	D105	粗盐水槽	23	S101	HVM 膜过滤器
6	D106A/B	前反应槽	24	L101	盐泥压滤机
7	D107	NaClO 高位槽	25	L102A/B	硫酸钡盐泥压滤机
8	D108	加压溶气罐	26	E101	板式换热器
9	D109	空气缓冲罐	27	P101A/B	溶盐桶给料泵
10	D110	预处理器	28	P102A/B	粗盐水泵
11	D111A/B	后反应器	29	P103A/B	加压泵
12	D112	进液高位槽	30	P104A/B	返洗盐水泵
13	D113	返洗盐水槽	31	P105	酸洗液进液泵
14	D114	酸洗盐水储槽	32	P106A/B	过滤盐水泵
15	D115	2♯折流槽	33	P107A/B	盐泥泵
16	D116	Na_2SO_3 高位槽	34	P108A/B	硫酸钡盐泥泵
17	D117	过滤盐水储槽	35	P109A/B	滤液泵
18	D118	渣池			

7.3.3 工艺卡片

表 7-10 氯碱生产工艺卡片

设备名称	项目及位号	正常指标	单 位
反应器	反应温度差(TDIA1001)	2	℃
	氯化钡进料量(FIA1001)	6.87	m³/h
	脱氯盐水进料量(FIA1002)	134.4	m³/h
粗盐水槽	入口物流温度(TICA1001)	50～60	℃
	粗盐水槽液位(LICA1005)	40～60	%
前反应器	前反应器 B 液位(LICA1006B)	40～60	%
	前反应器 B 出口 PH(AICA1001)	7.7～9.7	

7.3.4 复杂控制

(1) FICA1008 和 FICA1009。

(2) FICA1008 和 FICA1010。

7.3.5 操作规程

1. 冷态开车

(1) 开车准备

① 确认原盐、Na_2CO_3、$BaCl_2$、$FeCl_3$、NaOH、NaClO、Na_2SO_3、盐酸等原料满足供应;

② 确认生产上水、纯水、压缩空气、蒸汽、循环水的正常供应;

③ 要求化验室提供原盐及配水分析数据,以便控制精制剂的加入量;

④ 确认所有用电设施正常供电并能及时处理电器故障;

⑤ 确认所有仪表灵活好用并能及时处理仪表故障;

⑥ 确认上下工序均已做好准备工作,具备开车条件。

(2) 溶盐岗位开车

① 打开 1♯折流槽 D101 氯化钡进料阀 VA1001;

② 打开 1♯折流槽 D101 脱氯盐水进口阀 VA1002;

③ 启动澄清槽 D102 搅拌机器搅拌;

④ 打开澄清池 D102 至配水槽 D103 阀门 VA1004;

⑤ 打开配水槽 D103 脱氯盐水进口阀门 VA1005;

⑥ 打开配水槽 D103 生产上水进口阀门 VA1006;

⑦ 打开配水槽 D103 碱性废水进口阀门 VA1008;

⑧ 启动皮带输送机,将原盐送入溶盐桶 D104A;

⑨ 启动皮带输送机,将原盐送入溶盐桶 D104B;

⑩ 打开 LV1005 前阀;

⑪ 打开 LV1005 后阀；

⑫ 打开 LV1005；

⑬ 打开溶盐桶 D104A 配水进口阀 VA1009；

⑭ 打开溶盐桶 D104B 配水进口阀 VA1010；

⑮ 打开溶盐桶给料泵 P101A 前阀；

⑯ 启动溶盐桶给料泵 P101A；

⑰ 打开溶盐桶给料泵 P101A 后阀；

⑱ 打开循环水进口阀 TV1001 前阀；

⑲ 打开循环水进口阀 TV1001 后阀；

⑳ 打开循环水进口阀 TV1001；

㉑ 控制粗盐水温度为 55℃；

㉒ 当粗盐水槽 D105 液位达到 50％时，调节 LV105 开度，控制好粗盐水槽 D105 液位；

㉓ 打开粗盐水至前反应槽 D106A 进料阀 VA1012；

㉔ 打开粗盐水泵 P102A 前阀；

㉕ 启动粗盐水泵 P102A；

㉖ 打开粗盐水泵 P102A 后阀；

㉗ 打开 10％次氯酸钠进料阀 VA1013；

㉘ 打开生产上水进料阀 VA1014；

㉙ 打开次氯酸钠高位槽 D107 出口阀 VA1015，并调节至合适的流量；

㉚ 控制前反应槽 D106B 液位为 50％；

㉛ 通过 LICA1006B 调节 P102 频率到正常值；

㉜ 当前反应槽 D106A 液位达到 30％时，启动搅拌器搅拌；

㉝ 当前反应槽 D106B 液位达到 30％时，启动搅拌器搅拌；

㉞ 打开 32％ NaOH 进料阀门 AV1001 前阀；

㉟ 打开 32％ NaOH 进料阀门 AV1001 后阀；

㊱ 打开 32％ NaOH 进料阀门 AV1001；

㊲ 控制前反应槽出料为碱性（pH＝8.7）。

（3）精制及预处理岗位开车

① 打开加压溶气罐 D108 粗盐水进料阀 VA1017；

② 打开加压溶气罐 D108 粗盐水进料阀 VA1018；

③ 打开加压溶气罐 D108 粗盐水进料阀 VA1019；

④ 打开加压溶气罐 D108 粗盐水进料阀 VA1020；

⑤ 打开加压溶气罐 D108 粗盐水进口阀 VA1016；

⑥ 打开粗盐水给料泵 P103A 前阀；

⑦ 启动粗盐水给料泵 P103A；

⑧ 打开粗盐水给料泵 P103A 后阀；

⑨ 控制加压溶气罐 D108 液位为 50％；

⑩ 通过 LICA1008 调节 P103 频率到正常值；

⑪ 当加压溶气罐 D108 粗盐水液位达到 50％时，打开空气缓冲罐 D109 进口阀门 VA1021；

⑫ 打开加压溶气罐 D108 压缩空气进气阀 VA1022；

⑬ 打开加压溶气罐 D108 压缩空气进气阀 VA1023；

⑭ 打开加压溶气罐 D108 压缩空气进气阀 VA1024；

⑮ 打开加压溶气罐 D108 压缩空气进气阀 VA1025；

⑯ 当加压溶气罐 D108 液位达到 50％时，打开加压溶气罐 D108 出口截止阀 VD1001；

⑰ 打开出口调节阀 FV1008；

⑱ 打开 $FeCl_3$ 流量控制阀 FV1009 前阀；

⑲ 打开 $FeCl_3$ 流量控制阀 FV1009 后阀；

⑳ 打开 $FeCl_3$ 流量控制阀 FV1009，向预处理器进粗盐水时根据粗盐水量调节 $FeCl_3$ 至合适的量；

㉑ 打开 Na_2CO_3 流量控制阀 FV1010 前阀；

㉒ 打开 Na_2CO_3 流量控制阀 FV1010 后阀；

㉓ 打开 Na_2CO_3 流量控制阀 FV1010，调节 Na_2CO_3 至合适的量；

㉔ 当盐水浸没后反应槽搅拌叶片时，启动后反应槽 D111A 搅拌器进行搅拌；

㉕ 当盐水浸没后反应槽搅拌叶片时，启动后反应槽 D111B 搅拌器进行搅拌。

（4）凯膜过滤岗位开车

① 打开进液高位槽 D112 出口阀 KV1006；

② 打开进液高位槽 D112 出口阀 KV1006 截止阀 KV1006O；

③ 打开去精盐水贮槽阀门 VD1004；

④ 打开 Na_2SO_3 进料阀门 VA1033；

⑤ 打开 Na_2SO_3 高位槽出口阀门 VA1034；

⑥ 打开 2♯折流槽 D115 去过滤盐水储槽阀 VA1035；

⑦ 过滤盐水储槽 D117 液位保持 50％；

⑧ 打开过滤盐水去离子膜电解阀门 VA1036；

⑨ 打开过滤精盐水泵 P106A 前阀；

⑩ 启动过滤精盐水泵 P106A；

⑪ 打开过滤精盐水泵 P106A 后阀。

（5）盐泥压滤机开车

① 手动打开 HVM 过滤器 S101 盐泥排放阀 KV1005；

② 打开盐泥压滤机 L101 进料阀 VA1039；

③ 打开盐泥压滤机 L101 进料阀 VA1038；

④ 打开盐泥泵 P107A 前阀；

⑤ 启动盐泥泵 P107A；

⑥ 打开盐泥泵 P107A 后阀；

⑦ 打开盐泥压滤机 L101 生产上水阀 VA1040；

⑧ 启动盐泥压滤机 L101；

⑨ 打开澄清槽 D102 硫酸钡盐泥排放阀 HV1002；

⑩ 打开硫酸钡盐泥压滤机 L102A 进料阀 VA1044；

⑪ 打开硫酸钡盐泥压滤机 L102A 进料阀 VA1045；

⑫ 打开硫酸钡盐泥压滤机 L102A 进料阀 VA1048；

⑬ 打开硫酸钡盐泥压滤机 L102A 进料阀 VA1049；

⑭ 打开硫酸钡盐泥泵 P108A 前阀；

⑮ 启动硫酸钡盐泥泵 P108A；

⑯ 打开硫酸钡盐泥泵 P108A 后阀；

⑰ 打开硫酸钡盐泥压滤机 L102A 生产上水阀 VA1046；

⑱ 打开硫酸钡盐泥压滤机 L102A 生产上水阀 VA1050；

⑲ 启动硫酸钡盐泥压滤机 L102A；

⑳ 启动硫酸钡盐泥压滤机 L102B；

㉑ 打开配水槽 D103 滤液进口阀门 VA1007；

㉒ 打开滤液泵 P109A 前阀；

㉓ 启动滤液泵 P109A；

㉔ 打开滤液泵 P109A 后阀。

2. 正常停车

(1) 关闭 1♯折流槽 D101 BaCl$_2$ 进料阀 VA1001；

(2) 关闭脱氯盐水入 1♯折流槽阀 VA1002；

(3) 停澄清桶 D102 搅拌器；

(4) 放空澄清桶 D102 内氯化钡泥浆后，关闭排泥阀 HV1002；

(5) 关闭硫酸钡盐泥泵 P108A 出口阀；

(6) 停硫酸钡盐泥泵 P108A；

(7) 关闭硫酸钡盐泥泵 P108A 进口阀；

(8) 关闭 L102A 生产上水进料阀 VA1046；

(9) 关闭 L102B 生产上水进料阀 VA1050；

(10) 停盐泥压滤机 L102A；

(11) 停盐泥压滤机 L102B；

(12) 关闭去配水槽阀 VA1007；

(13) 关闭滤液泵 P109A 出口阀；

(14) 停滤液泵 P109A；

(15) 关闭滤液泵 P109A 进口阀；

(16) 关闭脱氯盐水入配水槽 D103 阀 VA1005；

(17) 关闭生产上水入配水槽 D103 阀 VA1006；

(18) 关闭碱性废水入配水槽 D103 阀 VA1008；

（19）关闭澄清液入配水槽 D103 阀 VA1004；

（20）关闭溶盐桶给料泵 P101A 出口阀；

（21）停溶盐桶给料泵 P101A；

（22）关闭溶盐桶给料泵 P101A 进口阀；

（23）关闭 D104A 原盐进料按钮；

（24）关闭 D104B 原盐进料按钮；

（25）关闭粗盐水泵 P102A 出口阀；

（26）停粗盐水泵 P102A；

（27）关闭粗盐水泵 P102A 进口阀；

（28）关闭次氯酸钠溶液进口阀 VA1013；

（29）关闭生产上水进口阀 VA1014；

（30）关闭 NaClO 高位槽 D107 出口阀 VA1015；

（31）关闭前反应槽 D106A NaOH 进料阀；

（32）停前反应槽 D106A 搅拌器；

（33）停前反应槽 D106B 搅拌器；

（34）关闭加压泵 P103A 出口阀；

（35）停加压泵 P103A；

（36）关闭加压泵 P103A 进口阀；

（37）关闭前反应槽去加压溶气罐 D108 阀门 VA1017；

（38）关闭前反应槽去加压溶气罐 D108 阀门 VA1018；

（39）关闭前反应槽去加压溶气罐 D108 阀门 VA1019；

（40）关闭前反应槽去加压溶气罐 D108 阀门 VA1020；

（41）关闭空气进空气缓冲罐阀门 VA1021；

（42）关闭空气进加压溶气罐阀门 VA1022；

（43）关闭空气进加压溶气罐阀门 VA1023；

（44）关闭空气进加压溶气罐阀门 VA1024；

（45）关闭空气进加压溶气罐阀门 VA1025；

（46）当加压溶气罐 D108 被抽空后，关闭出口阀 VD1001；

（47）当加压溶气罐 D108 被抽空后，关闭出口阀 FV1008；

（48）关闭三氯化铁进预处理器阀门 FV1009；

（49）关闭碳酸钠进后反应槽 A 阀门 FV1010；

（50）停后反应槽 D111A 搅拌器；

（51）停后反应槽 D111B 搅拌器；

（52）关闭 Na_2SO_3 高位槽进料阀 VA1033；

（53）当凯膜过滤器没有盐水流出时，关闭 Na_2SO_3 高位槽 D116 出口阀 VA1034；

（54）关闭 2♯折流槽 D115 进口阀门 VD1004；

（55）关闭盐水输送泵 P106A 出口阀；

（56）停盐水输送泵 P106A；

（57）关闭盐水输送泵 P106A 进口阀；

（58）关闭盐泥输送泵 P107A 出口阀；

（59）停盐泥输送泵 P107A；

（60）关闭盐泥输送泵 P107A 进口阀；

（61）关闭 L101 生产上水进料阀 VA1040；

（62）停盐泥压滤机 L101。

7.3.6　事故及处理方法

表 7-11　事故处理方法

序号	事故名称	现　象	原　因	处理方法
1	NaOH 入口阀阀卡	前反应槽出口物流 pH 值降低	NaOH 入口主管线阀卡或管线堵塞	打开旁路阀
2	P101A 泵故障	配水槽液位逐渐升高,粗盐水槽液位逐渐降低	P101A 泵故障	启动备用泵 P101B
3	D108 液位高报	D108 液位高报警	D108 液位过高	开大 FV1008,相应开大 FV1009、FV1010
4	粗盐水槽进料温度升高	温度升高	循环水管线堵塞	开大循环水控制阀开度

7.4　常减压蒸馏装置实训及仿真

7.4.1　实训原理及任务

本装置是用不锈钢 1Cr18Ni9Ti 材料制成的多塔节的填料精馏塔,分为常压精馏塔和减压精馏塔。每节塔的中部装有热电偶,塔外壁通过电加热进行供热保温,通过智能仪表自动控温,塔釜加热用电热方法,用 2 个电加热管和 1 个电加热线圈加热,可通过智能仪表自控。塔釜和塔顶采用 Pt100 铂电阻测温,其余全部由 E 型热电偶传感器测温。塔顶、塔釜测压及塔釜压差用传感器测量,用智能仪表显示,塔釜压差控制出料电磁阀启闭达到控制塔釜采出。并且在仪表内配有数据采集接口后,能与计算机联接,在屏幕上显示精馏塔流程、各操作点的温度、压力等数据,控温、回流比及塔釜出料参数修改可以在智能仪表进行,也可在计算机直接修改。

7.4.2　实训装置及流程

（1）塔主体:塔体由上、中、下三段带有填料的塔节组成,另有 1 段回流段空塔节。塔头为套管与盘管冷凝器,馏出液有直管冷凝器一个。塔釜容积 3L,电加热功率 4.5 kW,自动控温。设备中配有釜排料平衡管、釜排料冷凝器、釜液面计。塔釜外部有两段控温加热件和保温套。

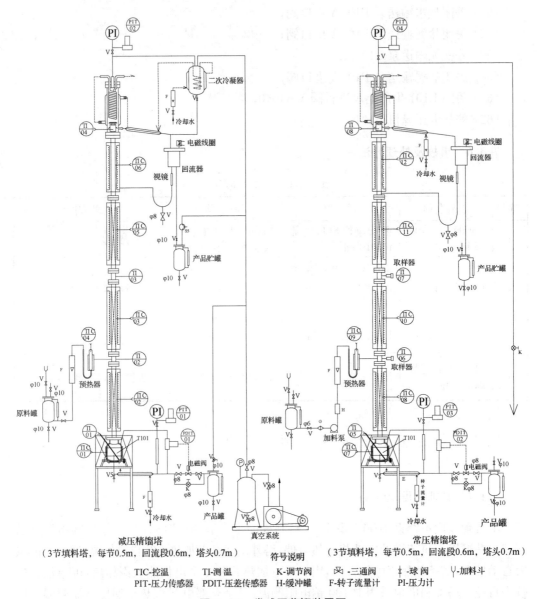

图 7 - 23 常减压蒸馏装置图

减压精馏塔
（3节填料塔，每节0.5m，回流段0.6m，塔头0.7m）

常压精馏塔
（3节填料塔，每节0.5m，回流段0.6m，塔头0.7m）

符号说明

| TIC-控温 | TI-测温 | K-调节阀 | ⊠-三通阀 | ⊻-球阀 | Ｙ-加料斗 |
| PIT-压力传感器 | PDIT-压差传感器 | H-缓冲罐 | F-转子流量计 | PI-压力计 | |

（2）回流比控制器 1 个,加料预热器及加热棒 1 个。

（3）加料储罐 5 L,1 个。

（4）馏出液储罐 5 L,2 个,塔顶 1 个,塔底 1 个。

（5）电磁阀(釜排料由电磁阀控制)1 个。

（6）填料为 $\phi2\times2$ 316 L 不锈钢 θ 网环。

（7）冷却水转子流量计 2 个,6~60 L/h。所有设备均放在架板上。

（8）进料流量计:1~10 L/h。

（9）减压塔真空泵车 1 套。

（10）减压塔二次冷凝器 1 个。

（11）常压塔液体加料泵美国进口 1 台,流量为 0～3.8 L/h。

注:(1)～(8)为单个塔配制。

7.4.3　仪表及自动控制部件配置

（1）测温数字显示仪表 4 台。

（2）自动控温仪表 6 台(塔釜、预热 1 个、塔上、中、下段、回流段保温)。

（3）回流控制器 1 台。

（4）排料控制器 1 台。

（5）测压不锈钢压力计 2 台,数字显示测压系统 2 套。

（6）所有仪表及电气元件均装在一个仪表控制柜内。

（7）所有设备均放在一个操作架台上。

（8）热电偶采有 E 型铠装式(∅1)控温传感器,采用铠装式 Pt100 铂电阻做测温传感器。

（9）计算机控制接口及数据采集软件。

7.4.4　面板布置图

常减压蒸馏面板布置图如图 7-24 所示。

7.4.5　实训操作

（1）将各部分的控温、测温热电偶放入相应位置的孔内。

（2）电路检查:

① 查好操作台板面各电路接头,检查各接线端子与线上标记是否吻合。

② 检查仪表柜内接线有无脱落,电源的相、零、地线位置是否正确。无误后进行升温操作。

（3）减压塔抽真空,调节使塔内真空度达到规定要求。

（4）通冷却水。

（5）加料

进行间歇精馏时,要打开釜的加料口,加入被精馏的样品;连续精馏初次操作还要在釜内加入一些被精馏的物质或釜残液。常压塔也可通过原料罐、经加料泵把料液加到塔内。减压塔通过真空系统把原料从原料罐抽到塔内。

（6）升温

① 合总电源开关。

② 开启釜热控温开关,仪表有显示。仪表上部显示数字为实际测量值,下部显示数字为设定值。按移位键,小数点闪烁到需要调节的位置,按上下加减键设定参数,仪表会根据测量值与设定值的差异按一定规律控制。仪表参数修改:按住参数设定键约 2 秒,出现参数符号,并可通过增减键给其所需值。再按参数设定键,出现下一个参数符号,详细操作可见控温仪表操作说明(AI 人工智能工业调节器说明书)的温度给定参数设置方法。

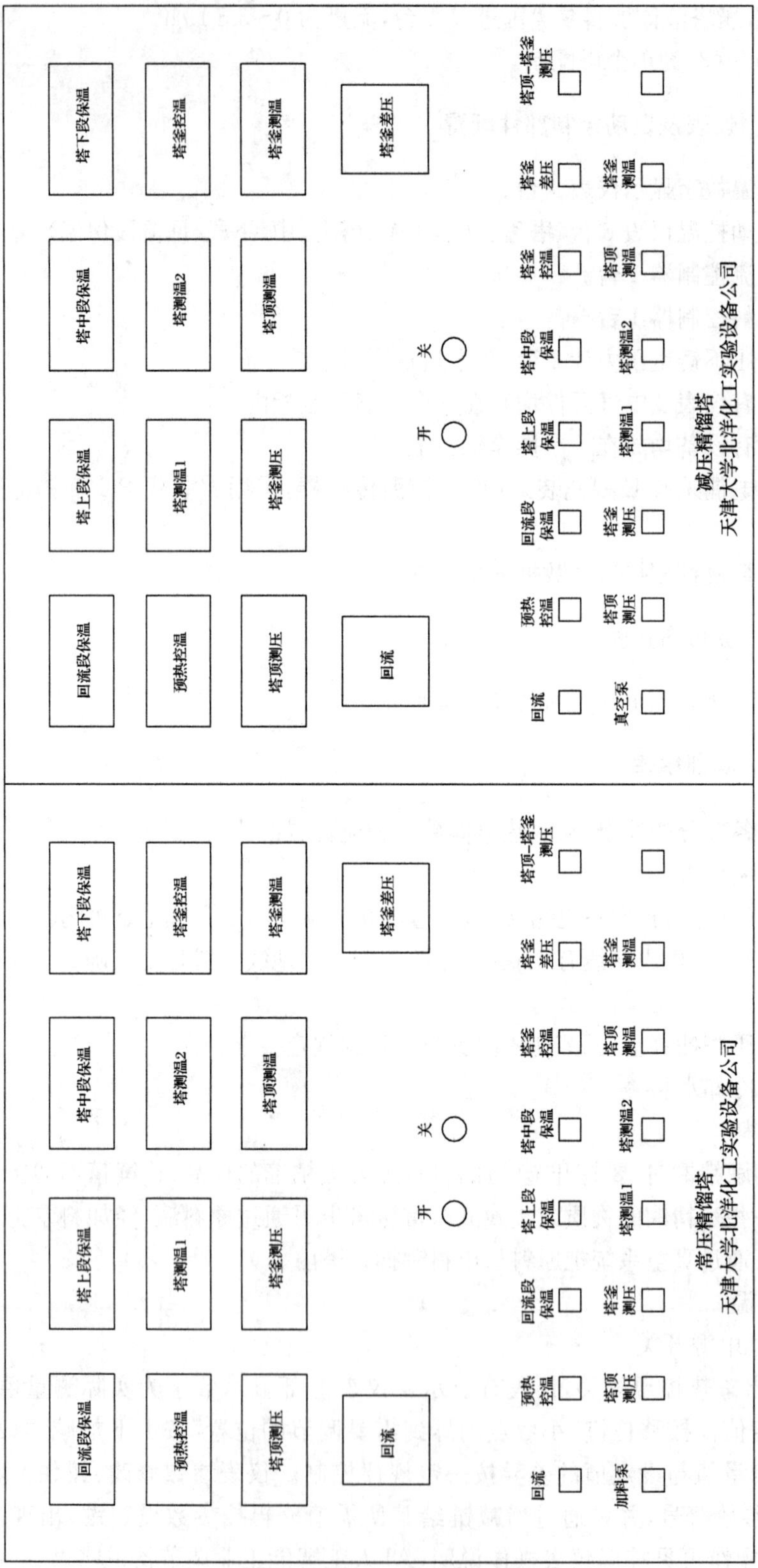

图 7-24 常减压蒸馏面板布置图

当给定值和参数都给定后,若控制效果不好时可按住设置键,使 CTLR 为 2 即可重新自整定,通常自整定需要一定时间,温度值要上升下降,再升再降经过类似位式控制方式很快达到稳定值。

升温操作注意事项:

① 釜热控温仪表的给定温度要高于沸点温度 50~80℃,使加热有足够的温差以进行传热。其值可根据实验要求而取舍,边升温边调整,当很长时间还没有蒸汽上升到塔头内时,说明加热温度不够高,还需提高。此温度过低蒸发量少,没有馏出物;温度过高蒸发量大,易造成液泛。

② 还要再次检查是否给塔头通入冷却水,此操作必须在升温前进行,不能在塔顶有蒸汽出现时再通水。

当釜已经开始沸腾时,打开上、中、下段及回流段保温电源,设定保温温度值,各段开始加热至所需温度,保温温度不能设定过高,一般跟上实际测量温度即可。各段温度偏低,塔内蒸气难于上升至塔顶;各段保温偏高,已造成液泛,塔分离效率降低。

③ 升温后观察塔釜和塔顶温度变化,当塔顶出现气体并在塔头内冷凝时,进行全回流一段时间后可开始出料。开启回流比控制器电源,设定回流和采出时间,塔顶采出。

④ 塔顶开始采出后,精馏塔可以进料。

常压塔:原料罐内物料通过电磁泵以一定流量通过预热器进入塔内,塔釜料通过塔釜压差控制电磁阀启闭出料。

减压塔:原料罐通过真空把原料抽到塔内,塔釜排料同常压塔。

电磁泵的调节:调节速度旋钮和行程旋钮,按加料泵按键,泵启动,通过泵出口流量计观察流量。

⑤ 塔釜物料排料前应检查电磁阀前后阀门已经打开。按塔釜压差显示仪表的设置键约 2 秒,出现 HIAL 参数,把该值改为稍低于实际测量值,仪表根据测量值和设定值的差异自动控制电磁阀的启闭,达到控制塔釜排料速度。

⑥ 连续精馏时,在一定的回流比和一定的加料速度下,当塔底和塔顶的温度不再变化时,认为已达到稳定,可取样分析,并收集之。

(7) 停止操作

① 停止精馏塔进料。

② 停止回流比控制器。

③ 停止塔釜出料。

④ 将塔釜、塔上、中、下段及回流段、预热器温度设定值改为 0。

⑤ 停真空泵,减压塔破空。

⑥ 当塔顶试镜无物料滴落,可以停冷却水。

⑦ 关闭仪表柜各分支电源按钮。

⑧ 关闭停止按钮,落下空气开关。

7.4.6 仿真工艺流程

本流程是利用精馏方法,在脱丁烷塔中将丁烷从脱丙烷塔釜混合物中分离出来。精馏是将液体混合物部分气化,利用其中各组分相对挥发度的不同,通过液相和气相间的质量传递来实现对混合物分离。本装置中将脱丙烷塔釜混合物部分气化,由于丁烷的沸点较低,即其挥发度较高,故丁烷易于从液相中气化出来,再将气化的蒸气冷凝,可得到丁烷组成高于原料的混合物,经过多次气化冷凝,即可达到分离混合物中丁烷的目的。

原料为67.8℃脱丙烷塔的釜液(主要有C4、C5、C6、C7等),由脱丁烷塔(DA－405)的第16块板进料(全塔共32块板),进料量由流量控制器FIC101控制。灵敏板温度由调节器TC101通过调节再沸器加热蒸气的流量,来控制提馏段灵敏板温度,从而控制丁烷的分离质量。

脱丁烷塔塔釜液(主要为C5以上馏分)一部分作为产品采出,一部分经再沸器(EA－418A、B)部分气化为蒸气从塔底上升。塔釜的液位和塔釜产品采出量由LC101和FC102组成的串级控制器控制。再沸器采用低压蒸气加热。塔釜蒸气缓冲罐(FA－414)液位由液位控制器LC102调节底部采出量控制。

塔顶的上升蒸汽(C4馏分和少量C5馏分)经塔顶冷凝器(EA－419)全部冷凝成液体,该冷凝液靠位差流入回流罐(FA－408)。塔顶压力PC102采用分程控制:在正常的压力波动下,通过调节塔顶冷凝器的冷却水量来调节压力,当压力超高时,压力报警系统发出报警信号,PC102调节塔顶至回流罐的排气量来控制塔顶压力调节气相出料。操作压力4.25 atm(表压),高压控制器PC101将调节回流罐的气相排放量,来控制塔内压力稳定。冷凝器以冷却水为载热体。回流罐液位由液位控制器LC103调节塔顶产品采出量来维持恒定。回流罐中的液体一部分作为塔顶产品送下一工序,另一部分液体由回流泵(GA－412A、B)送回塔顶作为回流,回流量由流量控制器FC104控制。

1. 复杂控制方案

精馏单元复杂控制回路主要是串级回路的使用,在精馏塔和回流罐中都使用了液位与流量串级回路。

串级回路:是在简单调节系统基础上发展起来的。在结构上,串级回路调节系统有两个闭合回路。主、副调节器串联,主调节器的输出为副调节器的给定值,系统通过副调节器的输出操纵调节阀动作,实现对主参数的定值调节。所以在串级回路调节系统中,主回路是定值调节系统,副回路是随动系统。

分程控制:就是由一只调节器的输出信号控制两只或更多的调节阀,每只调节阀在调节器的输出信号的某段范围中工作。

具体实例:

DA405的塔釜液位控制LC101和塔釜出料FC102构成一串级回路。

FC102.SP随LC101.OP的改变而变化。

PIC102为一分程控制器,分别控制PV102A和PV102B,当PC102.OP逐渐开大时,PV102A从0逐渐开大到100;而PV102B从100逐渐关小至0。

2. 主要设备

该工段包括以下设备:

DA－405:脱丁烷塔;

EA－419:塔顶冷凝器;

FA－408:塔顶回流罐;

GA－412A、B:回流泵;

EA－418A、B:塔釜再沸器;

FA－414:塔釜蒸汽缓冲罐。

3. 经济指标及能耗总表功能

(1) 经济指标说明

① 经济指标

经济指标版本软件,加入了原料、产品、副产品、能源消耗、"三废"等总量数据的统计,以及单位产量能源消耗量(单耗)、企业单耗指标、单价、产值、消耗成本等经济数据的统计,并由这些数据形成动态数据趋势图,且这些数据可以以 Excel 表的格式进行保存打印,从而对生产过程进行管理、指导、控制、监督和检查,提高经济效益,改善产品质量,加强培训人员对经济指标的重视,形成节约成本的意识,使软件操作更接近实际操作目标。并且参考生产数据,可以优化开停车操作,减少消耗,增加产出。

② 能耗的概念

能耗是指软件运行期内,生产过程中所消耗的某种能源总量。

③ 单耗的概念

单耗指生产单位产品产量,所需要的消耗总量。其计算方式如下:

$$单耗值(吨/吨) = \frac{消耗能源总量(吨)}{产品总量(吨)}$$

企业单耗指标是指在正常操作下企业单耗的标准值。评分中出现的参考单耗是指在非正常操作工况下,提供的参考单耗标准值。

④ 单价的概念

单价是指每种商品单位数量的价格。软件中的单价以北京地区物价水平为参考值,在软件中单价值可修改。软件中废液的价格栏是指废液的处理费用。

⑤ 物料产值及成本的概念

产值是指在软件运行期内生产的产品或副产品在软件设定的价格下的价值量。计算方式如下:

$$产值(元) = 产品总量(吨) × 价格(元/吨)$$

成本是指在软件运行期内的消耗物料在软件设定的价格下的价值量。

$$成本(元) = 消耗总量(吨) × 价格(元/吨)$$

⑥ 总产值的概念

总产值是指软件运行期内,主产品及副产品产值的加和。

⑦ 生产成本的概念

生产成本是指软件运行期内,消耗物料的成本及废液处理费用的加和。

（2）能耗总表功能

在软件中点击"经济指标总表"按钮，显示经济指标及物流消耗总表界面，如图 7 - 25 所示。

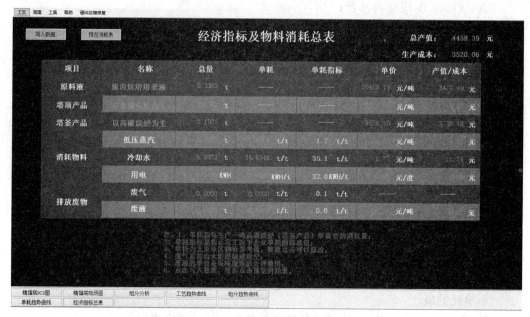

图 7 - 25　经济指标及物料消耗图

① 数据总汇功能

在经济指标及物流消耗总表中，各种物料的生产或消耗总量、单耗、单价、产值或成本、总产值、生产成本等进行了数据总汇。

② 单耗报警功能

在上表中，企业单耗指标为黄色高亮，如果在操作过程中单耗超过单耗标准，则单耗值变为红色高亮进行报警。

③ 单价更改功能

若本地物价价格与软件参考单价不同，可单击单价栏中的数字，可对数值进行编辑修改。

④ 数据导出功能

点击"写入数据"按钮，对当前表格数据进行写入，然后点击"预览消耗表"按钮，则可生产 Excel 格式的表格，表格中汇总了统计数据，以及学员登录时的信息和数据写入时间，并且可在 Excel 中进行保存打印。本机需要安装 Excel2003 及以上版本，才能使用该功能。

4. 经济指标评分说明

（1）正常工况经济指标评分说明

软件正常操作维持时，各种单耗超过企业单耗指标，则会每 2 秒中扣 0.1 分。具体扣分步骤如下：

① 蒸汽单耗控制在单耗指标 1.7 t/t 的范围内；

②冷却水单耗控制在单耗指标 35.1 t/t 的范围内;

③电单耗控制在单耗指标 32 t/t 的范围内;

④废气单耗控制在单耗指标 0.1 t/t 的范围内;

⑤废液单耗控制在单耗指标 0 t/t 的范围内。

(2) 冷态开车工况经济指标评分

软件冷态开车操作步骤全部完成,调节至正常后,各种单耗超过建议单耗标准,则每项扣 30 分。具体扣分步骤如下:

①蒸汽单耗控制在参考单耗 3.3 t/t 的范围内;

②冷却水单耗控制在参考单耗 44.3 t/t 的范围内;

③电单耗控制在参考单耗 38.0 t/t 的范围内;

④废气单耗控制在参考单耗 0.2 t/t 的范围内;

⑤废液单耗控制在参考单耗 0 t/t 的范围内。

(3) 正常停车工况经济指标评分

软件冷态开车操作步骤全部完成,调节至正常后,各种单耗超过建议单耗标准,则每项扣 30 分。具体扣分步骤如下:

①蒸汽单耗控制在参考单耗 0.8 t/t 的范围内;

②冷却水单耗控制在参考单耗 39.7 t/t 的范围内;

③电单耗控制在参考单耗 84.2 t/t 的范围内;

④废气单耗控制在参考单耗 0.3 t/t 的范围内;

⑤废液单耗控制在参考单耗 5.2 t/t 的范围内。

(4) 事故工况经济指标评分

发生事故时(非紧急停车),需要通过及时的事故处理,避免严重事故发生,减小系统波动,尽量控制单耗在指标范围内。各种单耗超过企业单耗指标,则会每 2 秒中扣 0.1分。非紧急停车事故,具体扣分步骤如下:

①蒸汽单耗控制在单耗 1.7 t/t 的范围内;

②冷却水单耗控制在单耗 35.1 t/t 的范围内;

③电单耗控制在单耗 32 t/t 的范围内;

④废气单耗控制在单耗 0.1 t/t 的范围内;

⑤废液单耗控制在单耗 0 t/t 的范围内。

当发生需要紧急停车的事故时,各种单耗超过建议单耗标准,则每项扣 30 分。具体扣分步骤如下:

①蒸汽单耗控制在参考单耗 2.3 t/t 的范围内;

②冷却水单耗控制在参考单耗 2.7 t/t 的范围内;

③电单耗控制在参考单耗 176.6 t/t 的范围内;

④废气单耗控制在参考单耗 6.9 t/t 的范围内;

⑤废液单耗控制在参考单耗 28.7 t/t 的范围内。

5. 冷态开车操作规程

本操作规程仅供参考,详细操作以评分系统为准。

装置冷态开工状态为精馏塔单元处于常温、常压氮吹扫完毕后的氮封状态,所有阀门、机泵处于关停状态。

（1）进料过程

① 开 FA-408 顶放空阀 PC101 排放不凝气,稍开 FIC101 调节阀(不超过 20％),向精馏塔进料。

② 进料后,塔内温度略升,压力升高。当压力 PC101 升至 0.5 atm 时,关闭 PC101 调节阀投自动,并控制塔压不超过 4.25 atm(如果塔内压力大幅波动,改回手动调节稳定压力)。

（2）启动再沸器

① 当压力 PC101 升至 0.5 atm 时,打开冷凝水 PC102 调节阀至 50％;塔压基本稳定在 4.25 atm 后,可加大塔进料(FIC101 开至 50％左右)。

② 待塔釜液位 LC101 升至 20％以上时,开加热蒸气入口阀 V13,再稍开 TC101 调节阀,给再沸器缓慢加热,并调节 TC101 阀开度使塔釜液位 LC101 维持在 40％～60％。待 FA-414 液位 LC102 升至 50％时,并投自动,设定值为 50％。

（3）建立回流

随着塔进料增加和再沸器、冷凝器投用,塔压会有所升高。回流罐逐渐积液。

① 塔压升高时,通过开大 PC102 的输出,改变塔顶冷凝器冷却水量和旁路量来控制塔压稳定。

② 当回流罐液位 LC103 升至 20％以上时,先开回流泵 GA412A/B 的入口阀 V19,再启动泵,再开出口阀 V17,启动回流泵。

③ 通过 FC104 的阀开度控制回流量,维持回流罐液位不超高,同时逐渐关闭进料,全回流操作。

（4）调整至正常

① 当各项操作指标趋近正常值时,打开进料阀 FIC101。

② 逐步调整进料量 FIC101 至正常值。

③ 通过 TC101 调节再沸器加热量使灵敏板温度 TC101 达到正常值。

④ 逐步调整回流量 FC104 至正常值。

⑤ 开 FC103 和 FC102 出料,注意塔釜、回流罐液位。

⑥ 将各控制回路投自动,各参数稳定并与工艺设计值吻合后,投产品采出串级

6. 正常操作规程说明

正常工况下的工艺参数:

（1）进料流量 FIC101 设为自动,设定值为 14 056 kg/hr。

（2）塔釜采出量 FC102 设为串级,设定值为 7 349 kg/hr,LC101 设自动,设定值为 50％。

（3）塔顶采出量 FC103 设为串级,设定值为 6 707 kg/hr。

（4）塔顶回流量 FC104 设为自动,设定值为 9 664 kg/hr。

（5）塔顶压力 PC102 设为自动,设定值为 4.25 atm,PC101 设自动,设定值为 5.0 atm。

(6) 灵敏板温度 TC101 设为自动,设定值为 89.3℃。

(7) FA - 414 液位 LC102 设为自动,设定值为 50%。

(8) 回流罐液位 LC103 设为自动,设定值为 50%。

7. 主要工艺生产指标的调整方法

(1) 质量调节:本系统的质量调节采用以提馏段灵敏板温度作为主参数,以再沸器和加热蒸气流量的调节系统,实现对塔的分离质量控制。

(2) 压力控制:在正常的压力情况下,由塔顶冷凝器的冷却水量来调节压力,当压力高于操作压力 4.25 atm(表压)时,压力报警系统发出报警信号,同时调节器 PC101 将调节回流罐的气相出料,为了保持同气相出料的相对平衡,该系统采用压力分程调节。

(3) 液位调节:塔釜液位由调节塔釜的产品采出量来维持恒定,设有高低液位报警。回流罐液位由调节塔顶产品采出量来维持恒定,设有高低液位报警。

(4) 流量调节:进料量和回流量都采用单回路的流量控制;再沸器加热介质流量,由灵敏板温度调节。

8. 停车操作规程

本操作规程仅供参考,详细操作以评分系统为准。

(1) 降负荷

① 逐步关小 FIC101 调节阀,降低进料至正常进料量的 70%。

② 在降负荷过程中,保持灵敏板温度 TC101 的稳定性和塔压 PC102 的稳定,使精馏塔分离出合格产品。

③ 在降负荷过程中,尽量通过 FC103 排出回流罐中的液体产品,至回流罐液位 LC104 在 20% 左右。

④ 在降负荷过程中,尽量通过 FC102 排出塔釜产品,使 LC101 降至 30% 左右。

(2) 停进料和再沸器

在负荷降至正常的 70%,且产品已大部采出后,停进料和再沸器。

① 关 FIC101 调节阀,停精馏塔进料。

② 关 TC101 调节阀和 V13 或 V16 阀,停再沸器的加热蒸气。

③ 关 FC102 调节阀和 FC103 调节阀,停止产品采出。

④ 打开塔釜泄液阀 V10,排不合格产品,并控制塔釜降低液位。

⑤ 手动打开 LC102 调节阀,对 FA - 114 泄液。

(3) 停回流

① 停进料和再沸器后,回流罐中的液体全部通过回流泵打入塔,以降低塔内温度。

② 当回流罐液位至 0 时,关 FC104 调节阀,关泵出口阀 V17(或 V18),停泵 GA412A(或 GA412B),关入口阀 V19(或 V20),停回流。

③ 开泄液阀 V10 排净塔内液体。

(4) 降压、降温

① 打开 PC101 调节阀,将塔压降至接近常压后,关 PC101 调节阀。

② 全塔温度降至 50℃ 左右时,关塔顶冷凝器的冷却水(PC102 的输出至 0)。

9. 事故操作规程

(1) 热蒸气压力过高

原因：热蒸气压力过高。

现象：加热蒸气的流量增大，塔釜温度持续上升。

处理：适当减小 TC101 的阀门开度。

(2) 热蒸气压力过低

原因：热蒸气压力过低。

现象：加热蒸气的流量减小，塔釜温度持续下降。

处理：适当增大 TC101 的开度。

(3) 冷凝水中断

原因：停冷凝水。

现象：塔顶温度上升，塔顶压力升高。

处理：

① 开回流罐放空阀 PC101 保压。

② 手动关闭 FC101，停止进料。

③ 手动关闭 TC101，停加热蒸汽。

④ 手动关闭 FC103 和 FC102，停止产品采出。

⑤ 开塔釜排液阀 V10，排不合格产品。

⑥ 手动打开 LIC102，对 FA114 泄液。

⑦ 当回流罐液位为 0 时，关闭 FIC104。

⑧ 关闭回流泵出口阀 V17/V18。

⑨ 关闭回流泵 GA424A/GA424B。

⑩ 关闭回流泵入口阀 V19/V20。

⑪ 待塔釜液位为 0 时，关闭泄液阀 V10。

⑫ 待塔顶压力降为常压后，关闭冷凝器。

(4) 停电

原因：停电。

现象：回流泵 GA412A 停止，回流中断。

处理：

① 手动开回流罐放空阀 PC101 泄压。

② 手动关进料阀 FIC101。

③ 手动关出料阀 FC102 和 FC103。

④ 手动关加热蒸汽阀 TC101。

⑤ 开塔釜排液阀 V10 和回流罐泄液阀 V23，排不合格产品。

⑥ 手动打开 LIC102，对 FA114 泄液。

⑦ 当回流罐液位为 0 时，关闭 V23。

⑧ 关闭回流泵出口阀 V17/V18。

⑨ 关闭回流泵 GA424A/GA424B。

⑩ 关闭回流泵入口阀 V19/V20。

⑪ 待塔釜液位为 0 时,关闭泄液阀 V10。

⑫ 待塔顶压力降为常压后,关闭冷凝器。

（5）回流泵故障

原因:回流泵 GA-412A 泵坏。

现象:GA-412A 断电,回流中断,塔顶压力、温度上升。

处理:

① 开备用泵入口阀 V20。

② 启动备用泵 GA412B。

③ 开备用泵出口阀 V18。

④ 关闭运行泵出口阀 V17。

⑤ 停运行泵 GA412A。

⑥ 关闭运行泵入口阀 V19。

（6）回流控制阀阀卡

原因:回流控制阀 FC104 阀卡。

现象:回流量减小,塔顶温度上升,压力增大。

处理:打开旁路阀 V14,保持回流。

7.4.7 仪表一览表

表 7-12 氯碱生产工艺仪表

位　号	说　明	类　型	正常值	工程单位
FIC101	塔进料量控制	PID	14 056.0	kg/hr
FC102	塔釜采出量控制	PID	7 349.0	kg/hr
FC103	塔顶采出量控制	PID	6 707.0	kg/hr
FC104	塔顶回流量控制	PID	9 664.0	kg/hr
PC101	塔顶压力控制	PID	4.25	atm
PC102	塔顶压力控制	PID	4.25	atm
TC101	灵敏板温度控制	PID	89.3	℃
LC101	塔釜液位控制	PID	50.0	%
LC102	塔釜蒸汽缓冲罐液位控制	PID	50.0	%
LC103	塔顶回流罐液位控制	PID	50.0	%
TI102	塔釜温度	AI	109.3	℃
TI103	进料温度	AI	67.8	℃
TI104	回流温度	AI	39.1	℃
TI105	塔顶气温度	AI	46.5	℃

7.5 乙酸乙酯综合生产工艺 3D 软件

7.5.1 工艺流程说明

见第 6 章 6.2.2。

7.5.2 主要工艺控制指标

见第 6 章 6.3.1。

7.5.3 主要设备一览

表 7-13 设备一览表

设备位号	设备名称	设备位号	设备名称
T101	筛板精馏塔	R101	反应釜
T102	填料精馏塔	R102	中和釜
T103	反应釜蒸馏柱	E101	导热油冷却器
V101	冷却水箱	E102	反应釜冷凝器
V102	导热油储罐	E103	筛板塔顶冷凝器
V103	乙酸原料罐	E104	填料塔顶冷凝器
V104	乙醇原料罐	E105	导热油加热器
V105	乙酸乙酯原料罐	E106	筛板塔预热器
V106	反应釜冷凝罐	P101	冷却水泵
V107	反应釜高位槽	P102	导热油泵
V108	真空缓冲罐	P103	乙酸进料泵
V109	碱液罐	P104	乙醇进料泵
V110	轻相罐	P105	筛板塔进料泵
V111	重相罐	P106	萃取剂泵
V112	筛板塔冷凝罐	P107	填料塔进料泵
V113	萃取剂罐	P108	轻相回流泵
V114	轻相储罐	P109	填料塔回流泵
V115	筛板塔残液罐	P110	乙酸乙酯原料泵
V116	填料塔残液罐	P111	真空泵
V117	填料塔冷凝罐	P112	反应釜蒸馏柱回流泵
V118	填料塔产品罐	STR101	过滤器

7.5.4　阀门一览表

见第 6 章 6.4.9。

7.5.5　主要控制回路

1. 塔釜温度控制

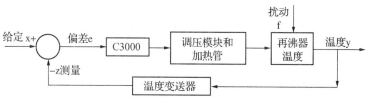

图 7-26　塔釜温度控制方案图

2. 预热器温度控制

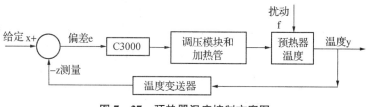

图 7-27　预热器温度控制方案图

3. 进料流量比值控制

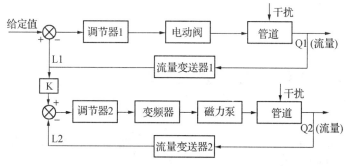

图 7-28　进料流量比值控制方案图

7.5.6　联锁设计

本装置设计了 5 处安全联锁,分别为 LISA101(乙酸原料罐液位安全联锁)、LISA102(乙醇原料罐液位安全联锁)、LISA103(乙酸乙酯原料罐液位安全联锁)、LIS104(反应釜高位槽液位安全联锁)、TISC(反应釜温度控制安全联锁)。这 5 个安全联锁的联锁动作及条件见表 7-14。

表 7-14 安全联锁动作及条件

位 号	高 位	低 位	高位措施	低位措施
LISA101		30 mm		停泵 P103,关闭 YV104
LISA102	350 mm	30 mm	关闭 YV105	停泵 P110,关闭 YV103
LISA103		30 mm		停泵 P104,关闭 YV102
LIS104		30 mm		关闭 YV101
TICS103	95℃		停泵 P110、P104、P103, 关闭 YV101、加热 HV101, 打开 YV106	

7.5.7 软件功能介绍

1. 启动方式

双击 运行软件,进入客户端启动界面。
VRSP.exe

仿真算法平台:负责后台工艺仿真数据的计算,根据项目设置自动启动。

虚拟装置:三维设备装置模拟软件,负责模拟现场装置的操作,软件启动时会自动启动,如果中途因故退出,可点击 按钮启动。

直接关闭窗体是无法退出系统的,必须点击"退出系统"按钮或者在系统状态栏中右键点击 选择"退出"菜单项退出。

自动启动三维虚拟装置软件,进入登录界面,输入用户名、密码以及服务器网络参数后点击登录按钮连接服务器。

图 7-29 乙酸乙酯虚拟仿真启动截图

图 7-30 乙酸乙酯虚拟仿真登录界面图

如果服务器已启动考试模式而登录的用户也在考试名单中,软件直接启动考核模式进入三维场景进行考试操作,否则进入软件模式选择界面。

中控乙酸乙酯虚拟仿真实训软件主要包括教学模式、训练模式和考核模式三部分。

2. 教学模式

教学模式主要是用于教师授课或学生自学，包括原理认知、工艺流程介绍、设备展示、开停车过程介绍等。

（1）工艺流程

工艺流程主要是通过三维场景的镜头切换，配以语音，阀门、仪表、管道及设备高亮，来展现乙酸乙酯的工艺流程，让用户更直接更鲜明地对该工艺有一个更直观的了解，达到让用户在最短时间内掌握该工艺的目的。

图 7‑31　乙酸乙酯虚拟仿真内容图

图 7‑32　乙酸乙酯虚拟仿真总貌图

（2）智能模式/人工模式切换

用户可以根据自身需求，切换智能模式和人工模式。智能模式是软件自动讲解工艺流程，自动操作相关阀门、管道、仪表及设备的高亮，配以语音、文字。用户可以根据需求暂停、播放。但不可以对 3D 场景中的阀门、仪表及设备进行操作。人工模式是用户可以根据自身的需求，在 3D 场景中操作阀门、仪表及设备来讲解工艺流程。

（3）设备认知

设备认识主要是将几个典型的设备进行爆炸、还原，以对某一设备的结构进行详细的说明，再加以视频来对该设备的原理进行更直观的说明，让用户对典型设备的结构和原理有一个更直观的了解。

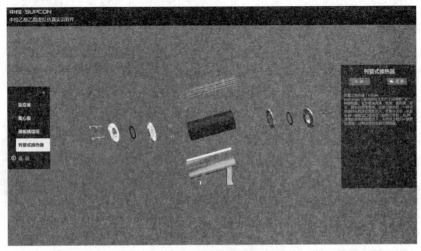

图 7 - 33 设备分解图

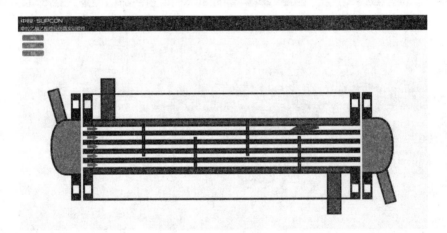

图 7 - 34 设备原理图

（4）HSE

HSE 主要是将安全类相关知识以文字、动画,配以语音等形式来对化工生产安全方面相关的内容进行介绍和说明。

图 7 - 35 HSE 文字、动画

3. 主场景介绍

训练模式和考试模式的现场装置的操作全部在主场景中完成,操作者可控制角色移动、浏览场景、操作设备等。操作数据通过网络送入仿真计算平台,经过数学模型计算,将数据变化情况在 DCS 系统或是在三维现场仪表上显示出来。

注:在 3D 主场景中需要点击的操作,如阀门、现场操作台的开关按钮、DCS 界面都为左键单击,如仪表、设备的特写都为左键双击。

(1) 移动方式

① 按住 WSAD 键或上下左右键可控制当前角色前进、后退、左右旋转。

② 按住 WS 键或上下键,同时按住 Shift 键可控制当前角色向前跑动、向后跑动。

③ 按住 WS 键或上下键,同时按住鼠标右键在屏幕上向左或向右拖动,可控制当前角色向左转弯或向右转弯前进、后退。

④ 点击菜单栏中的"快速定位"按钮,可使角色瞬移到目的地。

(2) 视野调整

操作者在操作软件过程中,所能看到的场景都是由摄像机来拍摄的,摄像机跟随当前角色(如外操)。

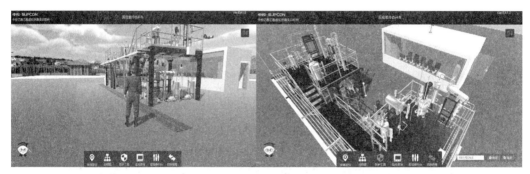

图 7 - 36 乙酸乙酯实训不同视角图

① 按住鼠标右键在屏幕上向左或向右拖动,可调整操作者视野即摄像机位置向左转或向右转,当前角色跟随场景转动。

② 按住鼠标右键在屏幕上向上或向下拖动,可调整操作者视野即摄像机位置向上转或向下转,相当于当前角色抬头或低头时的视野。

③ 滑动鼠标滚轮向前或向后转动,可调整摄像机与角色之间的距离变化。

(3) 操作阀门

当鼠标移动到目标阀门附近时,会显示该阀门位号,代表可以操作该阀门。如果距离较远,即使将鼠标悬停在阀门位置,也不会显示该阀门位号,点击该阀门也不会有反应。这种情况代表距离太远,不能操作。

① 左键单击该阀门,弹出一个小窗口显示该阀门的特定镜头,在上面进行操作。

② 在操作界面上方有操作框,输入阀门开度(0—100 的任何一个数值),点击 ☑ 即可进行开关操作,同时阀门手柄会相应转动。

③ 点击小窗口右上方的关闭按钮,退出阀门操作界面。

(4) 查看仪表、设备

当鼠标移动到目标仪表(设备)附近时,会显示该仪表(设备)名称及位号,代表可以查看该仪表(设备)。如果距离较远,即使将鼠标悬停在仪表(设备)位置,也不会显示该仪表(设备)名称及位号,双击该仪表(设备)也不会有反应。这种情况代表距离太远,不能查看。

左键双击该仪表(设备),切换到仪表(设备)近景,可查看该仪表的当前数值。

(5) 查找阀门

用户在第一人称视角模式下,会有查找阀门功能。输入阀门位号,点击"确定"按钮,就能查找到相对应的阀门,且该阀门会高亮并闪烁。

图 7-37 查找阀门截图

(6) 穿戴防护工具

防护工具分为三大类:服装、鞋帽和工具。

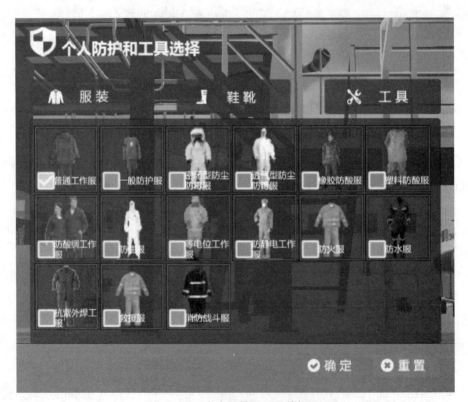

图 7-38 个人防护和工具选择图

左键单击上方按钮可以进行类别切换,点击相应图标上的 ▣ 可进行换装操作(注:同类物品互斥)。点击"确定"按钮退出。

① 服装:主要是指各类衣物的选择。

② 鞋帽:主要是指对安全帽、防毒面具、手套、鞋靴的选择。

③ 工具:主要是指在操作过程中需要用到的工具,如扳手、垫片、试管。

(7) 菜单栏介绍

训练模式下有菜单栏,主要包括快速定位、流程图、防护工具、监控系统、现场操作台、切换视角六部分内容。

表 7-15　菜单栏功能

图　标	功能说明
快速定位	左键点击"快速定位"按钮,弹出"选择位置"框,可以选择相应的位置进行快速移动定位。
流程图	左键点击"流程图"按钮,可以查看该装置的工艺流程。左键点击"流程图"上任意一点,即可关闭。
防护工具	操作者在操作软件过程,对当前角色(如外操)进行换装操作,选择相应的防护工具穿戴。
监控系统	左键点击"监控系统"按钮,当前画面由 3D 现场切换到 DCS 系统。
现场操作台	左键点击"现场操作台"按钮,当前画面切换到现场操作台,操作者可对泵、导热油加热系统、塔釜加热系统、筛板塔预热系统等进行开关操作。
切换视角	左键点击"切换视角"按钮,可以切换第一人称视角和第三人称视角。

(8) 虚拟助教

训练模式下有虚拟助教功能,主要是给操作者在操作过程中提供相应的操作提示。

鼠标悬停在图标 ![虚拟助教图标] 上,下方会出现"虚拟助教"字样,左键点击该图标,在图标右边弹出相应的操作提示框,不需要时左键点击提示框上任意一点,即可关闭。

图 7 - 40　虚拟助教操作提示框

（9）退出

点击右上角图标 **自** 提交成绩，随后弹出确认框，确认后显示考核成绩，然后退出当前场景返回到菜单界面。

4. DCS 监控系统

仿照模拟中控 DCS 实时监控软件 Advatrol Pro 的功能及界面风格，完全符合真实系统采用的监控系统。

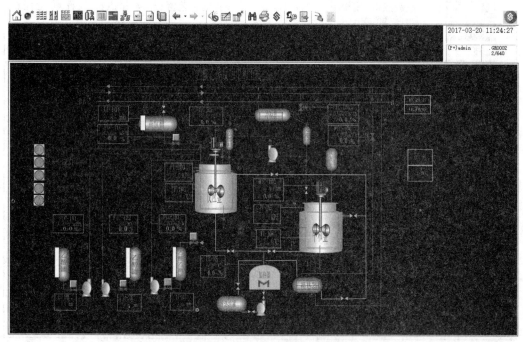

图 7 - 41　乙酸乙酯反应 DCS 图

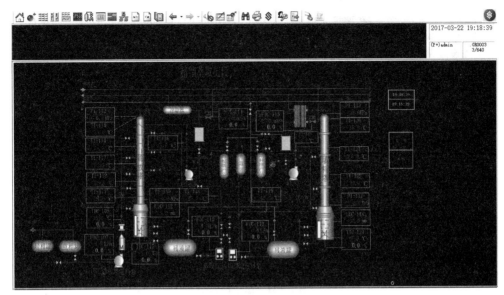

图 7 - 42　乙酸乙酯精制 DCS 图

点击控制回路 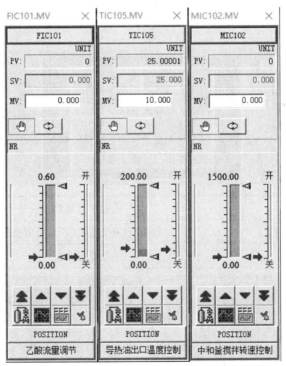 的输出值(黄字部分)弹出仪表窗口。

图 7 - 43　PID 设置图

PV 为测量值,SV 为自动控制时的设定值, 为手自动切换按钮,手动状态下可以手动设置控制回路的阀位值。在操作过程中必须先在手动模式下将系统调整稳定后方可切换至自动模式。

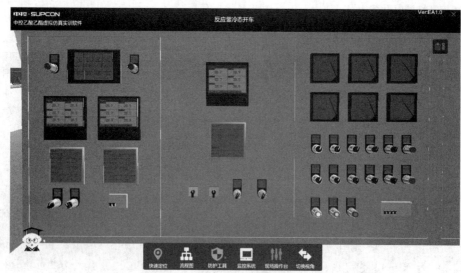

图 7-44　面板操作图

　　控制面板主要是对现场设备电源控制，比如电源的开关、泵等的启停等，以及报警信号显示、复位等。

表 7-16　1#柜控制面板对照表

序　号	名　　称	功能
1	试验按钮	检查声光报警系统是否完好
2	闪光报警器	发出报警信号，提醒操作人员
3	消音按钮	消除警报声音

（续表）

序　号	名　称	功能
1	C3000 仪表调节仪（1A）	工艺参数的远传显示、操作
2	C3000 仪表调节仪（2A）	工艺参数的远传显示、操作

1	仪表开关（1SA）	仪表电源开关
2	报警开关（2SA）	报警系统电源开关
3	空气开关（2QF）	装置仪表电源总开关

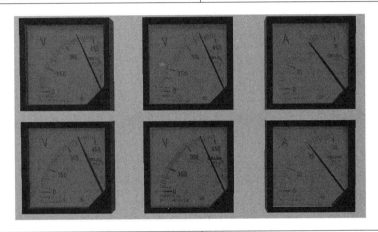

1	电压表（1PV）	反应釜加热管 U‐V 相间电压
2	电压表（2PV）	反应釜加热管 V‐W 相间电压
3	电流表（1PA）	反应釜加热管 W 相电流
4	电压表（3PV）	中和釜加热管 U‐V 相间电压
5	电压表（4PV）	中和釜加热管 V‐W 相间电压
6	电流表（2PA）	中和釜加热管 W 相电流

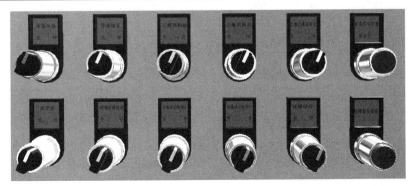

（续表）

序　号	名　称	功能
1	旋钮开关(3SA)	填料塔原料泵运行开关
2	旋钮开关(4SA)	萃取剂泵运行开关
3	旋钮开关(7SA)	筛板塔冷却水流量调节阀开关
4	旋钮开关(8SA)	填料塔冷却水流量调节阀开关
5	旋钮开关(11SA)	反应釜加热开关
6	旋钮开关(12SA)	中和釜加热开关
7	旋钮开关(10SA)	筛板塔原料泵运行开关
8	旋钮开关(9SA)	冷却水运行开关
9	旋钮开关(5SA)	真空泵运行开关
10	旋钮开关(13SA)	导热油运行开关

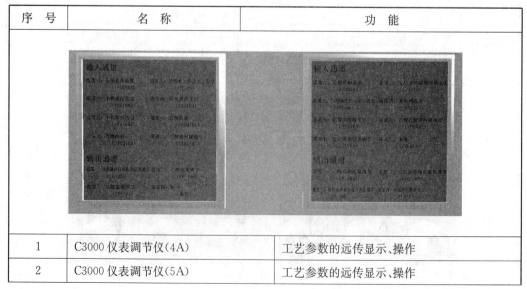

1	黄色指示灯(HY)	U 相状态指示
2	绿色指示灯(HG)	V 相状态指示
3	红色指示灯(HR)	W 相状态指示
4	空气开关(1QF)	电源总开关

表 7－17　2＃柜控制面板对照表

序　号	名　称	功　能
1	C3000 仪表调节仪(4A)	工艺参数的远传显示、操作
2	C3000 仪表调节仪(5A)	工艺参数的远传显示、操作

（续表）

序　号	名　称	功能
1	仪表开关(1SA)	仪表电源开关
2	空气开关(2QF)	装置仪表电源总开关
1	电压表(5PV)	筛板塔釜加热管电压
2	电压表(6PV)	填料塔釜加热管电压
3	电压表(7PV)	填料塔预热器加热电压
4	电流表(3PA)	筛板塔釜加热电流
5	电流表(4PA)	填料塔釜加热电流
6	电流表(5PA)	填料塔预热器加热电流

（续表）

序　号	名　称	功能
1	旋钮开关(SA)	中和釜调速开关
2	旋钮开关(SA)	反应釜调速开关
3	旋钮开关(SA)	乙酸泵运行开关
4	旋钮开关(SA)	乙醇泵运行开关
5	旋钮开关(SA)	筛板塔回流泵开关
6	旋钮开关(SA)	填料塔回流泵开关
7	旋钮开关(SA)	中和釜电机运行开关
8	旋钮开关(SA)	反应釜电机运行开关
9	旋钮开关(SA)	反应釜冷却水调节阀电源开关
10	旋钮开关(SA)	筛板塔预热器加热开关
11	旋钮开关(SA)	筛板塔釜加热开关
12	旋钮开关(SA)	填料塔釜加热开关
1	黄色指示灯	U 相状态指示
2	绿色指示灯	V 相状态指示
3	红色指示灯	W 相状态指示
4	空气开关(1QF)	电源总开关

附　录

一、国家法律、行政法规及文件

二、化工行业规章、规定

三、化工行业主要技术规范及标准

四、流体力学综合实训数据处理示例

五、离心泵性能综合实训数据处理示例

六、过滤及洗涤综合实训数据处理示例

七、换热器的操作及传热系数的测定实训数据处理示例

八、填料吸收塔的操作及吸收传质系数的测定实训数据处理示例

九、板式塔精馏塔的操作及精馏塔效率的测定实训数据处理示例

十、干燥及传热综合实训数据处理示例

十一、实训科技小论文格式

十二、化工自动化控制实训参考参数

资源内容

参考文献

1. 周忠元,陈桂琴.化工安全技术与管理.北京:化学工业出版社,2010.

2. 国家安全监管总局.国家安全监管总局关于公布第二批重点监管危险化工工艺目录和调整首批重点监管危险化工工艺中部分典型工艺的通知.

3. 毕明树,周一卉,孙洪玉.化工安全工程.北京:化学工业出版社,2014.

4. GB50016－2014建筑设计防火规范.

5. 程振平,赵宜江.化工原理实验.南京:南京大学出版社,2010.

6. 盐城师范学院化学化工学院化工教研组.化工原理实验指导书.2008.

5. 夏清,陈常贵.化工原理.天津:天津大学出版社,2005.

6. 冯亚云,冯朝伍.化工基础实验.北京:化学工业出版社,2000.

7. 张金利,张建伟,郭翠梨,胡瑞杰.化工原理实验.天津:天津大学出版社,2005.

8. 居沈贵,夏毅,武文良.化工原理实验.北京:化学工业出版社,2016.

9. 杨祖荣.化工原理实验.北京:化学工业出版社,2007.

10. 史贤林,张秋香,周文勇,潘正官.化工原理实验.上海:华东理工大学出版社,2015.

11. 乐清华.化学工程与工艺专业实验.北京:化学工业出版社,2013.

12. 陈敏恒,从德滋,方图南,齐鸣斋,潘鹤林.化工原理(上、下).第四版.北京:化学工业出版社,2015.

13. 管国锋,赵汝溥.化工原理.第四版.北京:化学工业出版社,2015.

14. 夏清,贾绍义.化工原理(上、下).第2版.天津:天津大学出版社,2012.

15. 厉玉鸣.化工仪表及自动化.第四版.北京:化学工业出版社,2011.

16. 钟汉武.化工仪表及自动化实验.北京:化学工业出版社,1999.

20. 周献中.自动化导论.北京:科学出版社,2014.

21. 蔡夕忠.化工自动化.北京:化学工业出版社,2015.

22. 王强.化工仪表自动化实训.北京:化学工业出版社,2016.

23. 武平丽.过程控制及自动化仪表.北京:化学工业出版社,2016.

24. 乐建波.化工仪表及自动化.北京:化学工业出版社,2016.

25. 张光新.化工自动化及仪表.北京:化学工业出版社,2016.

26. 张广明.自动化技术导论.北京:科学出版社,2016.

27. 杜春华,闫晓霖.化工工艺学.北京:化学工业出版社,2016.

28. 栗莉.有机化工工艺及设备.北京:化学工业出版社,2016.

29. 李慧,魏凤琴.化工工艺操作技能实训.北京:化学工业出版社,2016.

30. 刘晓林,刘伟.化工工艺学.北京:化学工业出版社,2015.

31. 徐仿海,李恺翔,朱玉高.化工工艺仿真实训.北京:化学工业出版社,2015.

32. 李德江,胡为民,李德莹.化工综合实验与实训.北京:化学工业出版社,2016.

33. 邱奎,黄森,熊伟,刘勇.化工生产综合实训教程.北京:化学工业出版社,2016.

34. 何灏彦,童孟良.化工单元操作实训.北京:化学工业出版社,2015.